中公新書 2790

本川達雄著

ウマは走る　ヒトはコケる

歩く・飛ぶ・泳ぐ生物学

中央公論新社刊

はじめに

動く物と書いて動物。動物の最も動物らしいところは動くところだろう。餌を求めて出歩く、逆に餌にされそうになったら逃げる。時節になれば異性を求めてうろつく。季節ごとに棲《す》みやすい環境を求めて長距離の渡りをするものもいる。サンゴやフジツボのように海底に固着している動物でも、幼生時代には大海原を移動して棲息《せいそく》場所を広げている。

これらはすべて移動運動である。これは体の置かれている場所が移動していく運動のこと。ロコモーションの訳語で、ラテン語のローカス（場所）とモベレ（動かす）に由来する。移動運動なしに動物の生活は成り立たないのであり、動物の生活を理解しようと思ったら、移動運動の理解は欠かせない。

移動運動においては環境中を移動していく。環境には3つあり、陸と水と空。陸は固体、水は液体、空は気体と、それぞれ状態が違う。それに伴い、移動運動法も歩行・走行、游泳《ゆうえい》、飛行と変わってくる。

自力で移動するものはすべて、環境を後ろに押す。押せば環境から押し返されるから前進できる。ただし押す相手（土・水・空気）の性質は大いに異なっている。水と空気とを合わせて流体と呼ぶが、流体は押せばさらさら流れていってしまう。それに対して土や岩は固体で、押しても「その場に踏みとどまって」押す力をそのまま押し返してくる。そのため流体と固体とでは移動方法が大いに変わるし、それに伴い動物の体のつくりにも大きな違いが生じてくる。

水や空気を押して進むものではヒレや翼という広い面積をもった構造が目立つ。硬い地面を蹴って進むものでは細長い「カモシカのような肢《あし》」が目立っている。動物の体は主に移動運動を上手に行えるデザインを採用しており、動物の体がなぜこんなふうにできているかを理解したかったら、移動運動の理解は欠かせない。

動物の中でもわれわれヒトはとりわけ移動運動能力に長《た》けたものである。歩く・走るだけではなく、登って木の実を集め、潜ってアワビを採ることまでできる。狙った獲物を見失わずに長距離にわたって疲れず追いかけて狩る優れた能力は、2足で立ち上がって目の位置が高くなったこと、倒立振り子による省エネの歩き方、そして体毛を失ったことによる効率の良い放熱と関係付けて議論されている。自分自身を理解したいと思ったら、われわれの移動運動についての理解は欠かせない。

本書は歩く・走る、泳ぐ、飛ぶという、自身が行い、また身近にいる動物たちが日々行っている馴染《なじ》み深い現象について理解し、それを通して動物たちと自分自身を理解しようとするものである。運動そのもののみならず、それを可能にしている体のつくり（デザイン）についても丁寧な説明を心掛けたのはそのためだ。では歩行・走行、游泳、飛行の順で見ていくことにしよう。

目次

第1章 歩く・走る

肢

歩くものはヒトをはじめイヌもアリもゴキブリも、皆、あしを前後に振る。走るときもそうだ。われわれの移動運動器官があし。本章をまずあしから始めたい。

胴から突き出た運動器官が付属肢、つまりあし。肢という漢字のつくりは支であり、これは本体から分かれた部分を指す。木偏に支なら枝。幹から分かれて突き出た部分であり、昔は動物の手足も枝と言った。

肢は「あし」と読むが、そう読む漢字には足や脚もあり、厳密には指すものが違う（図1-1）。付属肢1本全体を意味するのが肢で、英語ならばlimb。足footは地面に着く部分（くるぶしから先）、脚legは下肢（膝《しつ》関節からくるぶしまで）。ただしこれは脊椎動物の場合であり、

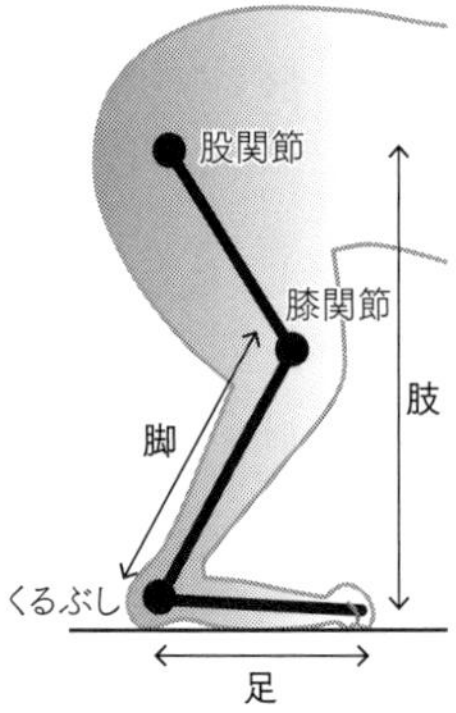

図1－1　肢・脚・足の違い

節足動物（昆虫・エビ・カニ）では付属肢自体を脚、軟体動物（イカ・タコ・貝）では足と書き慣《な》わしている。

テーブルのあしは脚と書くが、四肢動物（ネコやウマ）をテーブルに見立てるなら、これは折り畳みテーブル。肢と本体の接続部に関節（肩関節や股関節）があり、移動運動の際にはここを支点にして肢が振れる。つまり肢には前後に振れる推進器としての役割と、テーブルの脚のように本体（胴）を持ち上げて保っておく役割と、2つの役割がある。

この持ち上げておくことの意味につき、まず考えておこう。

①移動運動の際の抵抗を減らす。胴を地面に着けたままずりずり引きずって匍匐《ほふく》前進すると非常に大きな摩擦抵抗を受けるから、胴を持ち上げ、地面に接する部分は足先だけの小さな面積に限定して移動運動を行う。

②断熱。土や岩は空気よりずっと温まりやすく冷めやすいし（小さな熱容量）、空気よりずっと熱を伝えやすい（高い熱伝導率）。そこで夏のカンカン照りの地表面に体をべったり着けていれば、熱はどんどん体に伝わって来て体は過熱してしまう（夏の砂浜を裸足《はだし》で歩けたものではないし、幼い子供は体が地面に近いので熱中症になりやすい）。冬には逆のことが起こる。それを避けるために胴を持ち上げ、胴と地面との間に空気の層をつくる。空気は非常に良い断熱材だか

ら、体が地表の温度の影響を受けにくくなる。
③呼吸を容易にする。地面に胸をべったり着けると、肺が体重でつぶされ、息を吸うために胸（胸郭）を広げるのが困難になる。

肢の形

肢はわれわれのものでもゴキブリのものでも、細長い円柱形の棒である。棒の中ほどと先端近くの2カ所に大きな関節があり、肢はそこで区切られてより短い棒（分節）に分かれている。なぜ肢はそんな形をとっているのだろうか？　この棒のもつ特徴、⑴細長い、⑵円柱形（断面が丸い）、⑶途中に関節があり、いくつかの分節に分かれている、のそれぞれについて考えてみよう。

⑴細長い

肢は筋肉の収縮速度をテコの原理を使って増大し、すばやく足を動かして歩行速度を高めている。テコはふつう、小さな力で重いものを持ち上げるように使われる。つまり力の増幅に使われるが、テコを逆に使えば動かす距離と速度を増幅できる（コラム参照）。大腿骨《だいたいこつ》と骨盤の接合部が股関節で、これはボールジョイントとして働き、大腿骨はこの関節を支点として振れ、またひねることもできる。大腿骨を振る筋肉は、骨盤の骨から出発し、股関節をまたいで股関節のごく近くで大腿骨に付着して終わる。こういう配置になっていると、筋肉が縮めばテコの原理により足先は大きく振れ、足が地面を蹴る速度を、筋収縮の速度よりずっと大きくでき、速く走ることができる。肢が長ければ長いほど、速度の増幅率が増す。だから肢は長い方が有利である。そして細い方が振り動かすエネルギーが少なくて済む。そこで肢は細長くなった。

【コラム】テコ

テコと言えば、小さな力で重いものを持ち上げるのが代表的な使い方。その場合〈力を加える点（力点）と支点との間の距離〉は〈錘《おもり》を持ち上げている点（作用点）と支点との間の距離〉より大きい（図1－2上）。これが力を増幅する使い方である。他方、力点と作用点を入れ替えて支点に近い棒の端を押すと、逆の端は大きく上に跳ね上がる（同図下）。これが距離（そして速度）を増幅するやり方で、われわれの手足におけるテコの使い方。

テコにより力が何倍になるかを「力の利得」やテコ比と呼ぶ。「力の利得＝支点から力点までの距離÷支点から作用点

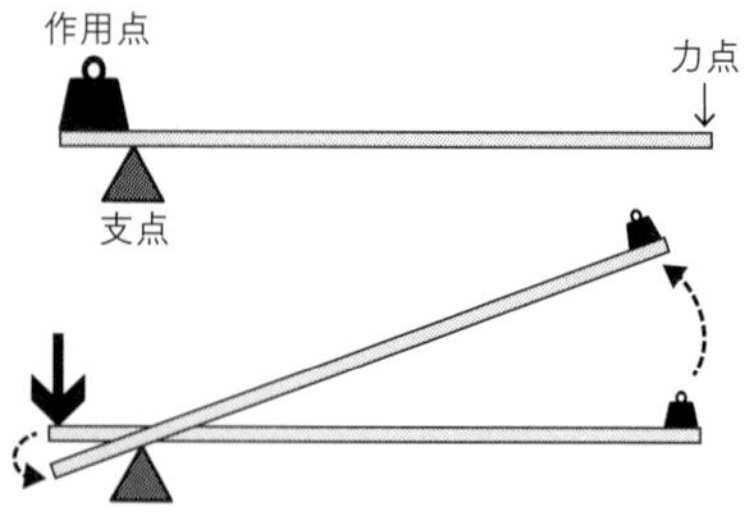

図1－2　テコ　力を増幅する使い方（上）と距離と速度を増幅する使い方（下）

までの距離」。他方、動く距離が何倍になるかが距離の利得であり、これは力の利得の逆数となる。筋肉が力を加える点が支点から遠いほど力の利得は増える。逆に支点に近い点を動かせば距離の利得は増す。骨格筋（骨を動かす筋肉）の収縮距離は短く、最初の長さのせいぜい20％ほどしか短くならない。そこで手足の先を大きく動かすために、動物は距離の利得を大きくするようにテコを使う。たとえばわれわれの肘《ひじ》関節を曲げる上腕二頭筋は支点のごく近くで前腕の骨に付着している（関節から5・5㎝離れたところ）。それに対して前腕の骨の先端と支点の距離は30㎝あるから、5倍以上も距離を増やしている（距離の利得＝30÷5.5≒5.5）。

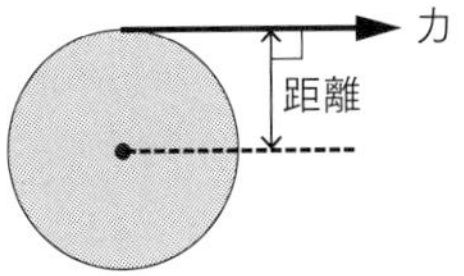

回転モーメント＝力×距離

図1－3　回転モーメント

回転モーメント

テコの場合でもそうだが、一般に回転軸の回りに回転を誘導する力の有効性は、力が作用している場所が回転軸からどれだけ離れているかに依存する。軸から遠く離れて力がかかるほど効果が大きい。この回転への有効性を「回転モーメント」と呼び、〈力が作用している点と回転軸を結んだ線の長さ〉に、〈その線に直角な向きの力の成分〉を掛けたものである。別な言い方をすると、回転モーメント＝力×〈力の作用線と回転軸との間の垂直な距離〉（図1－3）。

(2)円柱形

肢が長いほど速く走れるのだが、細長いと、力が加わった際にたわみやすく、また折れやすい（とくにドンと着地したり転んだりした際に）。長いものは力のかかる方向に薄いとたわみやすい（水泳の飛び込み用の板を思い浮かべれば良い）。肢には（とくに走っているときには）さまざまな方向から力が加わってくるので、弱い方向があってはまずい。断面が円の棒ならどの方向にも同じ厚さだから弱い方向がなく折れにくい。もちろん棒を太くすれば折れにくくなるのだが、それでは肢が重くなり、振り動かすのに余分のエネルギーが要る。よってなるべく速く少ないエネルギーで走れて強い肢の形は細長い円柱形が良い。

(3)肢は関節を介して一列に連なった分節に分かれている

関節の「関」はつなぎめ、「節」は区切られた部分の意。

肢の節の並び方は胴に近い方から、「長い棒＋長い棒＋多数の短い棒」となっている（図1－4）。ヒトの場合、「前肢＝上腕＋前腕＋手」、「後肢＝大腿《だいたい》＋下腿《かたい》＋足」。末端部の手や足は多数の短い棒からできている。昆虫ならば「腿節《たいせつ》＋脛節《けいせつ》＋跗節《ふせつ》」（漢字の意味は腿がふともも、脛はすね、跗は足の甲）。跗節の部分もやはり多数の短い棒でできている。昆虫では胴との付け根が複雑になっており、ここにはさらに2つの短い節がある。昆虫は外骨格で体の外側が硬い骨格で覆われているため、股関節のようなボールジョイントをつくるのが難しい。そこで異なる方向に曲がる関節を複数組み合わせてボールジョイントの機能をもたせているのだろう。

肢は股関節を支点として前後に振れる棒状の振り子と見なせる。後ろに振れるときに地面を蹴って前に進む。次に前に振れて戻るが、そのまま戻ったら、地面を逆に蹴ってバックしてしまう。それでは困る。そこで肢の途中に関節を置き、戻すときには肢を曲げて地面にぶつからないようにする。だから膝《ひざ》の関節が必要なのである。

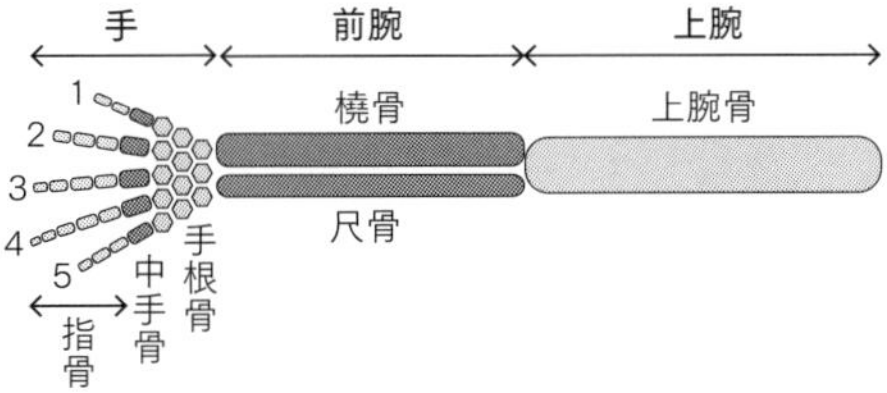

図1−4　四肢動物の前肢の骨の模式図　左手を背面（甲側）から見たもの。指骨は内側から番号を振る。第1指が親指（拇指）

　肢の関節はもう一つくるぶしのところにあり、くるぶしから先は短い多数の骨に分かれて扇状に広がっている。これにはこんな意味がある。

　①スリップ防止。細かい骨に分かれていれば、地面の小さな凹凸に合わせて地面をしっかりつかむことができる。先端に尖《とが》った爪がついていることもあり、これはスパイクシューズとして役に立つし、爪を基盤に打ち込んでつかめば木登りの際に有効で、これはハーケンとしての役割をはたす。

　②めりこみ防止。足裏が広くなれば地面との接着面積が増え、体重が分散されてめりこみにくくなる（昆虫では体が軽いから足先

が広がっていない）。

③衝撃緩和と弾性エネルギーの利用。足の裏はアーチ状に盛り上がって土踏まずを形成しており、着地のときはアーチが伸びて足の結合組織（腱《けん》や筋膜）がバネのように伸びて衝撃をやわらげるとともに（クッションの効果）、バネが伸びたことで弾性エネルギーを蓄え、続いて起こる地面を蹴る動作のときに、筋収縮に加えてこのバネの縮む力を利用する（60頁）。こうすると省エネで進むことが可能になる。こんなことができるのは、足にある多数の関節のところで足が変形できるからである。

④つかむ機能。肢先が複数の関節をもつ複数の指に分かれていれば、物をつかんだり握ったりできる。こうなっていることの有り難さは、われわれの手の器用さで日々実感しているところ。この機能は移動運動にも無縁ではなく、樹上のものは手で枝をつかみながら歩くし、テナガザルは枝を手で握って体をゆすり、長い腕をブランコのように使って枝から枝へと移動する「腕渡り」（ブラキエーション）を行う。

【コラム】関節

骨と骨とを結びつけ、そこで骨同士が動けるようにしている部位が関節である。骨同士が滑らかに滑って抵抗なく動くことができるよう、関節には工夫がこらされている（図1－5）。

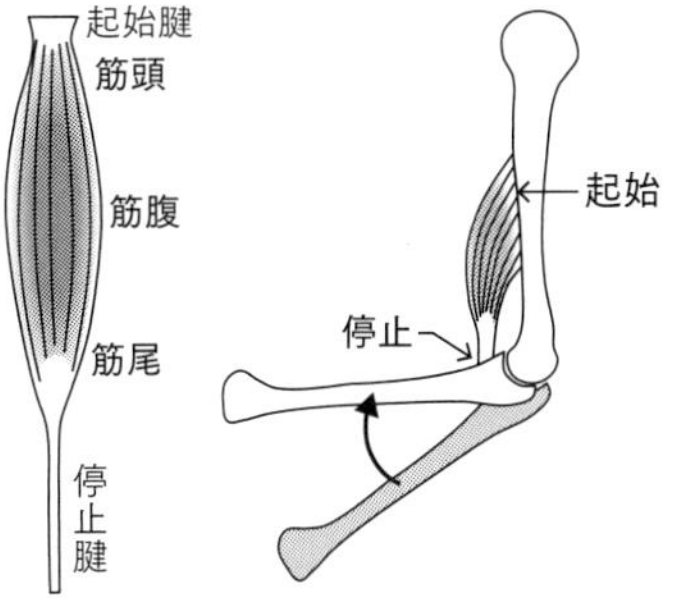

図1-6　起始・停止（右）と筋頭・筋尾

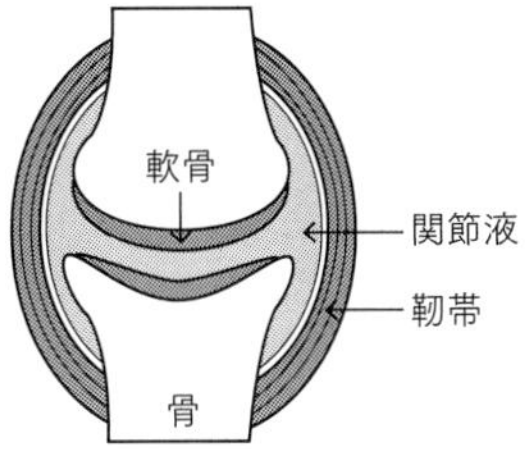

図1-5　関節の縦断面

骨の末端にはツルツルで弾力性のある軟骨のキャップがかぶさっている。これは骨と骨が接する面の摩擦抵抗を下げ、また骨同士がぶつかったときはクッションとして働く。関節は関節包で包まれた関節腔《かんせつこう》になっており、この内部は関節液で満たされている。関節液は潤滑剤として働く。軟骨と関節液のおかげで関節の摩擦はごく小さく、スケートで氷上を滑るより3倍も滑りやすい。関節包のさらに外側に、一方の骨から他方の骨へと靭帯《じんたい》が走っている。これは強靭《きょうじん》な膜または紐《ひも》であり、関節に大きな力が加わって骨同士が引き離されそうになると強い力でそれに抵抗して脱臼を防ぐ。

筋肉の起始・停止

関節のさらに外側に筋肉があり、2つの骨をつないでいる。骨に結合して骨を動かす筋肉が骨格筋で、これは一方の骨から出発し、関節をまたいで他方の骨に付着している（図1-6）。その筋肉の収縮によって骨は動かされるが、２つの骨のうち、より大きく動く骨への筋肉の付着点を「停止《ていし》」、動きの少ない方の付着点を「起始《きし》」とする。肢の筋肉では肢の末端側の方がより大きく振れるから、末端側が停止、胴に近い側が起始となる。

筋肉はふつう紡錘形《ぼうすいけい》、つまり魚の形をしており、魚にたとえて起始側を「筋頭《きんとう》」、停止側を「筋尾《きんび》」、その間の膨れた部分を「筋腹《きんぷく》」と呼んでいる。起始側の腱が起始腱、停止側のものが停止腱で、ふつう停止腱の方が長く、これが関節をまたいで隣の骨の関節のごく近い位置に停止する。

根元を太く、先は細く

肢はふつう、根元が太くて先に行くほど細くなっている。これには①テコによる筋肉の収縮速度の増大、②振る方向を変えるときのエネルギーの節約、③肢の振り子運動の速度の増大、の意味がある。

①テコ　筋肉は末端側の骨のなるべく関節の近くに停止するとテコによる速度の増幅率が上がる。そのため停止腱を長くして末端側の骨には停止腱のみがあり、筋肉の本体は起始側の骨の、それもより胴側にあるという配置をとるため、結局、根元が太く、先が細くなる。この配置は股関節、膝関節、足の関節すべてに成り立つが、肢を振る主役は股関節まわりの筋肉であ

り、これが最も太く、先にある筋肉ほどより小さな動きに関わっていて、筋肉はより小さなものになる。そこでテコの都合とこの筋肉の大きさとが相俟《あいま》って、肢は先に行くほど細くなるのである。

②振る方向を変える　肢の往復運動は、肢の慣性による動きに逆らって振る方向を逆転させているのであり、それに必要なエネルギーは、肢先の質量が大きいほど大きくなる。だから大きく振れる足先が軽いほど、この無駄なエネルギーが少なくて済み、結局、省エネで進むことができる。

そこで筋肉の大きな部分はなるべく肢の根元に置いて、それはできるだけ振れが少ないようにしている。たとえばヒトの場合、肢を後ろに蹴る主役は大臀筋《だいでんきん》である。これは骨盤と脊柱《せきちゅう》に起始し、大腿骨の股関節近くに停止するが、停止腱の一部は他の筋肉の停止腱と一緒になって長い腸脛《ちょうけい》靭帯となり、これは膝関節を越えて下肢の骨に停止する。大臀筋の主要部分は胴にあり、肢が振れても本体は振れ動かずに済む。大臀筋は股関節の伸筋だが、その拮抗筋《きっこうきん》である股関節の屈筋は腸腰筋《ちょうようきん》であり、これも本体は胴にある（伸筋、拮抗筋についてはコラム参照）。

③振り子　肢はより根元に筋肉の本体が付いていて根元の方が太い、つまり根元が重いのだが、これもより速く振ることに関係している。

肢は筋収縮だけで振れているわけではない。根元から吊《つ》られて重力により前後に振れる振り子という側面もある。振り子の振れる周期と筋肉で肢を振る周期とが一致すれば、より省エネで肢が振れるはずである。振り子はより根元に近いところに錘がある方が速い周期で振れる（糸の短い振り子は速く振れる）。だから肢先に重い筋肉が集まっているより、根元に筋肉を集めた方が肢を速く振るには適したものになる。

結局、肢においては筋肉の本体は根元にあり、あたかもマリオネットのように糸状の腱を引っ張ってより足先の骨をあやつっている。この例外がライオンの前肢で、肢の先端が太い。太い先端がハンマーの頭として働き獲物を殴り倒す。

【コラム】拮抗筋と骨の役割

肢を振る際、関節をはさんで一方の側の筋肉を縮めて関節を曲げ、次に関節の反対側にある筋肉を縮めて関節を伸ばす。このように1つの関節には、関節を逆方向に動かす筋肉がペアになって配置されている。これらは互いに拮抗《きっこう》して働くので「拮抗筋」と呼ばれる。関節を曲げる筋肉が屈筋、その拮抗筋は関節を開いて伸ばす伸筋である（図1－7）。

なぜ筋肉はペアになって配置されているのだろうか？　これには筋肉の最も基本的な性質が関わっている。すなわち、筋肉は縮むことはできるが、自力で伸びることはできないということ（128頁）。筋肉はいったん縮んでしまったら縮みっぱなしで自力で元の長さに戻れない。これでは1回働いたら、もうそれ以上働くことはできなくなってしまう。そこで再度働けるようにするには、元の長さへと引っ張って戻してくれる相手が必要なのであり、それが拮抗筋である。

ただし拮抗筋だけではまだ足りない。ある筋肉が上から下に走っているとしよう。それに拮抗する筋肉が平行して配置され、互いの上端同士、下端同士が結びついているとしよう。これで拮抗筋のペアができたから働けるかと言うとダメ。もし一方の筋肉が縮んだら、拮抗筋の方も引っ張られ、結局、2つともクシャッと短くなり、これ以上働けなくなってしまう。

ここで骨の出番である。骨は硬いから長さが変わらない。2本の骨を関節でつないで、関節の両側に拮抗筋のペア（屈筋と伸筋）を配置する。そうすれば屈筋が収縮すると、関節は曲がるが骨は長さを保っているから、伸筋がクシャッと短くなることはなく、逆に引き伸ばされる。引き伸ばされれば筋肉は働くことができる。この引き伸ばされた伸筋が縮めば関節は開き、さっき縮んだ屈筋は引き伸ばされて収縮前の長さに戻ってまた働けるようになる。

結局、肢の骨とは「関節で曲がることができるが、長さが変わらない硬い棒」である。その棒の両側に関節をまたいで拮抗筋のペアを配置すれば、筋肉は繰り返し働くことができ、肢を振り続けられることになる。

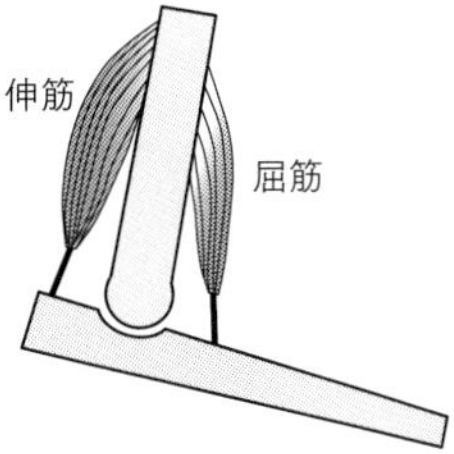

図1－7　拮抗筋

肢の数と安定

われわれや鳥なら2本の肢を振るし、イヌやヤモリなら4本。一般に陸の脊椎動物は4本肢であり四肢類（四足動物）と呼ばれている。節足動物の場合、分類群の名前を脚の数で付けることが多い。昆虫は六脚類、エビやカニは十脚類、ムカデ・ヤスデは多足類。ムカデの英名を訳すと百足類だしヤスデは千足類で、実際にヤスデの方が脚が多い。たとえばゲジ（ムカデの仲間）なら30本、そしてヤスデには本当に千本も脚のあるものがいるそうだ（オーストラリア産の体長10㎝ほどのヤスデで1306本の脚がある）。いずれにせよあしは偶数本で胴から左右対称に突き出ている。そうでなければ真っ直《まっす》ぐ進むのが難しい。

肢の数には多様性があるのだが、さて、安定して立つには最低何本の肢が必要なのだろう？われわれのように2本足のものは、横からちょっとでも押されると、筋肉を使って姿勢を立て直さない限り倒れてしまう。あしが3本あればカメラの三脚でわかるように少々押されても、筋肉でバランスをとる必要などなく、安定して立っていられる（だから杖《つえ》をつけば転びにくくなるわけだ）。3本の肢の地面に着いている点を結ぶと三角形ができる。体の重心から垂線を下ろして地面とぶつかる点がこの三角形の内側に入っていれば、横から押されても倒れずに立っていられ、これが「静的安定」である（図1‐8）。われわれ2本足のものは、そもそもが不安定であり、それでも立っていられるのは、体が傾いたことを眼《め》で見たり耳で感じることにより、たえずバランスをとっているおかげであり、このようにして達成されている安定を「動的安定」と呼ぶ（耳には音を聞く器官だけではなく、傾きを感じる前庭という器官が存在する）。

歩く場合は肢を持ち上げて前に出す必要がある。肢が3本ならば、そのうちの1本を持ち上げれば2本肢で立つことになり、体は不安定になってしまう。肢が最低4本あれば、1本を持ち上げてもまだ3本は地面に着いており、この3本の肢の描く三角形から重心がはずれないようにしながら肢を踏み出せば、体が不安定になることはない。4本肢とは静的安定を保って歩ける最低の本数なのである。実際、どの四肢動物においても、非常に遅く歩く場合には常に静的安定を保ちつつ進む。

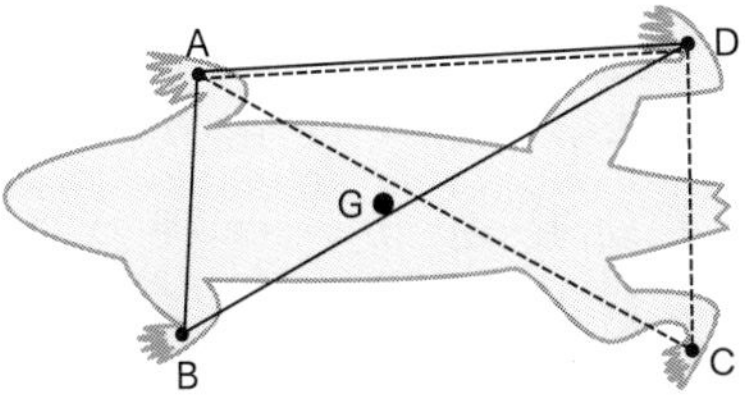

図1−8　静的安定な姿勢　四肢動物を背中側から見た図。Gの●は重心の位置、A、B、C、Dの●は各肢の接地点

図1−8の状態だと、左後肢Cを持ち上げても、Gは三角形ABDの中に含まれるので静的安定だが、左前肢Bを持ち上げるとGは三角形ACDからはずれてしまうので、Bは持ち上げられない。同様に、右後肢Dは持ち上げられるが右前肢Aは持ち上げられない。結局、図の状態では、後肢のどちらかを持ち上げて体を前進させることになる。たとえばDを持ち上げつつ前へと動かし、残りの肢を後ろに押すと胴（そして重心）は前に移動するから、次に肢Aを持ち上げてもGは三角形BCDの内側に入る。

肢にはくっつく役目もある

このように4本肢は良いのだが、それは地表を歩く大形の動物、つまり体が重力で地面にしっかりと押しつけられている動物での話である。昆虫のように小さいものでは、また事情が違う。昆虫はわれわれより脚の数が多いのだが、それはより多くの脚で体重を支えやすくするためではない。昆虫のように体が軽いものでは重力はあまり問題にならず、それより風で吹き飛ばされる方が大問題で、脚には地面をしっかりつかんでおく役目がある。また昆虫は木に登り、枝や葉に逆さに止まる。それでも落ちないように、昆虫の脚先には棘《とげ》が付いているものが多い。もちろん昆虫は飛べるから落ちても風で吹き飛ばされても、さほど問題にはならないだろうが、飛べない幼虫時代には大問題。逆さになって葉を食べるなど日常のことであり、そのためだろう、幼虫は多数の脚をもっている（脚が多いのには、体が長いと多数の脚で支えないと胴が垂れ下がって地面に着いてしまうという理由もある）。たとえばモンシロチョウやアゲハの幼虫には脚が16本ある。この脚は成虫のものとは構造が違い、とくに腹部に生えている脚（腹脚《ふくきゃく》）の先端は一見吸盤のようになっていてよくくっつく。ただし本物の吸盤とは違い、内部の陰圧で吸い付くのではなく、「吸盤」のへりに微小な鉤《かぎ》が多数生えていてくっつくようになっている。

われわれは脊椎動物、昆虫は節足動物である。陸の脊椎動物の祖先の魚は肢をもっていなかった。昆虫は海の節足動物である甲殻類（エビ・カニの仲間）から進化したとされ、これらは多数の脚をもち、それを使って泳いだり歩いたりしていた。陸に上がるときに、新たに肢を進化させねばならなかったわれわれと、もともともっていた脚を陸でも使うようにした昆虫とでは事情が違う。陸の脊椎動物に静的安定性を保ちながら歩ける最低限の本数の肢しかないのは、肢をもたない魚から進化する際、わざわざ余分につくる無駄などしなかったからだろうし、昆虫やクモの脚がより多いのは、多数の脚をもつ甲殻類から進化する際、わざわざ無理して最低限にまで減らさなかったのだろう。

【コラム】吸盤をもつ足

チョウの幼虫の吸盤はいわば偽物だが、本物の吸盤を備えた足もある。代表はもちろんタコ（軟体動物頭足類）。足とは呼ばずに腕と呼ばれている腕じゅうに吸盤がある。タコはこれで海底を歩くのみならず獲物を捕らえる。タコと同じ仲間のイカも吸盤のある腕をもつが、イカはジェット推進とヒレで泳ぐため、腕は移動運動には使われない（タコもジェットで泳ぐが、このとき8本の腕は後方を向いてまとまって体全体が流線形になり、水の抵抗を減らしている）。

吸盤を備えた足をもつもう1つの仲間がウニやヒトデ（棘皮《きょくひ》動物）である。管足と呼ばれる細い管状のものが彼らの足で（直径1㎜程度）、数百本が体の表面から生えている（271頁）。

水中には流れがあり、また浅い岩場では波に洗われる。そして水中では浮力が働くから、陸のように体重を重石《おもし》に使って流されないようにする手は使えない。だから流れや波の強い場所に棲むものにとって、足は歩くことと同等に（もしくはそれ以上に）くっついて流されないようにするのが大切な役目となる。

アワビやサザエ（どちらも軟体動物腹足類、つまり巻貝の仲間）の足も、歩くとくっつくの両方の役目をはたしている。アワビの腹側の部分すべてが分厚い足になっており、ここをわれわれは賞味しているのだが、これほど食べでのある立派な足をもつ割には、巻貝の這《は》うのは遅い。あの量の筋肉は、足がくっつくことの重要さの表れである。

肢を動かす順番

四肢類に話を戻し、肢を動かす順番について考えてみよう。前肢と後肢で、形や役割に多少の違いのあることも多いが、簡単のために4本の肢はまったく同じ形で同じ動きをしており、動くタイミングだけが違うと仮定しよう。そして3本の足はいつも地面に着いていて、宙を動いているのは1本だけ。4本同時に着いている期間はないとする。

肢を①、②、③、④とし、この順番で動かすとしよう。まず肢①が持ち上げられて動いてこれが地面に着くとする。設定した条件があるから、肢①が着くのと入れ替わりに肢②が地面から持ち上げられねばならない。これがすべての肢で順繰りに起こるのだから、どの肢であれ地面から離れている期間は着いている期間の１／３の長さになる。

こういう条件下で、重心が足の三角形の中にいつも入っていて静的安定を保ちながら歩くには、どんな順番で肢を動かせば良いだろうか。答えは図１-９のようになる。すなわち、①左前→②右後→③右前→④左後。これは哺乳類のみならず、両生類や爬《は》虫類《ちゅうるい》を含め、すべての四肢類の歩行に（そして見方によっては遅い走行にも）当てはまる。とても重要な順番なので、筆者は肢が「斜め後ろ、真っ直ぐ前」と順繰りに動くと覚えている。

この順番だと持ち上がる肢は前後前後を繰り返し、左右に関しては左右右左と繰り返すため、力学的不安定さが最小になり、移動運動中のどの姿勢で休んでもコケることはない（つまり１本の肢は上がったままで止まっても大丈夫）。また体が前後左右に揺れることが少ない。だからカメのように、歩いている途中で休んでいるんじゃないかと思われるほど動きがゆっくりで、そのうえ体高が低く腹面が硬くて平らだから体が揺れたら腹が地面にぶつかってしまうようなものでも、この歩き方なら問題が生じない。

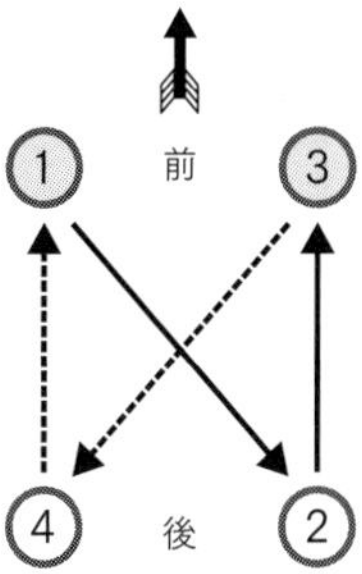

図1-9　安定した歩行の際の肢を動かす順番　羽根つき矢印が進行方向

【コラム】歩行・走行を記述する用語

「完歩」（ストライド）

完歩とは肢の運動の完全な1周期のこと。1本の肢に注目すれば、それが地面に着いてから、また次に地面に着くまでの動きである。1本の肢が地面に着いてから離れるまでの動きが「歩」（ステップ）であり、4足歩行なら4歩で1完歩、われわれのような2足歩行は2歩で1完歩になる。「完歩長」は1完歩で体が進む距離。「完歩期間」は1完歩にかかる時間。「完歩頻度」は単位時間に繰り返す完歩の数。

「接地位相」と「空中位相」

1本の肢は地面に着いている位相「接地位相」と、地面から離れて宙に浮いている位相「空中位相」を繰り返す。地面に着いている間、肢は体を支えているため、接地位相は支持位相とも呼ばれる。接地位相中には、肢は後ろに振れて地面を押して体を前に進めており、これは推進に有効な位相である。他方、空中位相中には、肢は前へと振れ戻っていき、推進には寄与していない。この位相では次に有効に働けるように肢を回復しているので回復位相とも呼ばれる。

一般に推進に有効な振れを有効打、戻す振れを回復打と呼ぶ。歩行では接地位相が有効打、空中位相が回復打である。

「対側」と「同側」

頭と尾を結ぶ軸に関して左右対称の動物において、対称軸をはさんで反対側を対側《たいそく》、同じ側を同側《どうそく》と呼ぶ。

「右」と「左」

魚を含め脊椎動物における体の左右は、われわれ人間と同じようにして決めている。魚であれウマであれ、頭を上、腹を前にして「立った」姿勢を、われわれヒトの立ち姿と同じと見立て、体軸より右手側が右、逆が左とする。

歩行と走行

ゆっくりの歩行からふつうのスピードの歩行へ

①左前→②右後→③右前→④左後という常に静的に安定な歩き方をしながら、歩く速さを上

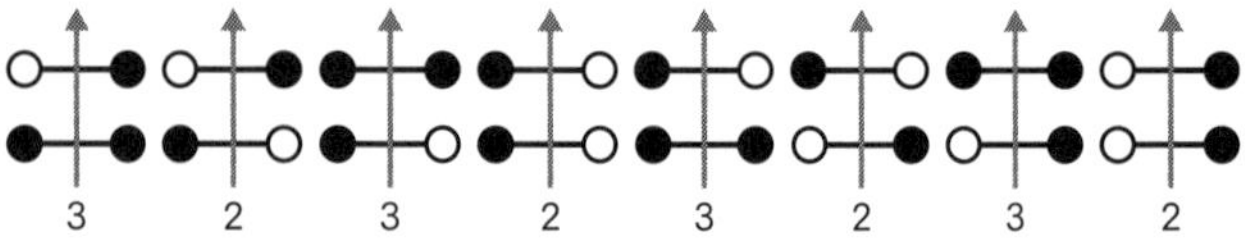

図1-10　ウマがふつうの速度で歩く際における、地面に着いた肢（●）の入れ替わりを1完歩にわたって示したもの　背中側から見た図で矢印方向が頭。左から時間の順に並んでいる。数字は接地している肢の数。３本着地と２本着地とが交互に起こる

げるとしよう。これには肢をより速く動かして完歩頻度を上げれば良い。しかし筋肉は速く動かすほど効率が下がる（123頁）。そこで、肢を振る速さを上げずに完歩頻度を上げるにはどうしたら良いかをまず考えてみよう。

先ほど述べたように、静的安定を常に保っている歩き方では、空中位相の時間の長さは、接地位相の時間の長さの1／3。つまり肢は、後ろに振れるのと同じ距離を、1／3の時間で前へ振れねばならない。だから空中位相が筋収縮の速さの制約条件になる。そこで前へと振れる速さを変えずに完歩頻度を上げるようにすればこの制約を回避でき、それにはある肢が空中位相で前に振れている途中で、もう次の肢も空中位相に入るようにすれば良い。ただしこうすると2本の肢が宙に浮き、残り2本の肢だけで体を支える期間が生じ、不安定になってしまう。

ウマの歩行を見ると、常に静的安定を保つ歩行はごくごくゆっくり歩くときだけで、ふだん見られるふつうの速さでは、2肢しか地面に着いていない状態も起こる歩き方をする。ただしこの不安定な状態は3肢が着いている安定した状態と交互に現れ、不安定な期間が長く続

くことはない。（図1－10）。このふつうの速さの歩行においても①左前→②右後→③右前→④左後という肢の順番は保たれるため、前肢2本や後肢2本ということはなく、前後の揺れは抑えられている。また左右についても、同側の肢（たとえば左前肢と左後肢）だけで支える期間の次には3本で支えられている期間をはさんで対角線上の2本の肢（左前肢と右後肢）が支える期間、また3本で支えられている期間をはさんで次には逆の同側の2本の肢（右前肢と右後肢）というように左右交互に支えられており、左右方向の揺れができるだけ少なくなっている。

歩様

ヒトはゆっくり行くときは歩き、速く行くときには走る。歩くと走るとでは、速さのみならず足取りの様子（肢の姿勢や肢を動かすタイミング）が大きく異なる。足取りの様子が歩様《ほよう》（歩容、歩法、ゲイト）であり、一般に、遅い歩様を歩行、速い歩様を走行と呼ぶ。

競歩には禁止行為とされるルールが2つあり、どちらも歩行と走行の違いをよく捉えている。①ロス・オブ・コンタクト（接地喪失）、②ベント・ニー（曲がった膝）。

最も簡単な歩行と走行の見分け方は、すべての肢が地面から離れる瞬間の有無。体が一瞬でも宙に浮いていれば走行、常にどの肢かが地に着いていれば歩行。これは四肢動物すべてに当てはまる区別で、ここを述べているのがルール①。

ルール②は肢の姿勢について。自分で歩いてみればわかるが、歩くときには肢は棒のように真っ直ぐに伸びた姿勢で地面を後ろに押し、走るときには膝を曲げて押す。

歩行から走行への移行はだらだらと起こるのではなく、ある速度を境に起き、それ以下の速度では歩き、それ以上では走る。それがふつうなのだが、ふだんは走る速度なのに無理して速く歩くのが競歩であり、非常に不自然な腰の動かし方をすることにより体が浮いて両足がともに地面から離れることのないようにしている。

ウマの3歩様

ヒトは肢が2本なので歩行と走行だけの区別で済む。肢が4本に増えるとより複雑な肢の動かし方が可能になり、走行はさらに2つに大別できる（四足歩行動物にはこれ以外の歩様もあり、馬術では訓練すれば100〜200もの歩様が可能とまで言われている）。

四足歩行動物で最も移動運動の研究がなされているのはウマ。長い飼育の歴史があり、農耕・運搬・軍馬として使われて来た。近年はそうした用途はなくなったが、今でも競馬や馬術競技に人気があり、よく走りかつよく人に慣れて言うことを聞くウマが長年の品種改良で作られてきた。

四足歩行動物には大きく分けて3つの歩様がある。遅い方から歩行、緩走（トロット）、疾走（ギャロップ）。馬術では独特の用語が使われ、歩行は常歩《なみあし》、緩走は速歩《はやあし》、疾走は襲歩《しゅうほ》と呼ばれている。すべてに「歩」がついて歩行と走行の区別がつきにくいので、馬術用語を本書で

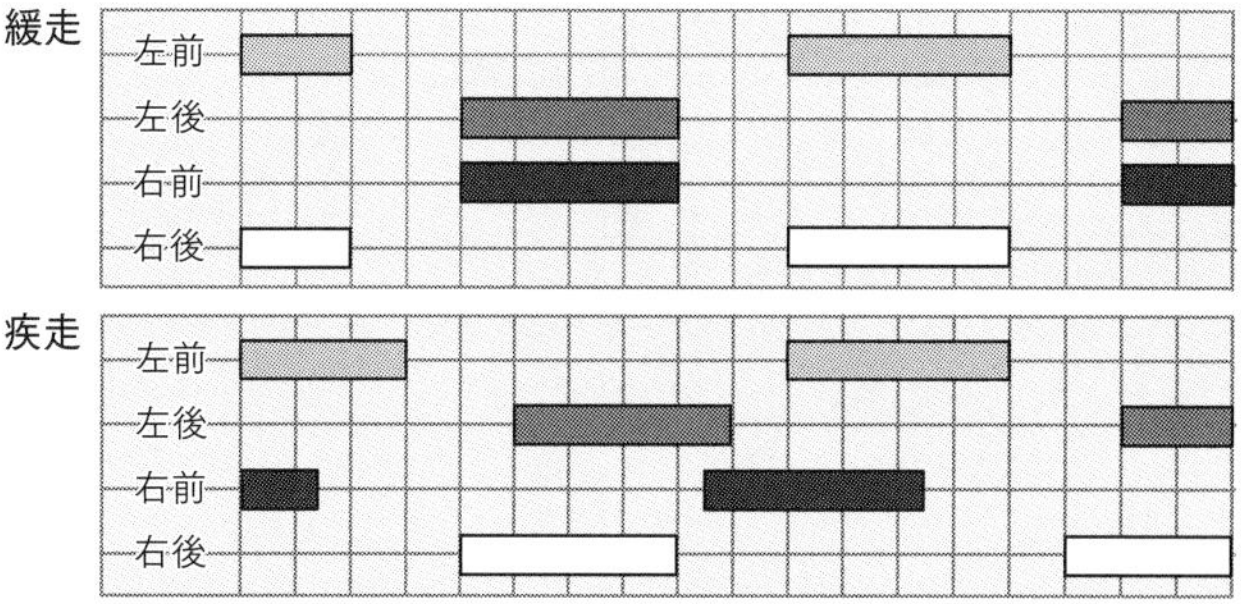

図1−11　緩走中と疾走中のウマの肢の接地の順序　時間は右に流れる。太い横棒は接地位相、棒のない部分が空中位相。走行では肢がすべて宙に浮いている期間が存在し、また２本の肢がほぼ同期して動く

は用いない。ウマの本によると分速にして、歩行が１００ｍ、緩走で２１０〜２４０ｍ、疾走で３１０〜５２０ｍということであり、歩様を１段変えるとスピードが倍になるのだから、歩様の影響は非常に大きい。

歩行においては、肢は１本ずつ順番に動き、どの肢かは必ず地面に着いている。そして３本の肢が地面に着いていて静的安定が保たれている期間が長い。

それに対して緩走と疾走では２本の肢がほぼ同期して動く。ただし同期するペアが異なっている。

緩走

ウマの歩行については先ほど述べた。歩行からさらに速度が増すと緩走へと移行する。対角線の肢の組がほぼ同期して動く（図１−11上）。左前肢と右後肢が１組、右前肢と左後肢がもう１組、この２組が交互に動き、その間にすべての肢が地面から離れる位相が入る。緩走は歩行での「斜め後ろ、真っ直ぐ前」の肢の動かし方の、

「斜め後ろ」に動く間隔が非常に短くなったものと見なすこともできる。

非常に遅い歩行からふつうの歩行へと移行した際には、肢を前に振り戻すスピードを変えずに完歩頻度を上げた。つまり空中位相の期間は変えずに接地位相の期間を減らした。しかし歩行から緩走への移行では、空中期間も接地期間も、どちらも短くして完歩頻度を増して移動運動の速度を増やしている。

疾走

緩走からさらに速度が上がると疾走に移行する（図1－11下）。疾走では前肢2本を揃《そろ》えて地面を強く蹴って遠くへとジャンプし、次に後肢2本を揃えてジャンプしと、ジャンプを繰り返しながら前進する。ここでも肢は2本1組で動くが、緩走とは組み合わせが異なり、前肢2本・後肢2本がそれぞれ組になって交互に動く。ただし2本の動きが完全に同期していないことも多く、その場合、左右の肢のどちらかが先に動くのだが、それが右肢か左肢かは動物種ごとに決まっている。

疾走の間の1つの肢の動きを見ると、宙に浮きながら前にめいっぱい振られてから方向を変えて後ろに振れながらも、まだずっと宙に浮いたままで、肢の軸がほぼ垂直になってやっと地面に置かれる。そして肢が置かれた後も、垂直を過ぎたすぐ後にはもう地面から持ち上げられる。そのために肢の振れる大きさは歩行や緩走よりもずっと大きいが、1歩の歩幅（地面に着いている間に地面を後ろに蹴る距離）はより短い。

より速く

頻度か歩長か

速く行くには、肢をすばやく動かして完歩頻度を上げても、肢を大きく振って完歩長を長くしてもいい。「移動速度＝完歩長×完歩頻度」。どちらをやるかは歩様によっても動物の属する分類群によっても違う（図1－12）。

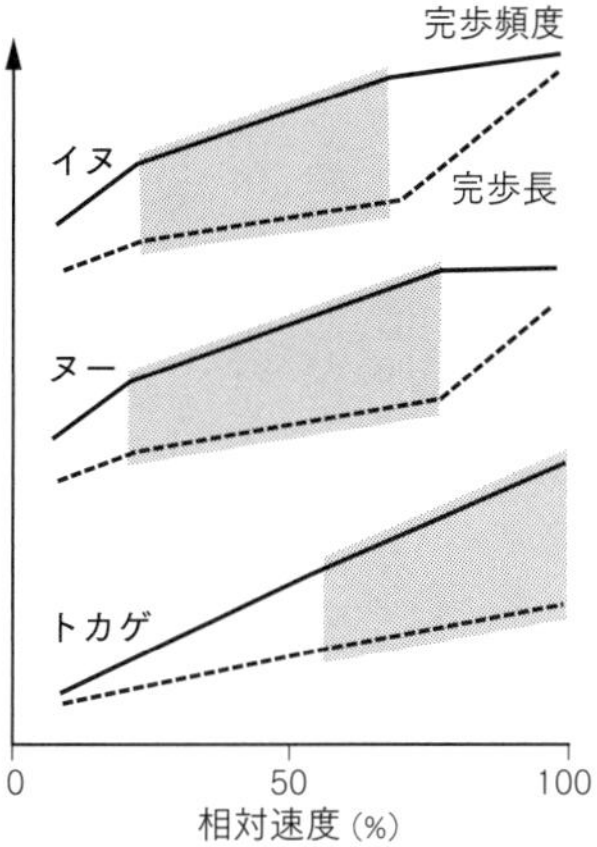

図1－12　速度により完歩頻度（実線）と完歩長（破線）がどう変わるか　速度は疾走の最速値を100%とした相対値。灰色で囲った部分が緩走で、それ以下が歩行、それ以上が疾走。ヌーはアフリカのサバンナに棲むウシ科の大形哺乳類

哺乳類の場合、歩行中に速度を上げるときは、完歩頻度も完歩長も増やすが、主に増やすのは頻度の方である。これは緩走においても同じ。それに対して疾走では、速度とともに完歩長が大きく増え、頻度はほとんど上がらない。だから哺乳類は歩行と緩走とを通してどんどん完歩頻度を上げ、もうこれ以上上げられなくなったところで疾走へと移行し、そこではさらにスピードを上げるのに完歩長の増大を用いて

いるわけだ。

爬虫類はやり方が違う。爬虫類は哺乳類と肢の動かし方が大きく異なっている。そしてトカゲ（爬虫類）には疾走と呼べる歩様はない。また、すべての肢が地面から離れることはないため、厳密には走行そのものがないが、爬虫類では速い歩行を走行と呼ぶことが多く、ここではそれを緩走とした。トカゲのグラフを見ると、歩行においても緩走においても歩長も頻度も速度に比例して増加している。

背骨の屈曲

疾走における歩長の増大には、肢の振り幅だけではなく背中の曲げ伸ばしも関与している。最速の哺乳類はチーターで秒速29ｍ、競馬ウマは秒速19ｍだからかなりの差がある。チーターがこれほど速く走れるのには、①肢を肩関節［股関節］のまわりに大きく振ることができることと、②脊柱が上下方向に柔軟に曲がることとが関係している（以後、前肢と後肢で同様の現象を一緒にして記すときには、他方を［　］に入れて記述）。

後肢で地面を蹴る直前には脊柱が上に凸に猫背で丸まった姿勢をとり、そして後肢で蹴ってジャンプすると同時に脊柱を逆に反らせて体を伸ばし、同時に前肢を前へと大きく振り出す。その結果、前肢は前方遠くに着地でき、１歩が広がる（図１－13上）。次に着地した前肢を揃えて後ろに蹴るときには、背中を丸めながら後肢をできるだけ前へと振る。こうして疾走では肢の振りに加え、脊柱の上下の曲げ伸ばしを使って完歩長を増やしている。チーターの場合、速度の１割を脊柱の曲げ伸ばしで生み出す。

われわれヒトは後肢だけしか歩行・走行には使わないが、バタフライで泳ぐ際には、前肢と後肢を揃えて交互に動かす。そのとき、腰の曲げ伸ばしと腕・肢の振りを同期させるが、この動きはチーターのものと似ていないこともない。

ウマの疾走では脊柱の曲げ伸ばしが少ししか見られない（図1-13下）。これにはウマがチーターよりずっと大きな動物であることが関係している。陸の脊椎動物の脊柱には四肢が接続している。四肢の地面を蹴る力を胴に伝えて胴を推進する上で、脊柱は不可欠のものである。それと同時に、脊柱は腹が垂れ下がらないように、また首も下がらないようにと、姿勢を保つ重要な役割をもつ。体の大きなものほど脊柱にかかる重力は大きくなり、それでも腹も首も垂れ下がらないようにと、脊柱は上下に曲がりにくくなり柔軟性を失う。そのため、ウマのような大形のものでは脊柱の曲げ伸ばしを疾走にほとんど使えないのである。

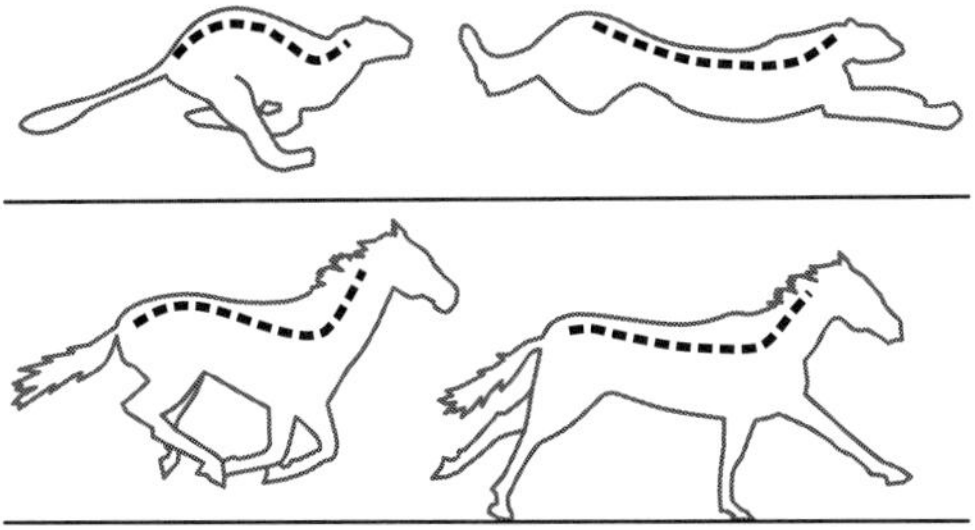

図1-13　チーターの疾走（上）とウマの疾走（下）

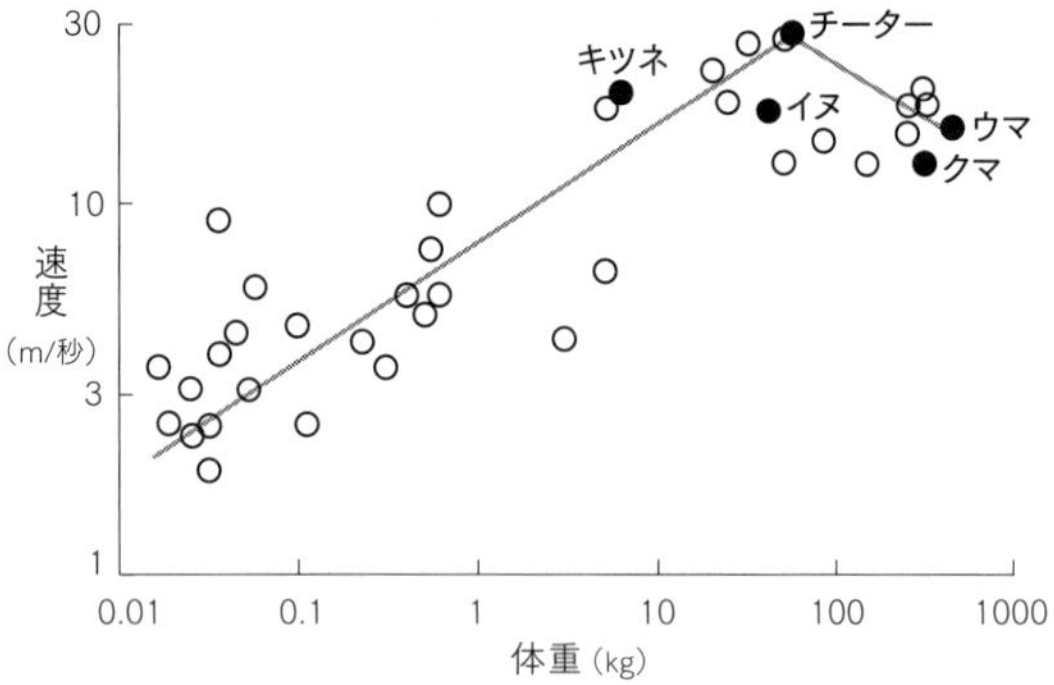

図1－14　最高速度と体の大きさの関係　縦軸横軸とも対数目盛であることに注意。直線は目で見て適当に引いたもの

速度とサイズ

体の大きさと最高速度の関係を見ると、体の大きなものほど速くなる（図1－14）。これは大きなものほど肢が長く、完歩長がより大きくなることで説明がつく。大きな動物ほど肢を振る頻度はわずかに下がるのだが、歩長の増大効果の方がずっと大きいからこうなるのである。ただし速度の増加は体のサイズがチーターくらいまでで、それ以上になると大きなものほど多少速度が落ちる。

これには今述べた脊柱の上下の曲げが使えないことの他に、骨の強度の問題も関係してくる。チーターのような疾走では、全力でジャンプして着地し、また全力でジャンプして着地しを繰り返す。着地の際に肢にかかる衝撃のエネルギーは運動エネルギー（48頁）に等しくなるから$0.5mV^2$。だから、体質量mが増えるほど、そして速度Vが増えるほど大きくなる（体質量とは体の質量で、これに重力加速度を掛けると体重になる）。体の大きなものほど肢の骨に大きな衝撃がかかってくるわけだ。ところが骨の強度（単位面積当たり）は体重が増えても変わらず、骨の太さも体重ほどには大きくならない。その結果、大きな動物ほど相対的に骨の強度が下がり、より慎重に肢を運ぶ必要が出る。そこで疾走の速度は体の非常に大きな動物では少々下がることになる。

最高速度の記録保持者が体の最大のものではないことは泳ぐものでも飛ぶものでも成り立つ。魚の最速はバショウカジキであり、ジンベエザメはずっと遅い。鳥の最速はハヤブサであり、飛ぶ最も重い鳥であるアフリカオオノガンはこれよりもずっと遅い。

最速者は皆大形のハンターであり、逃げる餌を追いかけて仕留める。それに対し、非常に大きいものたちの餌は違う。ゾウは草食であり、オオノガンは雑食だが、主な餌はアカシアの樹脂。ジンベエザメはプランクトンを食べる。皆、逃げない餌であり、また食物連鎖の段階の下のものである。

植物や植物プランクトンが光合成をし、それを小形の草食動物が食べ、それをより大きい動物が食べ、さらにそれを大形のハンターが食べと、「食う―食われる」の関係が鎖状に連なっているのが食物連鎖。連鎖の段階の下の生物ほど大量に存在する。この大量に存在する植物やプランクトンを体のとくに大きなものたちは餌にしているのである。そうだからこそ大量の餌を食べてあれほどのサイズに達することができるわけだ。体が非常に大きければ体当たりしてハンターを撃退でき、すばやく逃げる必要はない。そして餌を走って追いかける必要もないから、超大形の動物は皆、ゆうゆうとしており、最高速度は彼らより小形のハンターよりも低い。

一般に、より体が大きいものほど最高速度が速くなるが、体が最大に近いところではかえって速度が落ちる。そうなる理由としては①骨の強度や筋肉の出せるパワーの限界（走るものについては先ほど述べたが、飛ぶものについては後に触れる。160頁）、②食べ物の違い（これも今述べた）の他に、③ATP（アデノシン三リン酸）供給の問題もあるらしい。

最高速度は突進時に達成され、突進時はクレアチンリン酸や解糖（嫌気呼吸）からATPが主に供給されるが、この供給系の持続時間は限られている（141頁）。このことを筋肉のレベルで述べると、突進時に働くのが解糖によりATPを調達する解糖型速筋であり、これは疲れやすく、働ける時間の長さに制限がある（133頁）。

体の大きなものほど大きな慣性があるから、それを動かして大きな速度までもっていくのに時間がかかる。そのため、解糖型速筋が加速の途中で疲れてしまって想定された最高速度にまで加速できず、超大形のものでは最高速度が落ちるのだというのがこの説である。

【コラム】モアイ像の歩き方

ウマの遅い歩行では、ある後肢が動いた次には同側の前肢が動く、つまり同側の後肢が前に振り終わって着地してはじめて、その前方にある同側の前肢が前に振れることになる。ということは、ウマのように肢の長いものでは、後肢の前への振りの終わり頃には前肢のごく近くにまで後肢が近づくことになるわけで、肢同士がぶつかるおそれが出る。実際には歩行が遅いとき以外は後肢が接地する前に前肢が地面から離れて前に振れるためぶつからずに済んでいる。このように、同側の2本ともが宙に浮いている期間が存在するのには、速く歩くため以外に肢の衝突を回避するという意味もある。

「肢がぶつかる問題」が深刻になるのは肢の超長いラクダやキリンやゾウ。そのためだろう、これら「あしなが動物」は同側の肢を同時に動かす側対歩《そくたいほ》（ペース）という歩様をとる。右肢の組を一緒に動かし、次に左肢の組を一緒に動かす。これなら前後の肢がぶつかる心配はない。ただし右側の支持がなくなるので右に揺れ、次に左側の支持がなくなるので左に揺れと、左右に揺れながら歩く。

側対歩には衝突回避以外の利点も考えられる。体が大きい、つまり体重が大きくて重心も高いものでは、ちょっとだけ体を右か左に傾ければ逆の肢が浮くから、それをそのまま前に振り子のように振り出し、次に体を逆に傾けて逆の肢を振りとやれば、左右に振れる胴の振り子と前後に振れる肢の振り子を使ってエネルギーをあまり使わずに前に進めるだろう。これで思い出すのは、モアイの巨大石像を運ぶのに像を左右に揺らしながら石像を「歩かせた」という説で、巨大なものをゆっくり運ぶのには二重振り子システムは省エネで良い方法らしい。

左右に揺れながら重力で肢を振り子のように動かして坂を下っていくトコトコ人形という

おもちゃがある。これはまさに二重振り子であり、このやり方は何も巨大なものだけでしか働かないわけではない。小形のオカピ、ロバ、シマウマなどでも側対歩が見られるが、二重振り子の利点を活用しているのかもしれない。

われわれが歩く際にも、前後の振り子だけではなく、左右の振り子も使っている。たとえば右足が着地したとしよう。それを踏みしめるとき、体をわずかに右に傾ける。すると左足は浮くから、それは振り子のように前に振れる。そして着地して踏みしめるときには、今度は体は少々左に傾く。こんなふうに左右の肢を切り替えるのに、胴の左右の振れを使う。

ウマの場合には、ふつう、側対歩は訓練によってはじめてできるようになるのだが、北海道産の和種は例外。この和種には生まれつき側対歩で歩く個体がいるし、また通常側対歩を示さない個体でも、長距離を歩かされて疲れてくると側対歩に移ることが多いと言われている。やはり側対歩は速度の割にエネルギー消費が少ない歩様なのかもしれない。側対歩のウマに乗ると、背の上下動が小さくて乗り心地が良いと言われている。

アイスランドポニーにも生まれつき自然に側対歩を行うものがいる。このポニーの遺伝子解析を行ったところ、23番染色体上にある特定の遺伝子に変異が起きていた。変異した遺伝子が、2本の23番染色体の両方にある（ホモ接合でもつ）個体が側対歩を自然に行う。北海道産の和種ウマでも似た遺伝のシステムが働いているようだ。マウスを使ってこの遺伝子の働きを調べたところ、脊髄中の一部の神経細胞にこの遺伝子からつくられるタンパク質が存在していた。この遺伝子は歩行パターンを制御する脊髄回路の形成に関係していると推測されている。

歩様の選択

歩様の切り替えは何によって起こるのだろうか？　ハーバード大学のテイラーたちは仔馬《こうま》(体重40kg）を訓練し、酸素マスクをつけてランニングマシン上をさまざまな速度で走るようにした。そして歩様と速度と酸素消費率の関係を調べた。酸素消費率からは、その動物がその時点でどれだけのエネルギーを使っているか（エネルギー消費率＝代謝率）がわかる。ランニングマシンと言ってもウマ用の特大のものだし、訓練と言っても、ふつうなら緩走している速度でも歩行させたり、疾走する速度でも緩走させるなど、ウマがふだんは行わない歩き方・走り方を、命令に従って行うようにするという手の込んだ訓練である。

エネルギー消費率と速度の関係が図1－15上。曲線は歩行のものが一番下、その上が緩走、一番上に疾走が来ており、当然のことながら速い歩様ほど多くのエネルギーを使う。

ただし3つの曲線は互いに交わっている。歩行と緩走の曲線は秒速1・7mのところで交わり、これより遅いと歩行の方がエネルギー消費量が少ない。同じ速度ならより少ないエネルギーで進める歩様をウマが選択するとすれば、ウマは交点の速度で歩様を変え、より遅い速度で

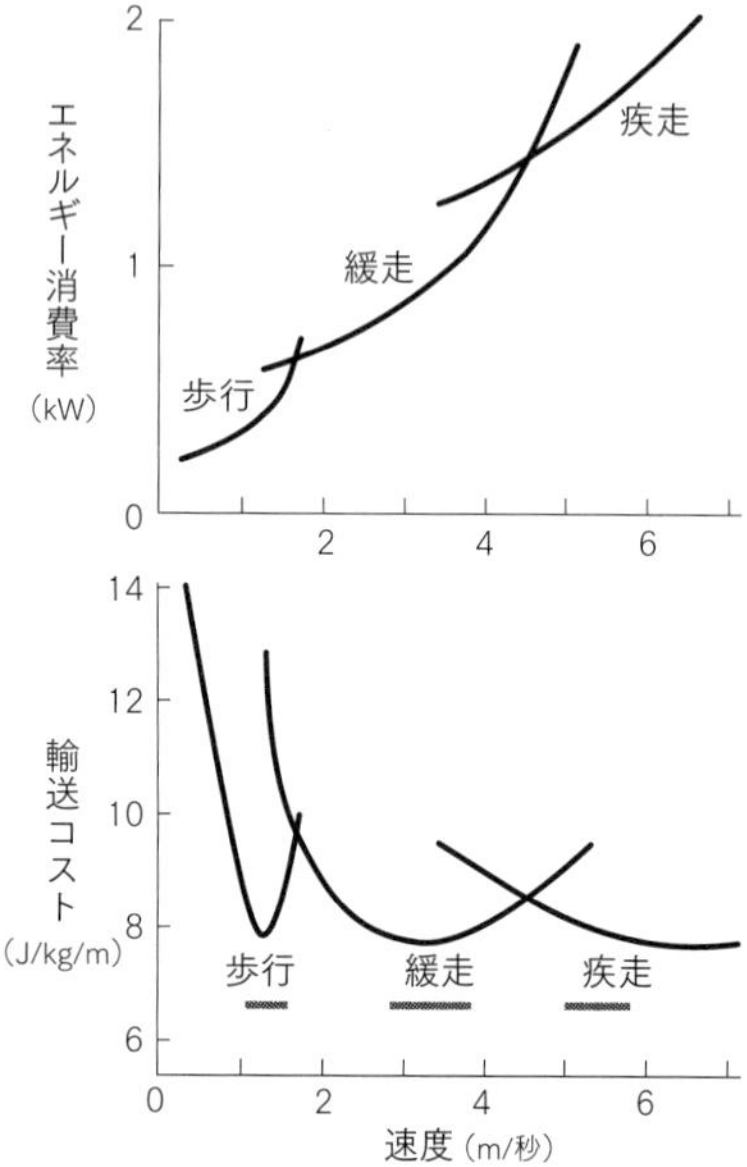

図1－15　仔馬の各歩様における、エネルギー消費率と速度の関係（上）と、輸送コストと速度の関係（下）　エネルギー消費率は1秒当たりの値。下の図の横線は、仔馬が放牧地で自由に行動しているときに見られる各歩様での速度範囲

は歩き、それ以上では緩走するだろう。

　同様の議論は緩走と疾走の切り替えについてもでき、曲線の交点の速度（秒速4・6m）以下では緩走する方が疾走より経済的に走れ、それ以上では逆になる。

　移動運動の最も基本となる役割は、目的の場所まで行くことである。その際、できるだけ速く行き着きたいという場合もあるだろうが、できるだけ省エネで行きたいという場合も多いと思われ、その際には、同じ距離を行くのに必要なエネルギー（輸送コスト）が最も少なくなるようにすれば良い。ある速度で移動しているときの輸送コストは、1－15上図の曲線上のその速度に対応する点へ原点から引いた直線の傾きから得られる。そうやってコストと速度の関係を図示すると、下図のように歩行と緩走では下に凸の曲線になる（疾走においてはより速い速度の記録がとれないため、下に凸になりそうだがよくわからない)。曲線の極小値が各歩様での輸送コストが最少の値であり、このときの速度で移動すれば最も省エネで行け、それは歩行なら秒速1・2m、緩走なら3・2mとなる。

1－15下図の曲線の下にある横線は、放牧地でこの仔馬の行動を観察したときに示した速度の範囲である。命令すれば仔馬は1つの歩様でかなり広い範囲の速度で移動できるが、たぶんそれはいやいややっているのであり、自分好みの速度は輸送コストが少なくなるかなり狭い範囲なのが見て取れる。以上の結果から、歩様の切り替えはエネルギー節約のためだと結論できるだろう。

ただしこれは平穏無事で餌も不足していない場合。捕食者から逃げるときに適した速度と、餌がどこかと探すのに適した速度とはもちろん違う。逃げるにはできるだけ速くなければならず、その際は省エネなど考慮しないだろう。同じ探すにも小さな餌を探すときと大きな餌を探すとき、生殖相手を探すとき等々、探すものによっても適した速度は違うはずで、その場合には、複数の好みの速度をもつことは大いに意味がある。

省エネを念頭に置いた好みの速度が歩行では秒速1・2m、緩走では3・2mだった。ただしこの2つの速度でだけしか省エネを考慮した移動ができないわけではない。たとえば平均秒速2mで移動したいという要求があるとしよう。その場合には道のりの一部を1・2mで歩き、残りを3・2mで緩走し、歩く時間は全体の時間の6割にすると、2mで緩走し続けるよりも省エネになる。

第2章
歩く力・走る力

歩くときには肢で地面を後ろに押す。それと同じ力で地面は肢を押し返し、その力で体は前に進む。自己を取り巻く環境を後ろに押し、逆に環境から押し返されて自分が前に進むのは、歩行・游泳・飛行のいずれでも同じで、これはニュートンの第三運動法則が述べているところ（46頁コラム参照）。

多くの動物は細長い体をもち、この長い体の軸（長軸）を水平に保つ、つまり重力と垂直にする。長軸の先端に頭があり、これを前にして進む（40頁コラム参照）。そのため体に働く力を、垂直方向、水平長軸方向、水平で長軸と直角の方向の3方向に分けて考えると扱いやすい（図2－1）。

①水平長軸方向の力。これにはⓐ前向き（進行方向）の力と、ⓑ後ろ向きの力がある。前向きの力が推進力（推力）で移動運動の原動力。後ろ向きの力が前進に抵抗する力（抗力）で、これをいかに少なくするかが大問題。

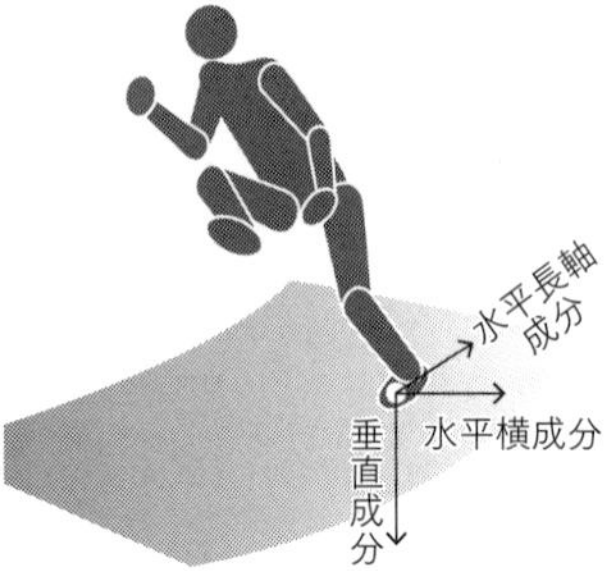

図2−1　足が地面を押す３方向の力　右にカーブを切っている走者の例。ヒトの場合には立ち上がったため、水平長軸成分を水平前後成分と読みかえる

②垂直方向（重力方向）の力。体には常に垂直下向きに重力が加わってくる。そのため重力に抗する上向きの力を発生することが飛行では必須になるし、歩行・走行でも、胴を持ち上げて地面との摩擦を減らすのが重要なことはすでに述べた（2頁）。

③水平横向きの力（進行方向に直角の力）。これは方向転換の際に重要になるが、ふだんは小さいため無視可能。そこで本章では、①のみを水平成分として取り扱う。

【コラム】頭はなぜ前にあるのか

動物は細長くて左右対称形のものが多く、その細長い一端を前にして進んでいく。細い方を前にして進むと、水や空気の当たって来る面積が小さくなるから抵抗が減って楽に速く進める。ただし体を細くしても、内臓の入る体積を確保しなければならないから、体は長くならざるをえない。そして左右対称の形になるのは、肢の数が左右で違ったら真っ直ぐに歩けないし、胴が左右非対称だったりひん曲がったりしていると、舵《かじ》を切った状態になるから、やはり真っ直ぐには進めない。そこで体は左右対称の細長い形になる。体の断面は丸いものが多い。生物の体は体重の6割以上が水でできており、皮膚という膜の中に水の詰まったロング風船のようなものである。内圧の加わった風船の断面は必ず丸くなる。また同じ断面積なら円が最も周の長さが小さく、その分、抵抗（表面摩擦抵抗）が少なくなる（199頁）。

進む方向は決めておいた方が良い。そうすればより速く動けるように筋肉や神経を配置できる。そこで前端と後端の区別が生じてくる。食物を求めて動いていくのだから、すぐに食いつくためには口が最先端にあると良い。排泄口《はいせつこう》は後端付近に開かないと自分の排泄物をかき分けて進むことになってしまう。

口のところには食べて良いかを判断する感覚器官がないと困る。また前端は未知の環境にまず接する端だから、そこに眼や鼻のような外界の情報を感じとる感覚器官も配置すると良い。感覚器からの情報を処理して判断し、筋肉に「餌に向かえ！」や「敵から逃げろ！」と指令を発する神経の塊（脳）も感覚器官のすぐ側にあると情報処理がすばやくできる。口、感覚器官、脳が集まったものが頭であり、これが体の前端にあるのはこのためである。

力とエネルギー

歩行・走行での力

歩行・走行には非常に多くの筋肉が関わっている。これらすべての筋肉の出す力を測って足し合わせれば肢の出す力を求められるが、それをやるのは事実上不可能。しかしニュートンの第三運動法則を使えば肢の出す力が求められる。つまり肢が床を押せば、押した力と同じ大きさで方向が反対の力で床は押し返すから、この力を測れば良い。

その測定に使われるのが床《ゆか》反力計（フォースプレート）である。これは体重計が複数個床板に仕込まれたものだと思えば良い。体重計は基本的にバネ秤《ばかり》であり、秤の板に足を置いて板を押すと、その下にあるバネが縮んで押し返し、そのとき、バネの縮んだ量から押し返す力を求めるのが体重計の原理。バネを下だけでなく、床板の前後左右にも取り付けて、この床板の上を走らせれば、走行時に肢が押す3軸方向の力を測定できる。

そうして測定したものが図2－2で、これはヒトの歩行中と走行中の1本の肢が、着地してから肢が離れるまでに地面を押す力の記録である。上図が力の垂直成分、下が水平成分。

図を見ていささか不審に思わされる点が2つあるだろう。①水平成分と垂直成分の正の値を比べると、垂直成分の方が圧倒的に大きく、なんと水平成分の8倍にもなる。水平成分こそが進むための力なのだが、それよりも垂直成分が格段に大きく、これはちょっと意外だろう。歩行の図を見ると、垂直成分の大きさは体重を支えるのに必要な値とほぼ等しいことがわかる。

②足がドンと着地したときには、足は前に地面を押すので水平成分は負の値になり、値が正になるのは接地位相の後半になってから。つまり推進という観点からすれば接地位相の前半はブレーキになっており、やっと後半で推進力が発生する。ということは、肢を前後に振るとはブレーキとアクセルを交互に踏みながら進むようなもので、ものすごく無駄。「そんな無駄をしながら日頃歩いているんだ」と、これまた意外に感じるかもしれない。

歩行と走行とを比べると、やはり走行にはより大きな力（ほぼ倍）の必要なこと

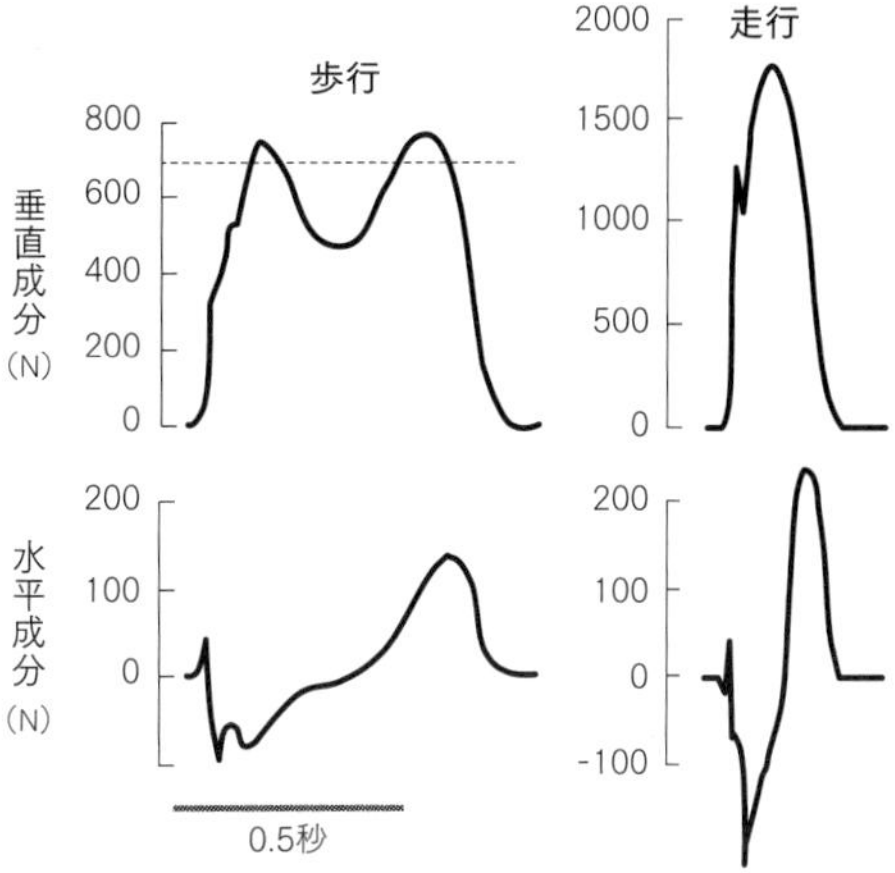

図2-2　歩行中と走行中のヒトの1本の肢からの床反力計の記録　歩行は1.5m/秒（中程度の速さ）、走行は3.6m/秒。ヒトの体重は70kg（これは686Nに対応）。記録は1つの接地位相についてのもの。垂直成分は正の値が体を持ち上げる力。水平成分は正の値が体を前に進める力（縦軸の目盛が水平と垂直で違うことに注意）。歩行の垂直成分の図中に水平に引いた破線は、肢が空中位相と接地位相を交互に交代したと仮定した（つまり$\beta=0.5$、45頁）際に肢が体重を支えなければならない平均の力の大きさを示す

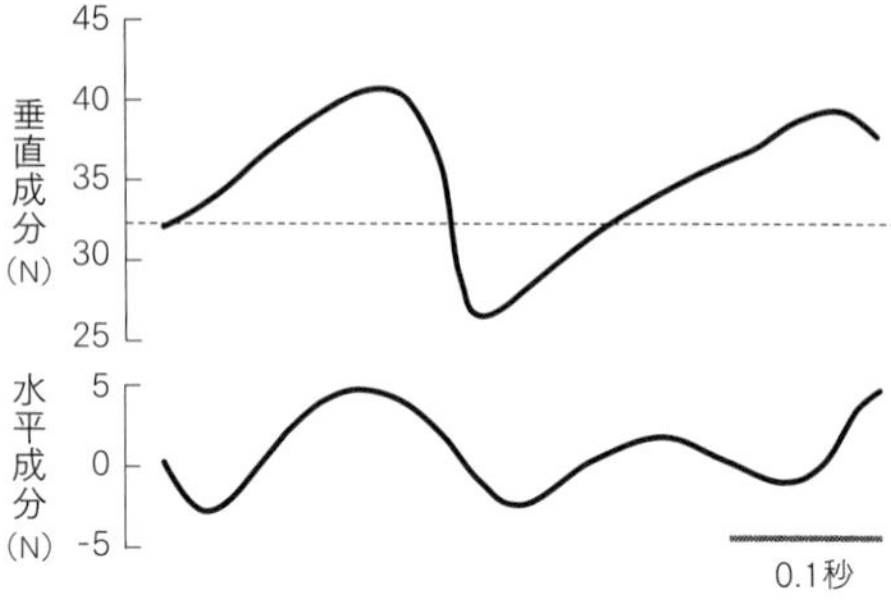

図2－3　ネコを床反力計上を歩かせたときの力の記録（ほぼ1完歩分）　力は4本の肢の合計。垂直成分中の破線は肢が体重（3.3kg）を支えなければならない平均の力の大きさを示す。垂直成分の時間平均は体重を支えるのに必要な力を少し上まわっている

が見て取れる。

図2－2はヒトの1本の肢について見たものだが、ネコの歩行の4本肢全部の力を足し合わせたもの（図2－3）を見ても、体を支える力の方が前に進める力よりずっと大きいことと、ブレーキとアクセルを繰り返して進むことに変わりはない。

もしも肢を体の推進にだけ使って進めるならずっと楽になるはずで、それは自転車に乗ってみればわかる。体重は自転車が支えてくれるから、ペダルを踏む肢への負荷は軽くなり、きわめて楽に速く行ける（106頁）。「重き荷を負うて行くがごとし」とは単なる比喩ではなく、われわれ陸上動物の宿命なのであった。

垂直方向の力の大きさ

動物が立ち止まっている静止時には、1本の肢にかかる力は「体重÷肢の数」。体重Wの四足歩行動物ならW／4である。走行時には、緩走でも疾走でも2本1組の肢が交互に着地して

おり、1本の肢が体を支えるのに必要な力を時間平均したものはW／2になる必要がある（2足歩行なら1本だけで体重を支えるのでW）。歩行では静止と走行の間の力W／4〜W／2となる。時間平均はそうなのだが、速度が増すにつれ着地している時間は短くなり、肢が宙に浮いている時間が長くなる。宙に浮いている間、肢は体を支えていないのだから、着地中の肢はその分、より大きな力で体を支えねばならない。そこのところを定量化するのがデューティー比βで、これは1本の肢が地面に着いている時間が1完歩期間のどれくらいの割合を占めているかを表すものである。疾走のβは小さく、その分、垂直成分の力は大きくなる（力はβの逆数倍以上になる）。

2足歩行なら、歩行では必ずどちらかの肢が地面に着いているのだからβは0・5以上。走行では両肢が離れた期間があるのだから0・5以下。ヒトの場合では、歩行中に速度が上がるにつれデューティー比は0・65からだんだん0・55まで下がり、走行に切り替わるところで突然0・35になる。

往復運動と無駄なエネルギー

肢のように往復運動を伴う移動運動では、どうしても直接推進に寄与しないエネルギーも使わざるをえない。どんな無駄があるかを見ておくことにする。

①肢が前にドンと着地するときは、地面を前に押すのでブレーキをかけることになり、その

Vは、Fと、Fが働いている期間tに比例し、同時に、速度は体の質量（体質量）mに反比例する。式で表すと$V=Ft/m$。

tを左辺にもってくると、$V/t=F/m$。体の速度は、力が加えられている単位時間ごとにF/mだけ増える。速度の増え方V/tは加速度αだから$\alpha=F/m$、つまり$F=m\alpha$。第二法則は「力＝質量×加速度」と書け、これは歩行・走行の力を考える際に頻繁に登場する。

第二法則は別の形でも表現できる。式$V=Ft/m$で、mを左辺にもってくると$mV=Ft$。mVは運動量、Ftは力積と呼ばれる量である。よって第二法則は「運動量＝力積」とも書ける。この形は游泳や飛行を解析する際に現れる。

③第三法則（作用・反作用の法則）

「どの作用する力（アクション）に対しても、大きさは等しいが逆の方向の反作用力（リアクション）がなければならない」。これを生物学の言葉にすると、「体に前向きの推進力が働くようにするには、動物は環境に対して、推進力と同じ大きさの力を後ろ向きに同時に与えねばならない」。

減速分を、振りの後半で地面を後ろに蹴って加速しているのだから、無駄なエネルギーが使われている。

②歩行ではっきりとわかるが、歩行では肢を真っ直ぐ棒のように伸ばして地面を踏んで押す。すると体は肢の着地点を中心にしてコンパスで円弧を描くように持ち上がり、肢が胴の真下に来たところで体は最高点に達し、また位置は下がっていく。つまり肢の振れに伴い体の重心が上下するのである。これは体の前進とは関係のない動きであり、

【コラム】ニュートンの運動法則

動物は肢・ヒレ・翼で環境を押して進む。そのときに働く力に関する力学原理はニュートンの運動法則に含まれるものがほとんどなので、高校物理の復習になるがおさらいしておく。

ニュートンの運動法則は3つ。

①第一法則（慣性の法則）

「止まっている物体に力を加えなければ、そのまま止まり続ける。動き続けている物体に力を加えなければ、そのまま動き続ける」。これを生物学の言葉で言えば、「環境に対して静止している体が動き出すのは、外部から力が働いたときだけ」。だから「動物が自力で動き出したいなら、環境から力を引き出す必要がある」。同様に、「動いている動物が、スピードや方向を変えようとするなら、環境から力が働くようにしなければならない」。

②第二法則

動物が環境から推進力Fを引き出したとき、体が動く速度

重心を持ち上げるときに使われるエネルギーは無駄。

③肢は前に振れ、次に後ろに振れ……と、方向を逆転しながら振れ続ける。運動方向を変えるには新たに力を加える必要があり（つまりそのためにはエネルギーが必要）、これは一方向に進んでいく移動運動とは関係のないエネルギーで無駄。

④肢の上下動によっても肢の重心の位置が変化し（つまり位置エネルギーが増減し）これに使われるエネルギーも前進運動とは無関係だから無駄。

⑤肢が振れる際、複数の関節において骨と骨とがこすれ合うことになり、このときの摩擦力に打ち勝つにもエネルギーが要る。

ただし④⑤に必要なエネルギーは小さいので無視可能。

移動運動に関わる力学エネルギー

移動運動に関わる重要な力学エネルギーには、①運動エネルギー、②重力の位置エネルギー、③弾性ひずみエネルギーがある。ちなみにエネルギーとは仕事をする能力のことである。

①運動エネルギーとは動いている物体のもつエネルギーのこと。質量m、速度Vで動いている物体では「運動エネルギー＝$0.5mV^2$」。物体の部分によって動いている速度が違えば話は単純ではなくなり、たとえば運動している動物体では、各肢も胴も同じ速度ではないのだが、ふつう、そこは無視して単純化して考えている。

②重力の位置エネルギーはジャンプしながら移動するときには大きく関わってくるが、ふつうに歩くときにも無関係ではない。重力は体（質量m）に下向きの力mgをおよぼし、この力が体重Wである（gは重力加速度）。体を高さhにまで持ち上げるには「力×距離＝mgh」に等しい仕事をする必要がある（それだけの量のエネルギーが要る）。この仕事は、落ちて最初の位置にまで戻ったときには回復できるから、重心に質量mをもつ物体が高さhにあれば、それは位置エネルギーmghをもつことになる。

この重力位置エネルギーは運動エネルギーと互いに転換可能である。

例１。空中に投げ上げられたボールは、昇るにつれスピードを落としていき、最高の高さに達し、次には落ちはじめ、落ちる間にスピードを増す。これは、ボールが上がっていって重力位置エネルギーを得るに従い運動エネルギーを失い、落ちるときにはその逆が起こったと見ることができる。

例２。振り子は錘が振れて昇るにつれ遅くなり、次の振れが始まって落ちるにつれ速くなる。これも重力位置エネルギーと運動エネルギーを転換しながら動いていると見ることができる。真空中で摩擦のない条件なら、振り子はエネルギーの２つの形の間を転換し続けながら永遠に動き続ける。

③弾性ひずみエネルギーは弾性体（バネのような力学的性質をもった物体）に蓄えられるエネルギーである。弾性体は力をかけて引き伸ばされたり押しつぶされたりの変形を受けるとエネルギーを蓄え、引っ張られる［押しつぶされる］ことがやむと、そのエネルギーを放出して元の長さに戻る。ゴムは弾性体であり、ゴム製のパチンコは引き伸ばされるとエネルギーを蓄え、発射時にはそのエネルギーが解放されて弾に運動エネルギーを与える。このように弾性ひずみエネルギーと運動エネルギーとは転換可能である。

ヒトではこれから述べるように、歩行においては運動エネルギーと重力の位置エネルギーの転換が起こり、走行では運動エネルギーと弾性ひずみエネルギーの転換が起こる。こうしてエ

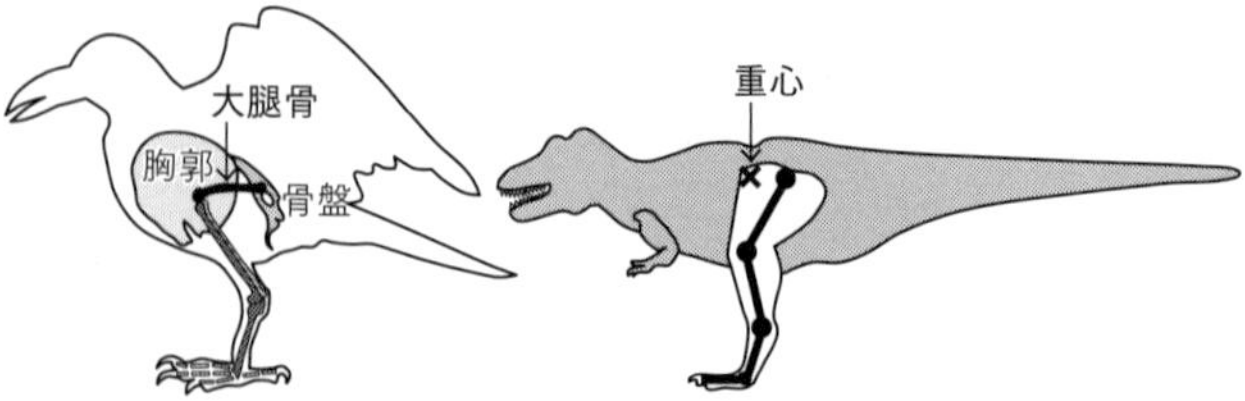

図2−4　やじろべえ型の2足立ち姿　カラス（左）とティラノサウルス

ネルギーの無駄使いが防がれている。

ヒトの2足歩行——ヒトはコケながら歩く

ヒト、恐竜、鳥

ヒトは立ち上がって2足歩行をするようになった。2足歩行の利点として次のようなものが考えられるだろう。①手が自由になった。②高い位置から見晴らせるようになった。③脳を重くしても、真っ直ぐに立っていてその真上に脳が乗っているので、支えるのが楽。④2足でしか立っていないので体が不安定になるが、その不安定さを利用して、歩くエネルギーを節約している。⑤直射日光が当たる面積が小さくなり過熱が防げ、また体が地面から離れているため、暑さ寒さの影響を受けにくい。

2足歩行をしているものには、ヒトの他に恐竜とその子孫である鳥がいる。ただし彼らはバランスの取り方がヒトとは違う（図2−4）。恐竜は長くて太い尻尾をもち、胴も尾もともに水平に保ちながら、重心のある位置あたりから肢を垂直に下ろして立っていたとされる。これはT字のやじろべえの姿勢であり、バランスのとれた安定した姿勢である。鳥の場合は体を軽くするために長い尻尾を失ったし、飛ぶための強大な筋肉を胸のところにもった。そのため体の重心は股関節よりずっと前に移動した。それでもやじろべえ方式で立つために、大腿骨を水平にして前に向け、膝をほぼ重心の位置までもってきて、その位置で膝を曲げて脛《すね》から先を垂直に下ろした。鳥の肢は一見、われわれのものとは逆向きに膝関節が曲がっているように見えるが、あれは膝ではなくくるぶしの関節である。

鳥も恐竜もやじろべえ方式の安定した姿勢を保っているが、ヒトの場合は胴を垂直に立ててしまったため、トップヘビーの極端に不安定な姿勢になった。その点を逆手にとって省エネしているというのが、ここからの話題である。

【コラム】胴の形

四肢動物は2つのやじろべえが前後に並んだものと見ることもできる。1つのやじろべえは、頭＋「胴の前半分」の水平の棒が、真ん中で前肢に支えられているもの。もう1つは、「胴の後半分」＋尻尾の水平の棒が後肢で支えられているやじろべえ。やじろべえだから体が安定する。さらに頭と胴が釣り合い、また胴と尻尾が釣り合っているのだから、重力で頭や胴が垂れ下がらないようにと筋肉で持ち上げ続ける必要がなくなり、省エネになる。とくに胴は重いものだから、陸の大形動物は胴が真ん中で垂れ下がらないように工夫しなければならず、これが工夫の一つである。

ここで胴の形について考えておきたい。胴はおおまかに見れば前後に長い円柱形だが、断面の形は動物群ごとに違う。魚でよく泳ぐものたちの胴の断面は幅が狭く背腹に長い楕円形《だえんけい》であり、これは胴のくねりで水を押す面積を大きくしていると解釈できる。

四肢動物の胴でも断面は背腹が少々長い楕円形である。重力で前後の肢の間の腹が垂れ下がらないように脊柱をアーチ状に上に凸にし、脊柱から内臓を吊り下げた（88頁）。このため横幅より背腹の方が長い。胴は建築学的に見れば梁《はり》である。梁とは水平方向の支持材のことで、垂直方向の支持材が柱。胴を梁、肢を柱と見ることができる。梁は重力のかかる方向が厚い方が下にたわみにくい。だから胴も四肢動物のように背腹方向に厚い方が力学的に強くて重力で胴が垂れ下がりにくい。

ヒトの場合は立ち上がったため、胴にかかる重力の方向が90度変わってしまった。脊柱は梁から柱になったのである（脊柱とはヒトの背骨を基準にした命名）。脊柱はきわめて重い頭を下から支えなければならなくなった。われわれの脊柱は特徴的なS字を描いているが、こうなっていると、S字が上下につぶれたり伸びたりとバネのように働き、肢からの衝撃を吸収して脳を守るショックアブソーバーの役目をはたせるからである。

ヒトの胴は背腹方向より左右の幅が大きくなった。これには左右の肢の間隔を広くする意味があるだろう。ヒトは立ち上がったため、きわめて不安定になったが、左右の肢の間が離れているほど、左右にはコケにくく安定になる。そして狭い前後にはコケつつ歩く。内臓は骨盤が下から支えるようになったため、他の四肢動物のように脊柱からぶら下がった内臓によって腹が出ることがなく、背腹方向が薄くなった。おかげで胴は前に曲がりやすい構造となり、背が高くなっても腰を曲げて地面近くの果実などを採集するのに支障が出ない。尾はやじろべえの役目を失い退化した（樹上生活では、尾は枝をつかむ役目もあるが、ヒトは草原に移ったのでその役目もなくなった）。

ヒトは胴が垂直に立つのに合わせて骨盤も90度回転した。そのため、他の四肢動物では後肢をめいっぱい後ろに振り切った位置が、ヒトの場合はふつうに立っている肢の位置になった。だから肢で蹴って進むには、他の四肢動物から見れば異常に大きく後ろへ振る必要がある。他の四肢動物では肢を後ろに蹴る主な筋肉は大腿二頭筋（坐骨《ざこつ》が起始）だったが、ヒトの場合には、より骨盤の上側が起始の大臀筋が主役になった。2足歩行になり前肢の分も引き受けて蹴るのだから大臀筋は非常に発達し、ヒトではぽっこりと突き出たヒップが目立つ（膨らんだヒップが肛門《こうもん》の上に覆いかぶさる形になったため、排泄物が付着しやすくなり、お尻を拭く必要が生じたという説がある）。

力学モデル

ヒトの歩行と走行は、それぞれ異なる力学モデルでかなり良く記述できる。どちらのモデルでも運動エネルギーと他の形の力学エネルギーとが相互に転換することにより、省エネしながら進むという歩行や走行の特色をはっきりと捉えている。

(1)歩行の倒立振り子モデル

2足歩行はしばしば「倒立振り子モデル」で記述される。倒立振り子とは、昔のゼンマイ式メトロノームのように、棒の上端に錘が付いており、下端を支点として回転しながら往復している逆さになった振り子(図2－5)。

このモデルは胴と2本の肢だけでできており、胴が振り子の錘に、肢が棒に対応する。簡単のために肢には重さがなく、すべての質量は胴に集まっているとする。肢は硬い棒で、胴との付け根の筋肉で前後に振られる。2本の肢は交互に振れ、一方の肢が持ち上げられているときには、もう片方は地面に下ろされている。このようなモデルでは胴は一連の円弧(円弧の半径は肢の長さ)を描きながら前進するから、胴は1歩ごとに上下する。

実際にヒトは倒立振り子モデルのような上下動を繰り返しながら歩く(図2－6上)。肢は地面に着いている間は真っ直ぐに保たれ、その結果、1歩の真ん中、つまり支えている肢が垂直なときに、重心の位置が一番高くなる(①や③の図)。両足が地面に着いているときが最低で

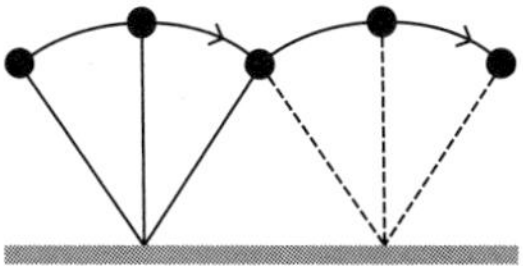

図2−5　倒立振り子モデル　●が胴（質点）。実線の直線が右肢、破線の直線が左肢。左右の肢で交互に質点を支える。円弧は重心の描く軌跡

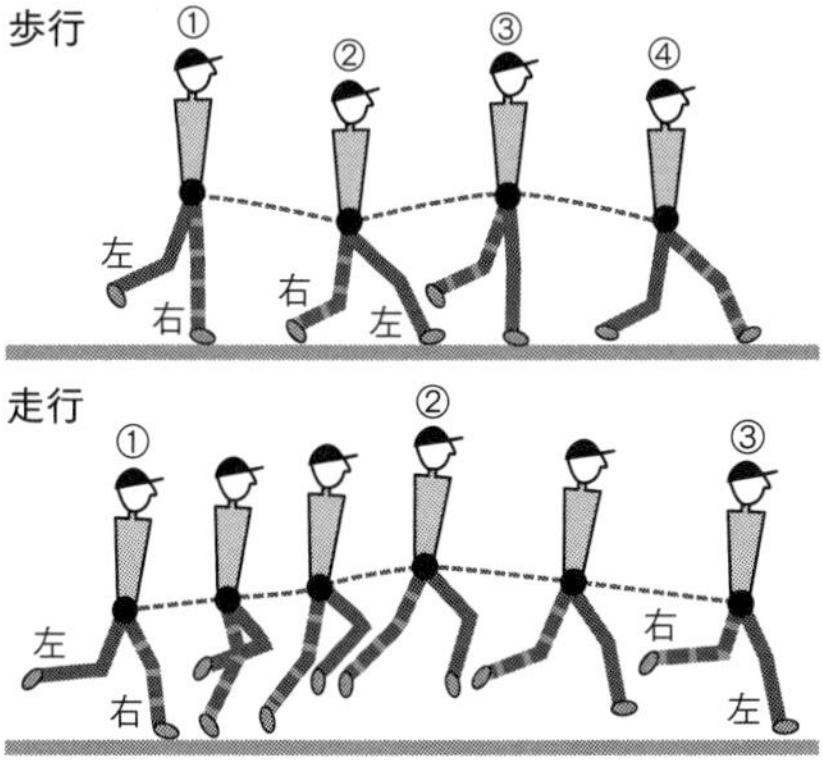

図2−6　ヒトの歩行と走行の模式図　肢は実線が左、破線が右肢。●は重心の位置。数字は時間の順序

あり（②と④）、重心は約４cm上下する。

この歩き方をした際に起こるエネルギーの転移を考えてみよう。図②は左足が着地した瞬間である。このとき重心の位置は最も低い（＝位置エネルギー最低）。しかし速度は（そして運動エネルギーも）最大になっている。なぜなら、この状態は右肢が垂直に立った重心が最高のところ（①）から、重力により引かれて加速しながら落下してきた状態だから。その速度を保ちながら次に左肢が棒高跳びの棒のように働いて重心が前上方へと押し上げられ、重心は再度一番高い位置になり、速度は最低になる（③）。この時点では運動エネルギーは重力の位置エネルギーに転換されている。次に左肢を軸として前方下へと回転しながら重心が落ち、それとともに速度が上がる（④）。これを繰り返す。

結局、歩行においては重心を上げて重力位置エネルギーを蓄え、次に重心を落下させて蓄えた位置エネルギーを運動エネルギーへと転換して重心を前へと押し進め、さらにこの運動エネルギーを使い重心を再度押し上げて位置エネルギーとして保存し、またこれを次の一歩に使う。こうして重力位置エネルギーと運動エネルギーを相互に転換することにより、エネルギーを再利用し、輸送コストを節約しているのが、倒立振り子のように肢を振る歩行である。

この運動エネルギーと重力位置エネルギーとの転換がまったく無駄なく起きていれば、何もしなくても永遠に歩き続けられるのだが、肢の往復運動で進むのには、現実には先に列記したようないろいろな形の無駄があり、そのためわれわれは肢の筋肉を収縮させて振り子の振動が続くようにアシストする必要がある（ここはゼンマイを巻かないと動かないメトロノームと同じ）。ヒトの歩行では最大7割の力学エネルギーが振り子機構で節約されており、この数値からも歩行の主役は肢の振り子運動であることがわかる。

ヒトは重心を上下させずに歩くこともできる。最も単純なやり方は、肢を真っ直ぐにせず、曲げることにより重心が上がらないよう調整しながら歩けば良い。ただしこうするには膝を曲げた状態で体重を支え続けねばならず、そのためには筋肉を収縮させて膝関節が重力に負けてしまわぬよう常に適切な角度を保つ必要がある。それにはかなりのエネルギーが要る。重心の上下動をなるべく小さくするように膝を曲げながら歩くと、エネルギー消費量が5割も増えてしまうのである。膝を真っ直ぐに伸ばした姿勢だと、骨が体重を直接支えてくれるので（とくに肢が垂直に近い姿勢になったときほど)、その分のエネルギーが少なくて済む。

ヒトがふつうに歩く速度に個人差はあまりなく、成人で時速4〜5km(秒速1・1〜1・4m)程度で、このくらいで歩くと輸送コストが最少になる(図4-2)。輸送コストは下に凸の曲線となり、コストが最少になるのは秒速1・3m。倒立振り子モデルをコンピュータ上で構築して歩行速度を変えて歩かせると、力学的エネルギーの回収率は秒速約1・4mで最も良く、ここで輸送コストが最少になる。モデルと実際の歩行の結果は良く合っており、結局、われわれは輸送コスト最少の速度を好んで選んで歩いていると結論できる。

倒立振り子機構による歩行の省エネ化は、鳥類のような他の2足歩行動物でも見られる。また四足歩行をするイヌ・ヒツジ・ウマなどでも見られるため、この機構は肢の本数に関係なく、動物一般に当てはまる省エネ機構だと考えられている。

【コラム】ナンバ歩き

倒立振り子のように歩くとは、体を高い位置まで持ち上げ、そこから前につんのめってコケ、あわやというところで逆の肢で支える、これを繰り返すということ。コケている間は重力に身を任せているわけで体のコントロールが効かず体に隙《すき》ができる。このとき、万一敵に襲われたら咄嗟《とっさ》に対応するのは不可能だろう。

そこで剣道ではこのような歩き方を避け、重心を上下させずにすり足で歩く。腰を落とし、左足を軸にしながら胴を反時計回りに回転する。すると右手も右足も一緒に前に出る（というより手はあまり動かさない）。次いで右足を踏みしめ、それを軸にして、今度は時計回りに回転しながら左側の（手）足を出す。この歩き方は胴の回転を伴っており、胴と手足を一体にして動かすところはイモリと同じ（66頁）。このような、同側の手足が同時に前に出る歩き方をナンバ歩きと呼ぶ。

これだと足はいつもしっかり地面を踏みしめており、重心の高さも一定で、姿勢は常に安定している。また、腰と肩とは同じ方向に回転しているので、武士の場合、腰に差した刀と手の位置が常に一定になり、急に斬りかかられても即座に刀を抜くことができる。そして左右どちらから襲われても、体を軸足のまわりに回転させながらすばやく敵と切り結ぶことが可能である。「七人の侍」（黒澤明《くろさわあきら》の名画）では庶民出身の三船敏郎《みふねとしろう》はふつうの歩き方をし、武士の宮口精二《みやぐちせいじ》はかっこよくナンバ歩きをしていた。ただし、武士が皆この歩き方をしていたという証拠はないらしい。

(2)走行のバネ振り子モデル

ヒトが走る様子を時間を追って模式的に示したのが図2－6下。図①は右肢が着地したところで、この状態から右肢は地面を蹴って体を前上方に押し上げながら加速させ、ついに体は完全に宙に浮いて放り出されたボールのように飛び出し、ある高さ（右肢が下へ押した離陸速度の垂直成分と体重との兼ね合いで決まる）まで上がり（②）、それから重心は重力に引かれて落下し、その間に左肢は前に振り出され、この左肢で着地する（③）。着地の際、肢は膝を曲げながら体を減速させ、こうして「肢のバネ」に運動エネルギーを吸収して衝撃を緩和する。

走行においても重心が上下してはいるが、重心の軌跡は歩行のように円弧の連続ではない。また、着地すると体の速度が落ち、重心が最も低い位置のときに速度も最も遅くなっている。この点は歩行とは真逆。つまり歩行では重力位置エネルギーと運動エネルギーとは位相が逆転していたのだが、走行では同位相となっている。走行では重心のもつ全エネルギー（重力位置エネルギー＋運動エネルギー）は1完歩の間に大きく増減し、歩行のように2つのエネルギー間での交換が起きてエネルギーが保存されることはない。この減ったエネルギーを補塡《ほてん》しなければ走り続けられないわけで、これを筋肉の仕事だけで補塡するなら、走行はきわめてエネルギー的に高価なものになっただろう。

走行は、歩行とはまた別の形のエネルギー保存を使ってこの問題を解決している。バネに錘をつけたものを引き伸ばして放すと、ブルンブルンと振動し続ける。これがバネ振り子で、ここでは弾性エネルギーと運動エネルギーとが転換し合っている。これを走行に当てはめたものが走行の「バネー質量モデル」である（図2−7）。これは体から2本のバネ製の肢が生えているもので、バネの肢を交互に弾ませ、ボールのようにポンポン跳ねながら進む（簡単のために体は球状でここにすべての質量が集中しているとし、肢には重さがないとする）。着地するごとに、バネは圧縮されながら体を減速させる。そのため体は運動エネルギーを失い、それはバネに弾性ひずみエネルギーとして蓄えられる。この弾性エネルギーを使って、ちょうどゴム製のパチンコを撃つようにバネは跳ね戻りながら体を宙へと打ち出し、体は運動エネルギーを回復する。体には慣性があり、肢が地面に着いている間にも肢先を支点として回転しながら前へと動く。ここは振り子と同様。ただし肢は棒ではなくバネだから体の軌跡は上に凸の円弧にはならず、バネはぐんと圧縮され、そのバネの力を使って体は前方上へと打ち出されることになる。そして落下し、逆側の肢で着地する。もしバネが完璧な弾性体で、かつ空気抵抗がないなら、いったん動きはじめれば、このモデルは永遠に弾み続ける。

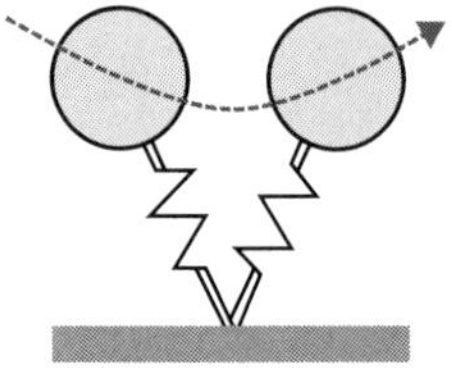

図2-7　走行のバネ―質量モデル　片方の肢（バネ）だけが描いてある。破線は重心の軌跡

肢のバネ

動物体内でバネのように働く組織が結合組織である。この組織は、体に外部から力がかかっても壊れないように、また内部で筋肉が収縮したら、それをきちんと外部に伝えるようになど、体を力学的に支える重要な役目をはたしている（コラム参照）。筋肉の収縮を骨に伝えているの

が腱で、これが結合組織の一種である。筋肉の末端は腱になっており、骨と筋肉とを接続している。腱は非常に頑丈な組織で、硬いバネとして働き、わずかに引き伸ばされただけでも、受動的に大きな力を発生する。

　ヒトの走行においてバネとして働いているのがアキレス腱と足底腱膜《そくていけんまく》である（図2－8）。アキレス腱は腓腹筋《ひふくきん》（ふくらはぎの筋肉）の腱で、かかとの骨（踵骨《しょうこつ》）に結合している。かかとのすぐ上をさわれば硬くて太い紐のようなアキレス腱に触れることができる。長さは15㎝ほどでヒトの腱では最も太くて強いもの。足底腱膜は足の裏（足底）にある腱。アキレス腱のように紐状ではなく、踵骨から膜状に広がって足の指の付け根に達している。この腱膜が弓の弦のように踵骨と指の骨を引っ張って、足裏を弓なりにして土踏まずを形成している。

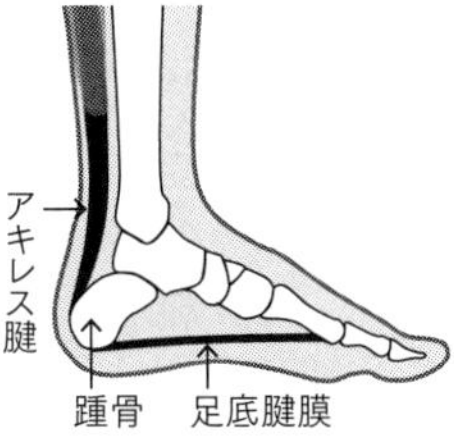

図2－8　ヒトのアキレス腱と足底腱膜

　足が着地するときには、まず指先が地面に着き、足首の関節は急速に大きく曲がってアキレス腱を強く引き伸ばす。こうしてアキレス腱に弾性エネルギーが蓄えられる。次に足裏もべたっと地面に着くようになり、このとき、足裏のアーチが平らになって足底腱膜が引き伸ばされ、ここにも弾性エネルギーが蓄えられる。

　足が再度地面を蹴るときには、今とは逆のことが起き、足底腱膜とアキレス腱のバネの収縮力が地面を蹴るのを助ける。ヒトはこれらのバネにより、バネのないときに比べて最大5割も省エネで走ることができる。またこれらのバネは歩行においても体を持ち上げる際に役に立っている。

速く走れる靴

われわれが履いている靴にもバネが仕込まれており、足底腱膜と同様に、足を着地時の衝撃から守り、また弾性エネルギーを蓄えては解放することを繰り返して歩行・走行時のエネルギーの節約に役立っている。エネルギーが節約できるとは楽に走れることで、それはより速く走れることをも意味する。

良く跳ね返る床（走者が1歩踏むごとに9㎜凹《くぼ》んで跳ね返るもの）の上では3％速く走れるという実験結果がある。であれば変形しやすい底の靴を履いて硬いトラックを走っても、原理的には同じ利益を得られるはずだ。実際に速く走れると評判の厚底ランニングシューズは、バネのように反発力を出すカーボンプレートが靴底に仕込まれている。パラスポーツのトラック競技用義足では、地面に接する部分がミニチュアのスキーのような板になっているが、この板は炭素繊維強化プラスチック製であり、バネとして働き強い反発力を生み出す。

【コラム】結合組織

結合組織は組織同士を結合し、バラバラにならないように保つのでこの名がある。単に結合するだけではなく、よそから力が加わってもその組織が壊れないように力を受けとめて形を維持する役目もはたす。結合組織は力学的に強いものなのである。

この強さは結合組織を構成しているコラーゲンというタンパク質に由来する。このタンパクは強靭な繊維を構成し、コラーゲン繊維は束になって紐になったり（腱や靭帯がその例）、布のように繊維が織り合わさって強靭な膜になったり（筋膜がその例）、繊維が三次元的に配列し、その間に水を大量に含む細胞外のゲル状の物質（水を吸った紙おむつみたいな感じ）を抱え込んで膨れ上がり塊状になったり（軟骨がその例）と、さまざまな形をとる。

結合組織の例をいくつか挙げておこう。①皮膚の真皮。皮膚は表面にある表皮とその下の真皮とからできているが、真皮は皮膚を力学的に強くして体の表面を守っている。②関節の部位にはさまざまな結合組織があり、運動になくてはならない働きをしている。腱（骨と筋肉をつなげる）、靭帯（骨と骨をつなげる）、軟骨や関節液（ショックアブソーバーになったり骨と骨とが滑らかに動けるようにする）。

腱

腱は骨と筋肉とをつなぐもので、太い筋肉の末端は細い腱になっている。腱はコラーゲン繊維が腱の長軸方向に並んでできており、きわめて強い。哺乳類の腱の引っ張り強さ（引っ張って切れる応力）は少なくとも1平方ミリメートル当たり100ニュートン。これは筋肉が出す最大の力の200倍も大きいから、腱の太さは筋肉の14分の1で済むわけだ（$\sqrt{200} \fallingdotseq 14$）。

筋膜

筋肉も丈夫な膜状の結合組織である筋膜により包まれ、筋肉の末端ではこの膜が腱へと移行している。骨も骨膜という結合組織の膜で包まれており、腱は骨膜と連続している。つまり筋肉と骨とは結合組織の膜で結合されているのである。

筋肉は、筋細胞（筋内膜）→筋束（筋周膜《きんしゅうまく》）→筋肉（筋上膜）と、どんどん太い束になっていくが（125頁）、どのレベルでも筋膜で包まれている（括弧内は包んでいる筋膜の名）。最終的に筋肉の表面を包んでいる筋膜はおなじみだろう。ブタやウシの肉が白い丈夫な膜をかぶっており、これを取り去っておかないと肉を噛《か》み切るのに苦労するが、あの丈夫な膜が筋上膜である。このように強い結合組織の膜で次々と包まれているからこそ、筋細胞の収縮が骨へとスムーズに伝えられる。魚の場合には胴の個々の筋肉がさらに胴の皮膚という頑丈な結合組織に包まれてその力が尾ビレに伝えられている。

第3章　歩行の進化

両生類——肢で陸を歩いた最初の脊椎動物

水から陸へ

陸上四肢類の祖先である魚は体を左右に波打たせて泳ぐ。魚に四肢はない。四肢は最初の陸上脊椎動物である両生類が誕生する際に、魚のヒレが変化してできたものである。胸ビレが前肢へ、腹ビレが後肢へと変わった。魚のように体を波打たせても地面を這《は》えるが（実際にウナギにはこれができる）、そうしなかったのは、体をべったり地面に着けてずりながら這うと地面との摩擦がきわめて大きくなるからとは繰り返し述べてきたところ。

四肢類では体を持ち上げて進むが、持ち上げ方が両生類・爬虫類と哺乳類とでは異なる。最初の四肢類は両生類のイモリのような歩行姿勢をとっていた（図3−1）。イモリは腕立て伏

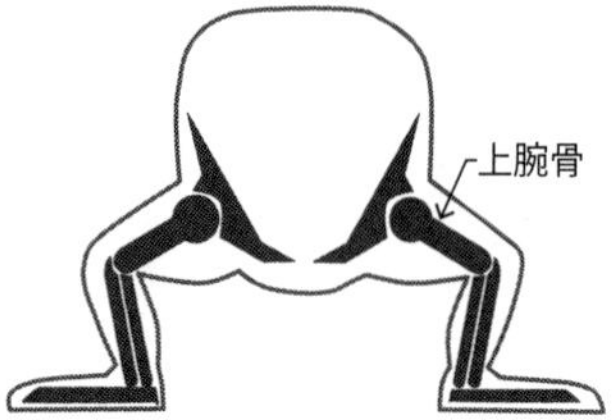

図3－1　側方型姿勢　初期の両生類の前肢の姿勢

せの姿勢をとっている。つまり上腕骨という長い骨（長骨）を側方水平に大きく突き出し、その先にある肘関節をほぼ直角に下に曲げ、さらにその末端は手首の関節で直角に曲げて手のひらを地面にべったりと着けている（ここでは前肢についてのみ述べるが、後肢についても同様）。手足が側方に張り出しているので、このような姿勢を「側方型」と呼ぶ。この姿勢では肩や肘の関節に体重による大きな回転モーメントがかかっており、それに負けないようにいつも筋肉を収縮させ、関節が望ましい角度になるように保たねばならない。

両生類の四足歩行

現生の両生類には3つの仲間がおり、それぞれが独自の移動運動法を採用している。四足歩行をしているのがイモリやサンショウウオの仲間（有尾類《ゆうびるい》）。カエル（無尾類）は後肢でジャンプして進む。アシナシイモリ（無足類）は肢を失って巨大なミミズのような体になり、ミミズ同様地中を這う。歩行、跳躍、這行《しゃこう》は陸の移動運動法の3つの基本形である。それらすべてを進化させる能力が、両生類という陸上脊椎動物の祖先となった仲間には備わっていたわけだ。

有尾類のような歩行が両生類のもともとの移動運動法であり、その代表としてイモリの四足歩行をここでは見ておこう。イモリは以下の3つの機構を併用して体を前進させる（図3－2）。

①胴のくねり。これは魚伝来のやり方である。ただし魚では胴をくねらせれば水を直接押せるが、イモリの場合は地面に着いているのは肢先だけであり、その着地した肢先を支点として、胴をくねらせることにより、浮いている肢を前へと送り出し、かつ着地している肢が地面を後ろに押すのを助ける。

②長骨の軸のまわりの回転。長骨とは上腕骨や大腿骨のような細長い骨のこと。肩関節をひねって上腕骨を回転させると肘から先を大きく前後に振ることができる。そこでイモリは長骨を回転させて前方へ足を着地させ、それから長骨を逆に回転させ、地面を後ろに押して進む。

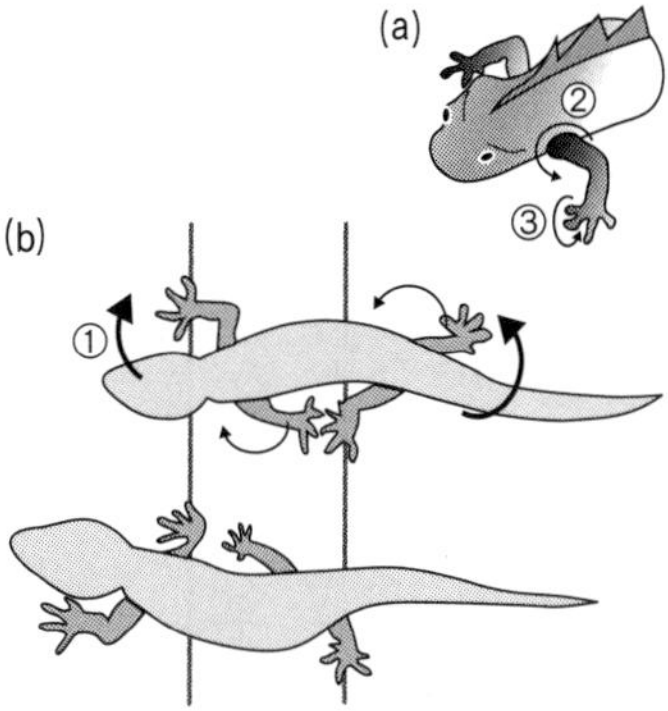

図3−2　イモリの歩行の3つの推進機構　(a)長骨の回転②と手首の回転③。(b)胴のくねり①。(b)はホクオウクシイモリの比較的速い歩行（秒速約3cm）を上から見たもの。下図は上の約1秒後。縦線は接地している足の位置を示す

③手首関節の回転。手首の関節を回転させて手のひらで地面を後ろにグイと押して体を前に進める。

これらを各肢で行いながら、順繰りに肢を動かしていく。肢を動かす順序は他の四肢類と同様「①左前→②右後→③右前→④左後」である。また速く歩くときほど対角線にある2本の肢の動く間隔が短くなるのも他の四肢類同様。ただし哺乳類ならばもっと速くなると緩走へと移行するが、対角線の肢が同期し

て動いても、残りの肢は地面に着いていて走行に移ることはない。これは両生類でも爬虫類でも同様である。

速く歩くときにはこんなふうになる（図3－2(b)）。胴のくねりが長骨のひねりとタイミングを合わせて起こる。たとえば右手と左足は地面を踏みしめており（上図）、後ろへと動いていた左手が宙に浮いて前に動き、すぐ後に右足が宙に浮いて前に振れるときには、頭を右に振りながら胴は円弧を描くようにCの字形に曲がる。すると前に振れている左手と右足は、胴が曲がらないときより、もっと前方まで動いていき、手がほぼ前を向いて着地できる（下図）。このとき、地面を踏んでいる右手と左足は胴の曲げによって後ろにさらに強く押され、それに長骨の回転と手首の回転とが加わり、胴が前に進むことになる。次に今まで地面を押していた肢のペアが宙に持ち上げられ、体は逆方向にくねる。これを繰り返す。

横へ張り出している長い腕がテコの棒の役目をはたし、胴のくねりで引き起こされる肢先の動きが、テコの原理でより増幅されている。だから側方型姿勢は、姿勢を保つのにエネルギーが要るという望ましくない点もあるが、歩幅を広げてより速く歩くことを助けるという利点をもつ。

3つの機構の歩行への寄与がどれほどかは種により異なる。サンショウウオ（初期の四肢動物とほぼ同じプロポーションの体つきをしている）では、手首［足首］の回転が半分、残りは胴のくねりと長骨の回転が同じほど寄与している。種によってはくねりだけで進むものもいる。

哺乳類は「肢」を長くしてより速く走れるようになった

哺乳類の肢の姿勢

両生類から進化した爬虫類（ヤモリ、ワニ、カメの仲間）も側方型だが、哺乳類では姿勢が変わった。肘と膝関節を曲げず、肢を胴から真っ直ぐ下に伸ばして立つ「下方型」の姿勢をとる（図３－３）。こうすると胴は肢の骨を真上から圧縮するので、骨が体重を支えてくれる（ちょうど机の脚のように）。だから側方型のように関節部の筋肉を常に収縮させ続ける必要がなく、それだけ省エネになる。また側方型では姿勢を保つ筋肉と、肢を動かして歩くための筋肉とは

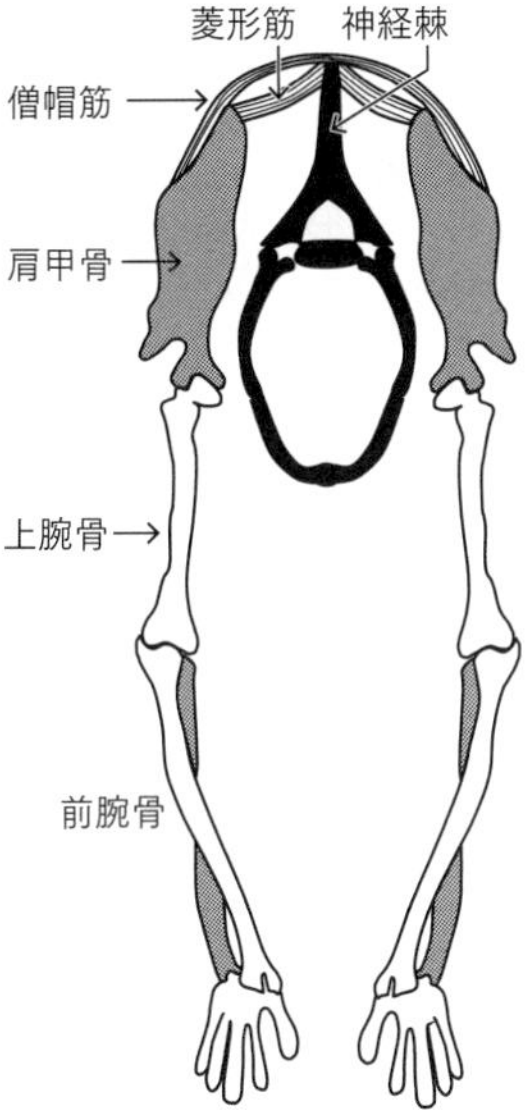

図３－３　下方型姿勢　哺乳類の前肢の骨格と胸郭を前から見たもの。肩甲骨―上腕骨―前腕骨がほぼ一直線に並んだ骨製の棒が、脊柱のてっぺん（神経棘の先端）から筋肉により吊られた構造をしており、その長い棒が前後に振れて１歩の歩幅を広げている。中央にある黒く塗った部分が胸郭（前腕で橈骨と尺骨がクロスしていることにも注意）

別のものを用意しなければならない。ところが肢を真下に伸ばすと、肢の関節が体重で曲がらないように姿勢を保つ筋肉は、関節を振って歩く筋肉と同じものが使えるから、ここでも無駄がない。そしてもちろん肢を真っ直ぐ伸ばした方が、肢全体を振り子にできるから肢の振れ幅が格段に大きくなり、速く歩けるようになるし省エネにもなる。

ただし肢を真下に伸ばせば、左右の足の間隔は狭くなるし、胴は持ち上がって重心の位置が高くなる。つまりトップヘビーで倒れやすい不安定な形になった。肘を横に張り出して重心を低く保っている両生類・爬虫類はまことに安定した姿勢だが、哺乳類は安定性を少々犠牲にして速度を求めたと言える。

肢を長くする工夫

哺乳類では振れる肢の部分を長くして歩幅を増やす3つの工夫が見られる。今述べた肢を真下に伸ばしたのは、工夫その①。あとの2つは、②肩甲骨も振り子に加えたことと、③つま先立ちになったこと。

工夫②。両生類・爬虫類では肢の前後に振れる部分は肘から先だけだが、哺乳類は上腕も振れる部分に加えたのみならず、上腕骨の基部が接続している肩甲骨《けんこうこつ》までも振れる部分に加え、肢を実質上伸ばした（図3－3）。哺乳類以外では、肩甲骨は胸郭（肋骨《ろっこつ》・脊柱・胸骨で囲まれ、内部に肺と心臓を収納している構造）にガッチリと固定されている。しかし哺乳類は違い、肩甲骨は脊柱のてっぺんから僧帽筋という強力な筋肉で吊り下げられている（だからわれわれも肩を大きく上げ下げできるわけだ）。この吊り下げられた肩甲骨の先に肢が接続していて、肢と肩甲骨とが一体となり長い棒のように前後に揺れる。こうして歩幅を広げ、歩行・走行速度を上げている。

前肢と後肢の違い

ただしこの工夫は前肢のみのこと。後肢は前肢とは異なり、骨盤を介して脊柱にしっかりと結合されている。そのため前後に振れ動くのは股関節から先の本来の肢の部分だけである。

なぜ前肢と後肢とで違っているのだろうか？　前肢も後肢のようにガッシリした骨盤に支えられ、脊柱にしっかりと結合していると強度が増して良いのだが、もしそうなっていたら問題が生じる。問題ⓐ。疾走時にはジャンプして前肢で着地し、またジャンプしてを繰り返す。着地の際に前肢には大きな衝撃が加わり、もし前肢も脊柱にしっかりと結合していたら、その衝撃はそのまま胴に伝わってしまう。しかし前肢と胴とがゆるく結合していれば、胴と前肢の間にスプリングがはさまれたようなものだから、胴への衝撃がやわらげられる。車ではタイヤとボディーの間にサスペンションというバネ構造が入っていて乗り心地を良くしているが、それと同様、肩甲骨は脊柱から吊り下げ（サスペンド）られ、「乗り心地」を改善しているのである。

問題ⓑ。前肢、後肢ともガッシリと脊柱に固定されていたら、前肢の動きと後肢の動きをピ

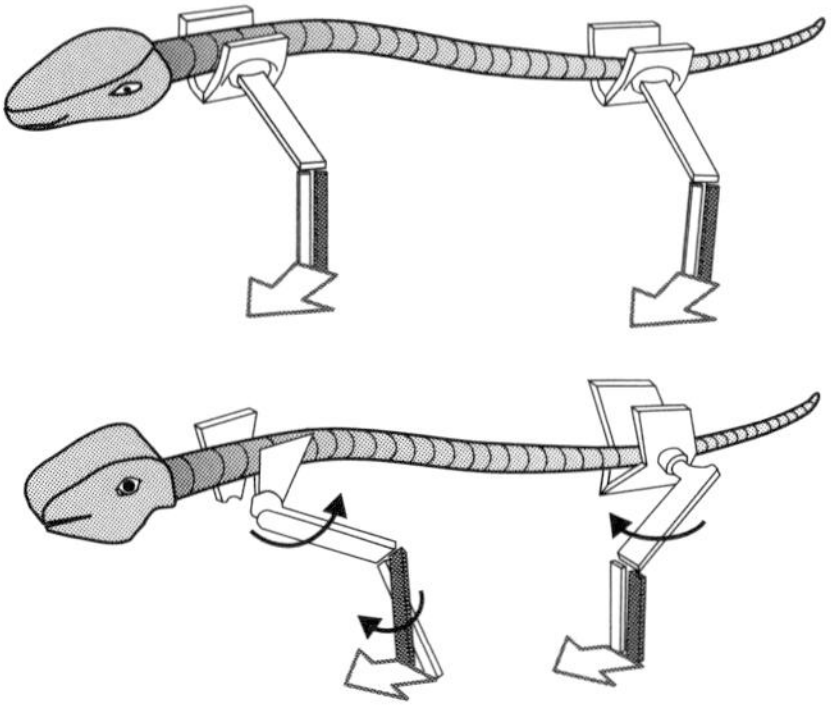

図3－4　側方型（両生類、爬虫類）（上）と下方型（哺乳類）（下）の肢の姿勢の違い　側方型では長骨が側方に突き出ている。哺乳類では、後肢では長骨が前方へと回転した。他方、前肢は後方へと回転し、さらに手が前に向くように前腕がねじれた

ッタリ揃えないと、胴がギクシャク動くことになってしまう。哺乳類は他の走行者よりずっと速いため、前肢と後肢の動きを完全に同期させるのは困難を伴うはずで、前肢の方は脊柱とゆるゆるの結合にしておくならば、前肢と後肢の動きが少々ずれても問題にならない。

　以上の違いは解剖しなければわからないが、外から一目でわかる前肢と後肢の違いもある。肘は後ろに向いているが膝は前に向く。前肢と後肢とで関節が逆に曲がっている点である（図3－4）。

　この違いにも意味がある。走るとき、肢は肘や膝を曲げた姿勢をとる。もし肘が後ろではなく前に曲がっていたら、前肢が前に振れると肘は顔のすぐ脇まで来てしまう。だから脇を見ようと首を曲げたら、とたんに肘鉄をくらうことになり、これでは困る。そこで肘をわざわざ後ろに向けた。

　両生類・爬虫類では肘［膝］が側方に向いていたが、このようなものから、「肘は後ろを向

いて膝は前向き」のものが進化した。後肢を股関節のところで90度回転させ大腿骨が前に向くようにした。前肢は肩関節を逆方向に90度回転させ上腕骨が後ろに向くようにした。ただしこうすると指先が後ろに向いてしまうので手首の回転による推進機構が使えない。そこで肘関節のところから先をねじって指が前を向くようにした。

前肢前腕には橈骨《とうこつ》と尺骨、対応する後肢下腿《かたい》には脛骨《けいこつ》と腓骨《ひこつ》があり、これら2本のペアになった骨は平行に走っているものだが、哺乳類の前肢は例外で、橈骨と尺骨がねじれ、X型にクロスしている（図3－3、3－4下）。これは自分の腕で確かめられる。手のひらを上にした状態では2本は並行だが、手のひらを内側に回転させて下に向けて四つん這いの姿勢をとると、2本の骨はクロスするのがわかる。また前腕がねじりやすいことに気付くだろう。足の脛はこんなにはねじれない。哺乳類では前腕がねじりやすく保たれており、前肢が後肢よりも器用に動き、餌を扱うにも枝をつかむのにも適したものになっている。

蹠行・趾行・蹄行……肢の振れる長さを伸ばす工夫③

肩甲骨も一緒に振れるようにしたのは、肢の基部を実質上伸ばしたことになるが、逆に肢の末端部を伸ばすやり方もある。足裏をべったり地面に着けずに指だけ着けたり、極端な場合には指先立ちになる。こうすれば足の部分も振り子の長さに加えることができる。

哺乳類の足は3つの部分、かかと・指・その中間の部分に分けられる。各部分はいくつかの

表3－1　四肢の骨

	基脚	中脚	末脚*		
前肢	上腕骨	橈骨 尺骨	手根骨	中手骨	指骨
後肢	大腿骨	脛骨 腓骨	足根骨	中足骨	趾骨
骨の数	1	2	8	5	14

＊末脚の骨数はヒトの手の場合

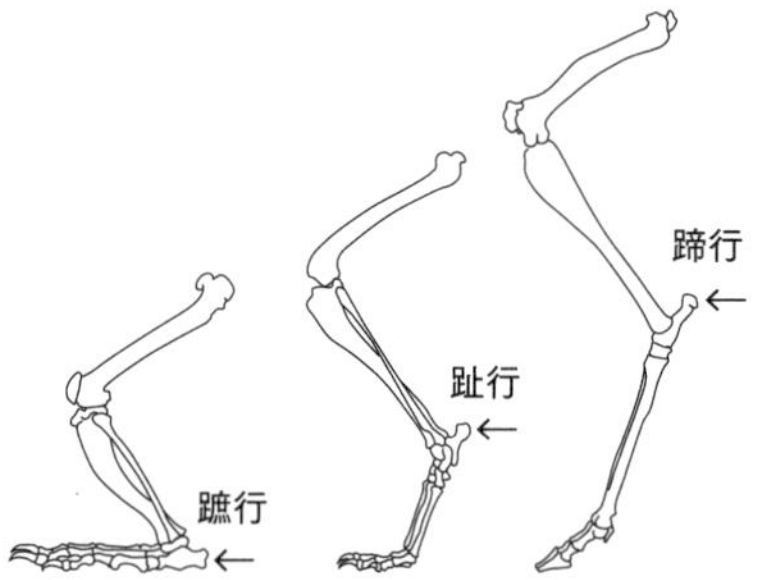

図3－5　蹠行、趾行、蹄行の後肢の姿勢　矢印はかかと（踵骨）の位置

骨で構成されているが、それらをまとめて、かかとの骨は足根骨《そっこんこつ》［後肢の呼び名、前肢なら手根骨《しゅこんこつ》。以下同様］、中間部の骨が中足骨《ちゅうそくこつ》［中手骨《ちゅうしゅこつ》］、指の骨が趾骨《しこつ》［指骨《しこつ》］である（表3－1）。この3つの部分全部を地面に着けて歩くのが蹠行《しょこう》、指だけ着けるのが趾行《しこう》（こうすると足根骨と中足骨の分だけ肢の振れる部分が長くなる）、指先で立つのが蹄行《ていこう》である（図3－5）。

①蹠行《しょこう》

蹠の訓読みは「あしうら」。足裏をべったり着けて歩くのがこの歩き方。ヒトをはじめ、ネズミ、リス、サル、クマなどがこれをやる。蹠行者は小形の動物や樹上生活者に多い。クマは大形でも蹠行するが、木登りができるし、また重い体重をなるべく分散させて肢が地面にめりこまないようにもしているのだろう。

初期の哺乳類はネズミほどの大きさで、みな蹠行者だった。当時、地球は森に覆われており、樹上生活者や樹上を生活の場の一部にするものが多かったろう。蹠行者では指を動かす筋肉が発達して指を器用に扱え、爪が発達したものも多い。だから木に登ったり枝を握ったりするのに適し、またネズミやリスのように餌を手で操作するのに長けている。ただし筋肉や爪の分、足の先端が重くなり、肢を速く振り動かすには不向きだったが、木の生い茂った環境では隠れるところも多く、長距離を速く走る必要はなかったろう。それに走行という、すべての肢が基盤から離れてしまう移動方法など樹上では使えるものではない。初期の哺乳類は短い肢をちょこまかと動かして歩き回っていたと思われる。

一般に大きな哺乳類ほど肢を真っ直ぐ下に伸ばし、小さなものは関節を曲げたかがんだ姿勢をとる。大きいものでは、重い体を支えるのに肢を真っ直ぐにして骨で体を支えざるをえないのだが、その理由の1つはすでに述べたように省エネ。もう1つは肢を曲げた姿勢をとると骨に曲げの力が加わり、骨が折れやすくなるからである。骨が長くて体重の重いものほど曲げモーメントが大きくなり、骨折の危険が高くなる。

小さいものは肢を真っ直ぐには伸ばさず、手首［足首］も肘［膝］も曲げた姿勢をとる。この姿勢は、曲げた手足を瞬時に伸ばしてパッと逃げたり飛びついたり方向を変えたりするのに適している。餌を狙っているネコや、野球の内野手が腰を落とし膝を曲げて構えているのを見ればこれがわかるだろう。小さいものはどのみちスピードでは大きい動物に勝てないのだから、瞬発力に頼って方向転換しながら逃げるのが良い。また小さいものは体が軽く、落ちても怪我《けが》しないから（落下のエネルギーは体重に比例する）、樹上から飛び降りて逃げる手もある。

②趾行《しこう》

趾はあしゆびの意。指骨［趾骨］部だけを地面に着け、中手骨［中足骨］もかかとも地面から持ち上げながら歩く。イヌやネコの歩き方がこれ。趾行者は主にハンターである。

③蹄行《ていこう》

蹄の訓は「ひづめ」。指の爪に相当する蹄を発達させ、これだけで立っているのがウマ、ウシ、ヤギなどで、体の大きい草食動物に蹄行者が多い。蹠行、趾行、蹄行の順で体が大形になる傾向がある。そしてこの順で足の裏が地面に着く部分が少なくなり、それに従い肢の振れる長さが増し、速く走れるようになる。

指の中では中指が一番長い。だからこれで立てば肢を最も長くできる。それを実行しているのがウマ。ただし中指1本で立てば、その指先に大きな負荷がかかる。そこで指先を蹄にして強化した。また、指を動かす複雑な筋肉は省略し、足指も減らして先端部を軽くした。こうすれば肢を振るエネルギーを節約できる。ただし指の器用さは失われ、足先は地面を蹴るだけに特化したものになった。

代表的な蹄行者であるウマの進化はよく教科書に載っているが、おさらいしておこう（図3－6）。ウマの祖先であるアケボノウマ（始新世、4000万～5000万年前）はキツネほどのサイズの動物で、足指は前肢に4本後肢に3本あった。ウマはどんどん大形化していき、ヒッパリオン（鮮新世、400万～500万年前）でポニーサイズになり、肢は長くなり、指は前肢も３本に減少し、残った指も中指以外は非常に小さくなった。ウマはさらに大形化して肢も長くなり、現生のウマでは指１本で体重を支えている。

指が減って残ったものが太くなる利点は、地面に着く総面積が同じならば、太い指１本の方が複数の細い指に分かれているより、指の強度が増すからである。強度は直径の４乗に比例するから、太ければ格段に強くなる。

ウマの進化は、第三紀以降の地球の寒冷化・乾燥化により、森林が少なくなり硬い草原が広がったことへの適応として起こったと考えられている。湿潤で木が繁っている森の中だと、地面は湿って軟らかかったり、木の根で凸凹した場所がいたるところにあり、指１本しかなければ体重を分散させることができないから、湿地では足は沈み込んでしまうし、凸凹の地面を指でつかみながら進むこともできない。強い指先１本で走るのが有効なのは、硬くてじゃまもののない草原を走るからである。

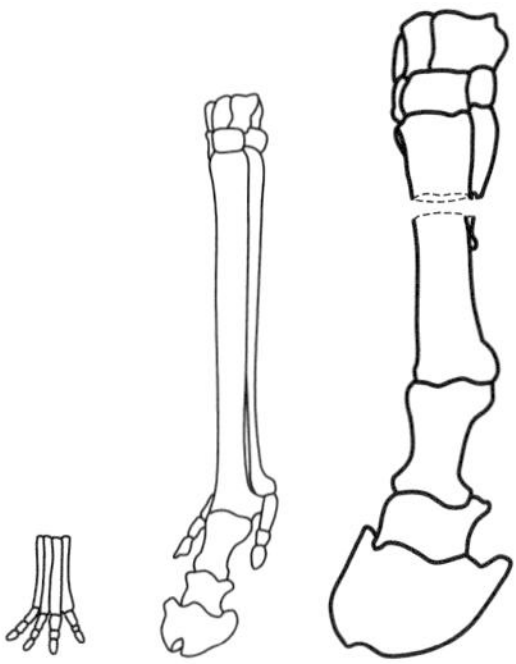

図3-6　ウマの肢の進化　アケボノウマ（左）、ヒッパリオン（中）、現生のウマ（右）の足の骨を前背側から見たもの

蹄行性のものは草食か雑食であり、肢の速さで捕食者から逃げのびている。肢を長くすることを最優先にして肢先の器用さを犠牲にした結果、手で餌を扱えなくなった。そのため顔を餌のところまでもっていって地面に生えている草を食べる。肢が長いか

ら顔の位置は高くなり、何らかの手を打たなければ草をしゃがんで食べることになるが、それではまさかのときに逃げ遅れる危険がある。そこで頸《くび》を長くし、また顔も長く「うまづら」にして、立ったままでも草を食べられるようにした。ウシやキリンはさらに舌を長くし、これを草に巻き付けてちぎって口に運ぶ。

こんなふうに長い頸の先に大きくなった頭が付いたものを、食事中以外では持ち上げていなければならない。先の重たいハンマーを根元で持ち上げているようなもので、これにはかなりのエネルギーがいる。そこでウマやヒツジでは、頸の背側に項《こう》靭帯と呼ばれるバネのように働く結合組織の紐が走っており、バネの力で頭を引っ張り上げている（項の訓は「うなじ」）。

こんな蹄行性の草食動物を追いかけて食うのがネコ科の捕食者（趾行性）であり、彼らは肢先に鋭い爪を備えている。爪で立つわけにはいかないが、それでも獲物を追いかけるための長い肢も欲しい。この2つの要請から、ネコ科では蹠行性と蹄行性の中間である趾行性になったと考えられる。ちなみにハンターはみな頸が短く、そして口を大きく開けて嚙みつけるように大きな頭をもっている。

【コラム】爪・蹄

爪は脊椎動物の指［趾］の末端背面を覆うもので、哺乳類では形により扁爪《ひらづめ》、鉤爪《かぎ》、蹄の

3種に区別できる。扁爪はわれわれ霊長類に見られる扁平《へんぺい》な爪で、指先を守るとともに枝をしっかり握れるように指先を補強している。鉤爪は多くの哺乳類のほか、鳥類や爬虫類でも見られる鉤のように曲がって先の尖った爪。これを木に引っかけて登ったり、餌動物を捕まえるのに使う。

爪も蹄も皮膚からできたものであり、ケラチン製である。皮膚の細胞はケラチンというタンパク質をもち、このタンパクは中間径繊維という細胞骨格となる強い繊維をつくる（細胞骨格とは細胞の形を保つもので、細胞を家にたとえれば柱や梁に対応するもの）。ヒトの皮膚の最表面はこの繊維が充満している細胞で覆われ保護されている。

脊椎動物にはケラチンでできたさまざまな構造がある。爪、蹄、角、爬虫類の鱗《うろこ》、カメの甲羅、哺乳類の毛、鳥の羽毛やくちばし、ハリネズミの針、ヒゲクジラのヒゲなど。これらは基本的には体の表面を覆って守るものだが、ケラチンは強靭で尖った構造もつくれるため、獲物を仕留めたり身を守る武器にもケラチン製のものがある。

ケラチンは強い材料であり、破壊に必要なエネルギーは骨の12倍もある。ただしある程度変形しながら大きな破壊エネルギーを吸収するので、硬さは骨の1／5ほど。われわれの髪の毛もケラチンでできており、直径はたった0・08㎜ほどしかないが、1本の髪の毛で約150gの引っ張りの力に耐えられる。

その強靭さはこんなエピソードからもうかがわれるだろう。京都の東本願寺《ひがしほんがんじ》には「毛《け》綱《づな》」が飾ってある。本堂を再建した際、それに使う大木をそりに乗せて引っ張っていく途中で、綱が切れる事故が起きた。そこで女性の毛髪と麻とを撚《よ》り合わせて作った綱が寄進されて使われたとのこと。

背骨の進化

ここまで肢の姿勢について見てきたが、肢は胴に取り付けられており、肢の動きにより胴は前へと押し進められる。その胴を支えているのが背骨である。胴に背骨が通っていてしっかりと胴の長さを保っているからこそ、肢で地面を蹴って前に進むことができる。もし胴がぐにゃぐにゃだったら、肢で蹴っても胴がグシャッとつぶれてしまうだけ。

脊柱

背骨は専門用語で「脊柱」と呼ぶ（脊は背の意味）。脊柱は椎骨《ついこつ》（脊椎骨）が連なってできた柱である。日常の用語では脊柱も椎骨も脊椎と呼ばれることがある。

われわれは脊椎動物亜門に分類される。名前になっているほどだから、脊椎はわれわれを特徴付ける代表的な構造物。体の中心を前後に走って体の姿勢を保つ骨格を中軸骨格と呼ぶが、脊柱がわれわれの中軸骨格である。これがなかったら肢を動かしたとしても前に進めないし、単に立った姿勢をとろうとしても腹は垂れ下がるし頸も垂れるしで、姿勢すらまともに保てない。

魚の脊柱

魚は四肢動物の祖先であり、これがはじめて脊柱を進化させた。魚には肢がなく、胴を左右にくねらせて泳ぐ。胴をくねらせるとは脊柱をくねらせることでもある。

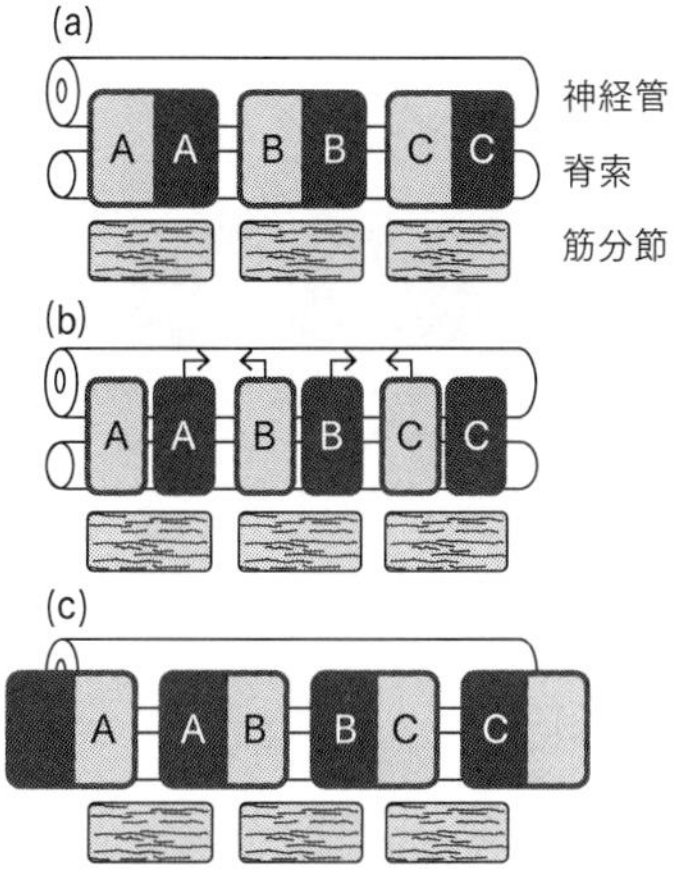

図３−７　椎骨の形成過程　(a)は３個の硬節（硬い分節状の要素、アルファベットが振ってある）を側方から見たところで、下にその体節に属する筋分節が描いてある。前方は左。(b)硬節は前後に分かれ、(c)隣の硬節の分かれた部分と合体して椎骨になる

脊柱は椎骨が隣の椎骨と関節をつくりながら１列に並んでできた棒状の支柱であり、胴の中心を頭のすぐ後ろから尾へと前後に貫いている。胴の筋肉もまた個々の椎骨に対応するまとまりを形成しており（図３−７）、このまとまりを筋分節（しばしば筋節とも呼ばれるが、筋細胞内の収縮単位も同じ呼び名が使われるため、ここでは筋分節を使う）と呼び、隣

り合った筋分節は中隔と呼ばれる結合組織の膜で仕切られている。発生の過程で椎骨と筋分節の位置関係が筋分節の半分だけずれるため、筋分節の中央が椎骨間の関節部に来るようになり（図3－7）、筋分節が縮めばそれに対応している関節が曲がる配置になる。

胴の正中矢状断面（体の長軸に沿って体の真ん中で体を二分する縦断面）のところでも、胴の筋肉は中隔により左右に仕切られている（図5－9）。筋肉は中隔に結合し、中隔は脊柱や皮膚に結合している。そのため筋肉が収縮すると中隔が引っ張られて胴が曲がる。左右の筋肉は交互に収縮して胴に左右交互の曲げを引き起こす。収縮の波は頭側から尾の方向へと伝わっていくため、胴は水を後方に押し、その反作用で魚は前に進む。

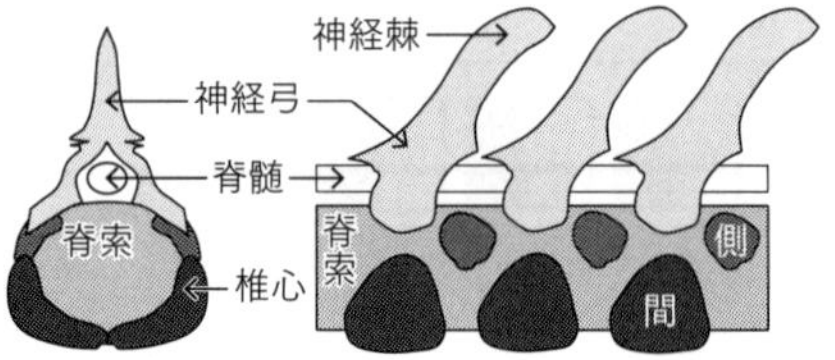

図3－8　魚類（ユーステノプテロン）の脊柱の横断面（左）**と矢状断面**（右）　右の図では左が頭側、「間」は間椎心、「側」は側椎心を表す（86頁）。ユーステノプテロンは絶滅した肉鰭（にくき）類で、この仲間から四肢動物が進化した

脊柱を横断面にして見ると2階建てになっており、上を脊髄が、下を脊索とそれを取り巻く椎心が頭から尾へと走っている（図3－8）。脊髄からは神経が繰り返し左右の体側へと出ていき、各筋分節を制御している。

このように胴は骨も筋肉も神経も、分節が繰り返してできている。結局、椎骨（支持）・筋肉（原動力）・神経（制御）が1つのユニットを形成し、このユニットが前から後ろへとずらっと並ぶ。脊椎動物の胴はユニット構造でできたものであり、このユニットを体節、体節でできた構造を体節構造と呼ぶ。魚の体節構造は皮を剥《は》ぐとよく見える（図5－9）。外見だけで体節構造が見て取れるものには、ミミズやムカデやイモムシがいる。

表3－2　脊索動物の分類

- 脊索動物門（約7万5000種）
  - 頭索動物亜門（ナメクジウオ）
  - 尾索動物亜門（ホヤ・サルパ）
  - 脊椎動物亜門（約7万2000種）
    - 無顎上綱（顎の無い魚。ヤツメウナギ）
    - 顎口上綱（顎の有るものたち）
      - 軟骨魚綱（サメ）
      - 条鰭綱（真骨魚。脊椎動物の約半分の種数）
      - 肉鰭綱（肺魚・シーラカンス。四肢類がこの中から進化）
      - 両生綱／爬虫綱／鳥綱／哺乳綱 ＞ 四肢類

脊索

脊椎動物は脊索動物門というより大きなグループの中のメンバーの1つである（表3－2）。索はロープの意味。脊柱は骨製の短いカチンカチンの椎骨が連なっているが、脊索はよりしなやかで長い1本のものだからロープと呼ぶ。ちなみに脊椎の椎は槌《つち》の意味で、椎骨が円筒形で木槌《きづち》の頭に似ているからこう呼ばれたもののようだ（サケ缶に入っている椎骨を思い浮かべればいいだろう。魚の椎骨はまさしく円筒形である）。

脊索動物の他のメンバーには頭索《とうさく》動物（ナメクジウオの仲間）と尾索《びさく》動物（ホヤやサルパの仲間）がいる。ホヤは鮮魚店で目にする通り、われわれとは似ても似つかない形をしている。ナメクジウオは一見、魚そっ

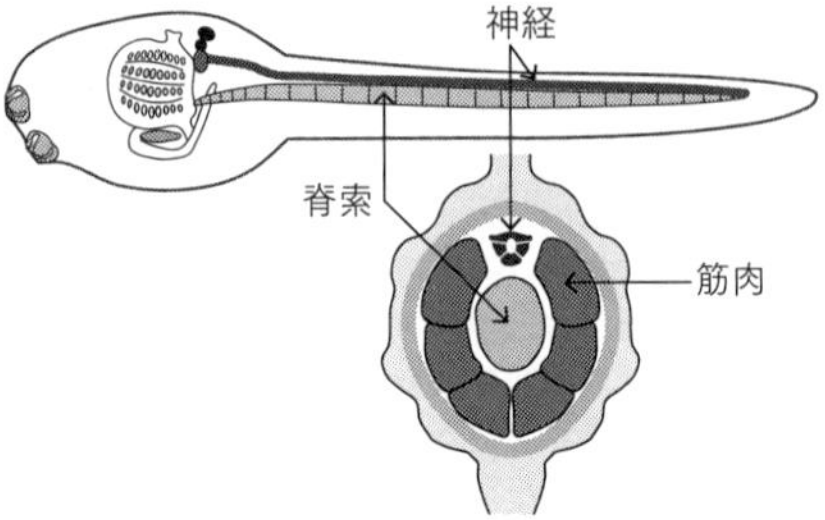

図3－9　ホヤの幼生（上）と尾の断面　尾の中央には前から後ろへと脊索が通っており、そのすぐ上を神経が走り、脊索の左右には筋肉が配置されている

くりで「ウオ」という名前までついているが、じつはホヤの方がわれわれにより近い親戚である。ホヤと脊椎動物とが近縁だということは、ホヤの幼生を見るとなるほどと思うだろう。幼生はオタマジャクシそっくりの形をしており、尻尾を左右にくねらせて泳ぐ（図3－9）。

　脊索動物は中軸骨格として脊索をもつという共通点がある。この脊索を脊椎動物は、個体発生の過程でじょじょに脊椎で置き換えていく。

　ホヤは幼生時代にだけ尻尾に脊索をもっており、これを使って泳ぐ。親になって固着生活に移ると尻尾を失い、それとともに脊索も失われ、親はその後、脊索をもつことはない。これからすると、脊索は泳ぐという移動運動のための中軸骨格として進化したと考えていい。

　脊索は大きな液胞をもつ細胞からできた弾力性のある組織で、脊索の周囲は繊維製の膜で包まれている。これは中にゲルが詰まってぱんぱんに膨れた細長い風船をイメージすれば良いだろう。ぱんぱんに膨れているから結構硬い。引き伸ばしたり押しつぶしたりするのは困難だが、曲げようとすれば抵抗しながらも曲がり、力をゆるめるとプルンと元に跳ね返る。これならそれなりの中軸骨格として働くことが可能である。

くねり運動をするには、頭から尻尾へと体の中心に1本、しなやかで曲がるが長さは変わらない心棒（＝中軸骨格）が通っている必要がある。心棒の左右両側に拮抗する筋肉のペアを配置すると、体を左右に振ることができる。心棒がなかったら、筋肉が縮めば胴はちょうちんを折り畳むようにつぶれてしまうだろう。拮抗筋のペアを心棒の先端から後端へとずらりと配置し、収縮の波を前から後ろへ送れば、体を振りながら水を後ろに押して進むことが可能になる。魚はまさにこうしている。心棒として脊柱のように骨と骨を関節を介してつなげるという複雑な構造のものをもたなくても、脊索ならばそれ1本でその両側に拮抗筋のペアを配置すればくねり運動ができる。ただし脊索は骨ほど硬くはないので、筋肉で大きな力をかけることはできず、それほど速くは泳げない。

脊索から脊椎へ

頭索動物ナメクジウオは砂に埋もれて体の前部だけを砂から出しているし、尾索動物ホヤは海底の基盤に固着している。海底でじっとしていても食べていけるのは、懸濁物摂食者だから。水中に漂っているプランクトンなどの微小な食物粒子を水流を起こして体内へと呼び込み、それを濾《こ》し取って食べている。

脊椎動物で最も古い無顎類も懸濁物摂食者だった。海底の泥を吸い込み、エラを使って泥水から食物粒子を濾し取って食べていた。現生の無顎類であるヤツメウナギも、幼生期にはこの摂食法を行っている。無顎類はその名の通り顎がない。濾過《ろか》して集められるような食物粒子は最初から細かいものだから、噛み砕く顎は無くて済むからである。また海底の泥が食物供給源であり、それは流れが運んで置いていってくれるものだから、体をくねらせてごくゆっくりと泥の溜《た》まった海底付近を移動するだけで食物が集められ、速く泳ぐ必要はない。

顎の無い魚から顎の有る魚が進化してきた。顎が有れば食いついて獲物を捕まえる捕食者になれる。もちろんそれができるには速く泳いで餌動物に追いつかねばならず、強力な筋肉と、それを支える強い中軸骨格が要る。そこで顎のある魚は脊索をより頑丈な脊柱で置き換えた。初期の脊柱は軟骨製だったが、じょじょにより硬い骨の部分が増えていった。ただし軟骨魚類(サメやエイ)では今もって脊柱は軟骨製である。

ついでに付け加えると、速く泳ぐにはすばやく情報を処理する神経も必要で、顎のある魚は有髄神経をもつようになった。この神経の軸索(131頁)は髄鞘《ずいしょう》という鞘《さや》で包まれており、包まれていないものに比べて神経情報をずっと速く伝えられる。

脊柱の構造

脊柱は椎骨が連なってできた柱である。椎骨は2つの部分、椎心《ついしん》と神経弓《しんけいきゅう》からなる(図3-8、3-10)。「椎骨=椎心+神経弓」。先ほど脊柱は2階建てだと言ったが、1階部分の脊索を下から支えているのが椎心、2階部分の脊髄（神経）に逆さY字形の屋根をかけて上から包み込んでいるのが神経弓である。だから脊柱は力学的な支持構造であるとともに、脊髄という中枢神経を保護する構造でもある。ちなみに神経弓の「弓」はアーチの訳。アーチ、つまり弓なりに真ん中が盛り上がって脊髄という神経を上から覆う。

初期の魚の脊柱は、脊索に沿って神経弓と椎心とが分節状に並んだものだった。椎心は間椎心《かんついしん》と側椎心《そくついしん》に分かれていた（図3－8）。進化の過程で脊索はだんだんと縮小していき、逆に椎心は大きくなり、脊索はついには椎骨と椎骨の間の関節をつくっている椎間板の中心部に残るのみとなった（椎間板はコラーゲン繊維の多い軟骨でできており、骨と骨との間のクッションの役目をはたす）。

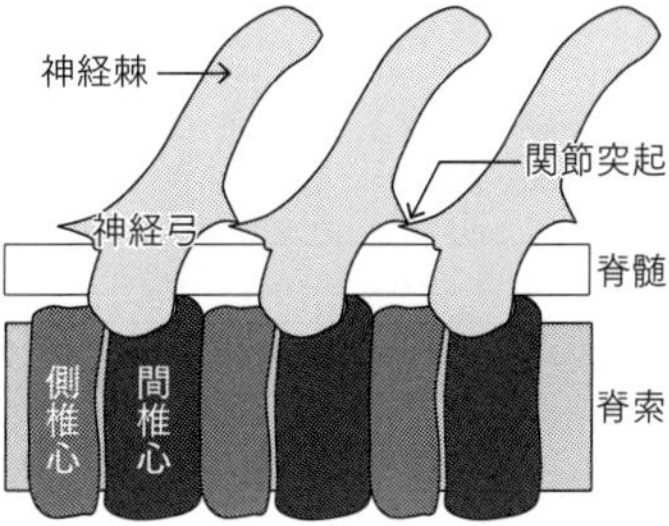

図3－10　エリオプス（絶滅した初期の両生類）の脊柱の矢状断面　頭は左側

以上が椎骨の基本形であるが、椎骨の形は脊柱の頸・胸・腹・腰・尾のどこにあるかにより変わり、また動物群によっても大いに変わる。

脊柱の強化

魚が肢を生やして水から陸へと上がるに当たり、脊柱が強化された。水中では浮力が働くから、体の重量を支える必要がほとんどない。しかし陸上で水平に長い棒状の胴を前後2カ所で支えれば、重力で間の腹が垂れ下がってしまうから、そうならないよう、脊柱を強化して上下に曲がりにくくする必要がある。そのためにとられた方策は4つ。

①関節突起。これは各神経弓から前後へと出る突起であり、前に出るのが前関節突起（これは神経弓の左右に1本ずつある）、後ろに出るのが後関節突起（これも左右1対）。1つの椎骨に注目すると、後ろに伸び出た関節突起に、その椎骨のすぐ後ろにある椎骨から前に伸び出た関節突起が下に重なり、そして突起同士が弾性靭帯で連結された。こうして椎骨間が結合されて脊柱を背腹に曲がりにくくした（図3－10）。

②筋肉による結合。筋肉を椎骨間に張り渡して椎骨間の結合を強化した。

③椎心の癒合。分かれていた間椎心と側椎心が癒合して強固なブロック状の椎心になった。

④アーチ構造。魚の脊柱は真っ直ぐだったが、脊柱の真ん中を上に凸のアーチ形にした（これはネコを見ればよくわかる）。こうすると石積みのアーチ橋（眼鏡橋）と同じ構造になる。橋の橋脚（前肢と後肢）間のアーチは、重力によりアーチを下にたわませる力がかかると石（椎骨）同士に密着させる力が働いて下に曲がりにくくなる。つまりアーチにすれば①②と同じ効果が得られるわけである。

魚では脊柱は胴の中心を通っているが、四肢類ではアーチ橋の下の空間に肢を動かす筋肉や肺という容積の大きな臓器を配置し、また内臓は結合組織の膜で包んで脊柱から吊り下げた。そのため脊柱より下の部分が大きくなり、脊柱は背側の表面近くを走ることになった。こうして正真正銘の「背」骨となった。

神経棘

関節突起は神経弓から前後に突き出ていたが、神経弓から上に突き出ているのが神経棘《しんけいきょく》（棘突起、棘上突起とも）である（図3－8、3－10）。神経弓の逆さY字の上に突き出た棒がこれで、上斜め後方に伸び、筋肉の付着点を提供している。先ほど哺乳類の肩甲骨は脊柱のてっぺんから筋肉で吊られていると言ったが、そのてっぺんとはこの神経棘の先端のことである（図3－3）。

神経弓の基部からは横にも突起（横突起）が出る。爬虫類や哺乳類の胸部では、この横突起に肋骨の一方の端が結合する。肋骨のもう一方の端は胸骨に結合し、脊柱・肋骨・胸骨で骨製の籠《かご》（胸郭）を形成して籠の中の肺と心臓を保護するとともに、前肢を支える構造として働く。

ヒレから四肢へ

ヒレ

四肢類の肢は魚のヒレが変化したものである。鰭《ひれ》は2種類に分けられる（図3－11上）。

①正中鰭《き》。体の正中矢状断面内で胴から突き出ているもので、背ビレ、尾ビレ、臀《しり》ビレがあ

る。
②対鰭《つぃき》。胴から左右対になって出ているもので、胸ビレと腹ビレがある。胸ビレが前肢に、腹ビレが後肢に変化した。つまり対鰭から肢ができた。

ヒレには水を押して推進力を与える働きと、体が傾かないように安定を保つ働きとがある。どのヒレで水を押すかは魚により違うが、多くのものでは尾ビレと胴のくねりで推進力を生み出している。胸ビレで泳ぐものもいるが、みなゆっくりとした游泳者だし、腹ビレで泳ぐものはいない。そのため対鰭にはそれほど強力な筋肉が付いてはいない。また、腹ビレはそもそも脊柱につながっておらず、ヒレで脊柱を押して進む構造にはなっていない。つまり推進力とは縁遠い対鰭から陸上での推進の主役である肢が進化してきたことになる。

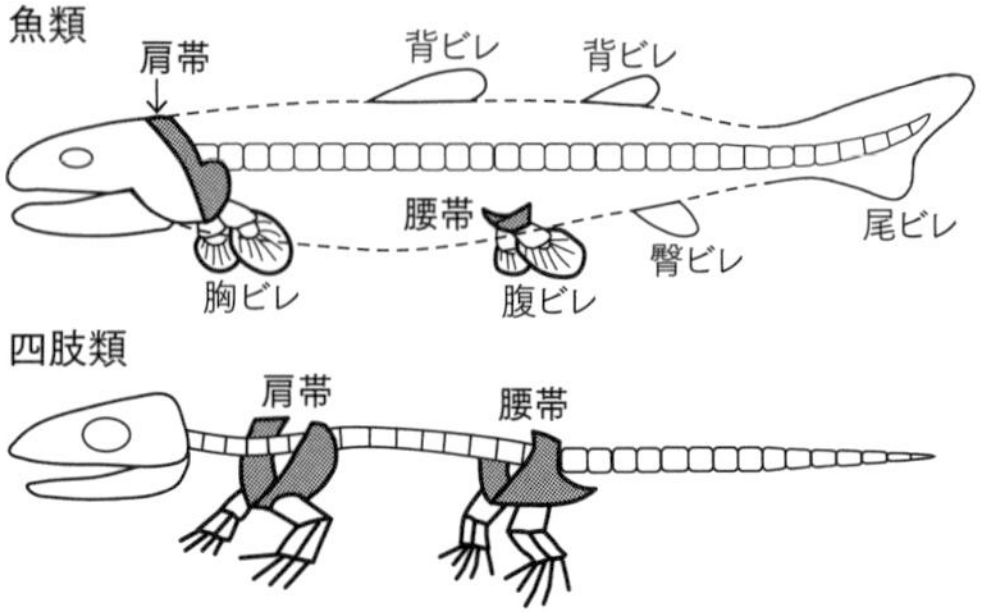

図３－11　肩帯と腰帯　灰色に塗られている部分が肩帯と腰帯

魚類は分類上、まず顎の無いものと有るものに分けられ、顎の有るものは、骨が軟骨製か硬骨製かで分けられ、硬骨のものはさらにヒレの種類で次の２つに分けられる（表３－２）。
①条鰭類《じょうきるい》。これは日常的に目にし、食べている魚であり、脊椎動物中最も種数が多く、大

繁栄しているものたちである。条鰭類のヒレは薄い膜状で、この膜を硬くて細い棒状のもの（鰭条《きじょう》）が支えている。鰭条は鱗の変化したもので皮骨格である（コラム参照）。

②肉鰭類《にくきるい》。肺魚やシーラカンスの仲間で、このヒレは肉質で柄のついたうちわのような形をしている。ヒレを支えている骨は内骨格である。このヒレが四肢へと変化した。

【コラム】皮骨格と内骨格

骨格には2種類ある。

①皮骨格（皮膚骨格、膜骨格）。皮膚の真皮（63頁）中にできてくる骨格。皮骨格は体の表面近くにあり、体を覆って保護する。頭蓋骨、魚の鱗などがこの例。

②内骨格（軟骨性骨格）。体の深い位置に存在する骨格。まず骨の雛形《ひながた》が軟骨でつくられ、それが骨に置き換わる（下等脊椎動物では終生軟骨のままの骨格を残しているグループもある）。

内骨格の主なものが中軸骨格と体肢骨格（肢の中心にある骨格）である。

四肢の進化に関連してすぐ後で肩帯《けんたい》の進化を取り扱うが、鎖骨《さこつ》が皮骨格、肩甲骨が内骨格であり、肩帯は2種類の骨格が合わさってできている。

四肢の進化

四肢類の肢は3つの部分からなる。胴に近い方から基脚、中脚、末脚（表3－1）。骨の数は基脚は1本、中脚は2本と決まっており、これは肉鰭類の骨をそのまま引き継いだから。末脚（手足）の骨は四肢類になってから新たにできたもので骨の数はさまざま。指の数も初期の四肢類では7～8本だったが、5本のものが生き残り、それがその後さらに変化した。結局、基本の部分は祖先から引き継いだものをそのまま使い、先端だけを使用する環境に合わせてさまざまに変化させたわけで、いわば用途に合わせてアタッチメントを替える掃除機スタイルである。

肢帯

左右の対鰭をその根元でつないでいるのが肢帯《したい》。これは骨製で帯状の構造である（図3－11）。胸ビレをつないでいるのが肩帯（胸帯《きょうたい》、胸肢帯《きょうしたい》、前肢帯《ぜんしたい》、上肢帯《じょうしたい》とも）、腹ビレをつないでいるのが腰帯《ようたい》（腹帯《ふくたい》、骨盤肢帯《こつばんしたい》、後肢帯《こうしたい》、下肢帯《かしたい》とも）。魚の肢帯が四肢を支える重要な構造へと変化した。

魚の肩帯は鎖骨や肩甲烏口骨《けんこううこうこつ》のほか、いくつかの骨が環状に並んでベルトとなり、これが左右の胸ビレをつないでいる。胸ビレが接続しているのは肩甲烏口骨である。肩帯の背側は頭蓋《とうがい》に固定されている。つまり頭蓋を介して脊柱にしっかりとつながっている。

魚の腰帯は腹側にある小さな三角形の板で、腹壁の筋肉や結合組織に埋もれており、脊柱とは結合していない。胸帯と比べてきわめて貧弱である。腹ビレは水平の安定を保つ装置としてだけ働くが、胸ビレはそれだけではなくブレーキや舵、魚によっては推進器としても使われており、その重要度の差が胸帯と腰帯に反映されている。

上陸に当たって肢帯は、肢を胴にしっかりつなぐものとして強化された。

腰帯

まず大変革が起こった腰帯から見ていこう。腰帯は寛骨《かんこつ》という巨大な骨でできているが、これは恥骨《ちこつ》、坐骨、腸骨《ちょうこつ》の3つの骨が癒合したもので（図3－12）、腹側に恥骨と坐骨が前後に並び、背側には腸骨が配置されている。3つの骨の接合部は丸く大きく凹んだ寛骨臼《かんこつきゅう》になり、ここに大腿骨の末端（骨頭）がはまり込む。寛骨臼を取り巻く寛骨の広い面には肢を振り動かす大きな筋肉が結合する。

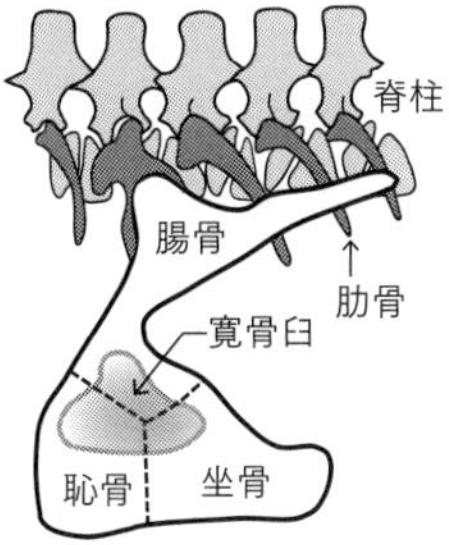

図3－12　初期四肢類の腰帯　左側の側面図。図の左が頭側

寛骨を構成する腸骨は脊柱の仙椎《せんつい》部分に結合する。四肢動物の脊柱は5つの部位に分けられる。頭側から①頸椎《けいつい》、②胸椎《きょうつい》（ここに肩帯が結合）、③腰椎《ようつい》、④仙椎（ここに腰帯が結合）、⑤尾椎《びつい》。腸骨は仙骨から出ている肋骨（仙部《せんぶ》肋

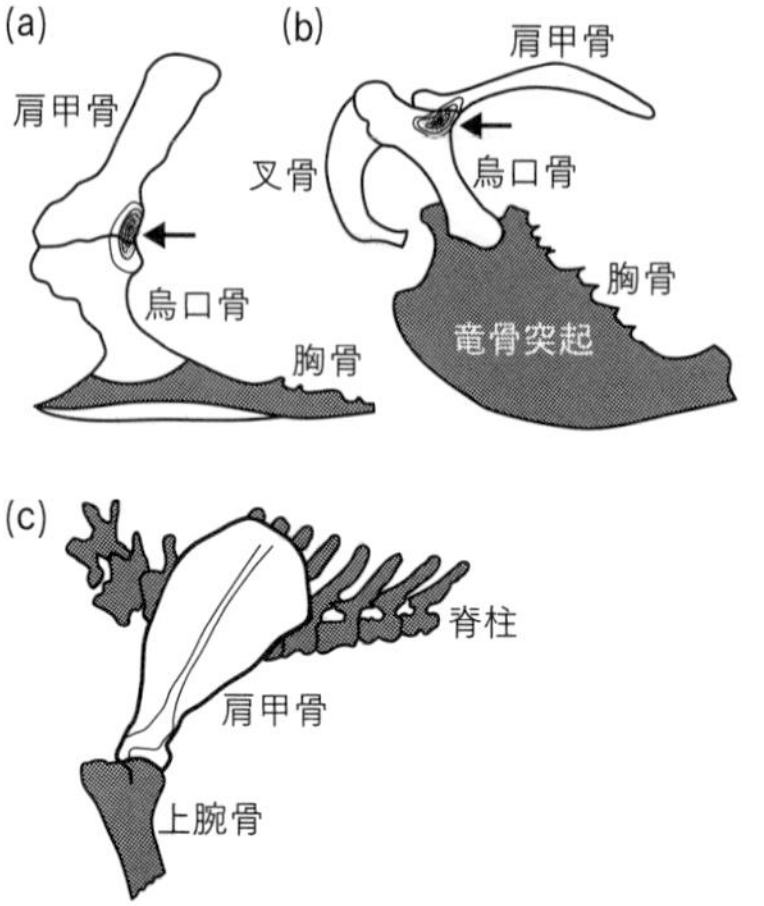

図3-13　肩帯　左の肩帯を描いてある。頭側は左。(a)ワニ（爬虫類の肩帯は原始四肢類のものと似ている）、(b)ミサゴ（鳥類）、(c)イヌ（哺乳類）。矢印は関節窩。灰色に塗られた部分（胸骨とその竜骨突起、脊柱、上腕骨）は肩帯ではない

骨）を介して仙椎に結合する。哺乳類や鳥類では仙椎同士も癒合して強固な仙骨を形成する。

左右の寛骨は腹側で広範囲に接合し、背側には仙椎があるので、腰帯部は全体としてリング状の構造をつくる。これが骨盤であり、リングの中を腸・尿道・生殖システムが通る。骨盤は脊柱にガッシリと固定されているため、肢の蹴る力はそのまま胴に伝えられる。

肩帯

肩帯にもかなりの変化が起きた。魚の肩帯は背側で頭蓋とつながっていたが、そのつながりが失われ、肩帯と頭蓋との間に隙間があき、そこに頸が生じた。その結果、頭は胴に対して自由に動けるようになった（コラム参照）。

また魚から四肢類になり肩甲烏口骨が大きくなった。この骨は肩甲骨と烏口骨が合体したも

ので、その接合部が丸く凹んで関節窩《かんせつか》を形成し、ここに上腕骨の骨頭がはまる（図3－13(a)(b)）。四肢類の胸帯の基本は、肩甲骨が胸郭の背側に結合して関節窩を上から保持し、烏口骨が胸郭の腹側に結合して下から支え、上下からしっかりと前肢を胸郭に固定するようになっていることである。

ところが哺乳類では烏口骨は退化してしまい、肩甲骨も発達はしたが胸郭にしっかりと結合することはなく（同(c)）、先ほど述べたが、神経棘の先端から吊り下げられるようになった。

【コラム】魚には首がない

「くび」と読む漢字には首と頸がある。頸は頭と胴の間の細い部分を指す。首はより一般的な意味で使われ、頸のみを指すこともあるが、頸を含めた頭部全体を指すことが多い。魚の場合、肩帯の背側が頭蓋に固定され、頭からすぐ胸になっているから、魚には頸がない。頸は四肢類になってはじめて登場したものである。

魚には頸がない。ない方が良いのである。なぜなら、①頭と胴との間がくびれてしまうと、体形が流線形から大きくはずれ、泳ぐときの抵抗が増す。②尾ビレを振れば、頭部には逆方向に振れる力が働く。そのとき、細い頸があると、そこで体が大きく曲がってしまい、結局、推進力を出す尾部以外に体の前の部分まで大きく振りながら泳ぐことになり、これも泳ぎの抵抗になる。泳ぐものでは、水を押す推進装置以外はできるだけ動かないで一塊にまとまっているのが良い。

魚に頸は要らない。なぜなら、①四肢動物では、前肢で餌を扱えない場合には、首を動かして口を正確に餌のところにもっていかないと餌に嚙みつけない。ところが魚ではぴたっと餌のところに口をもっていかなくてもいい。近くまで行って口を開ければ、餌は口の中に入ってくるからである。なぜなら、口を開いて口腔《こうこう》を広げれば口の中は陰圧になり、口の中に外から水が流れ込み、その流れに乗って餌も口の中に入って来る。水中では大きな浮力が働くため、餌はぷかぷか浮いているから、流れに引きずられて入って来てしまうのである。

②陸上の動物は餌や敵などを見つけるために前後左右を見る必要がある。また首を高く持ち上げた方が遠くまで見通せる。しかし足下もよく見ないと地面は凸凹だからコケる心配がある。だから頸がなくて真ん前の決まった高さしか見えないようでは困る。しかし水中では浮力があるからコケる心配はない。そのうえ水の透明度はそれほど高くないから遠くはよく見えない。魚は上下に振る頸がなくてもそれほどは困らないのである。

だからこそ、陸上四肢類から海に還《かえ》ったイルカも魚竜も頸を失って流線形の体形に戻っていった。

第4章 車輪

陸の乗物と言えば、自動車、電車、自転車、すべてが車輪を回して進み、肢を振って進むものはない。肢は振る方向を変え続けねばならず、また重心が上下しやすいため、エネルギー的に無駄が生じる。車輪にはその無駄がないからこそ、乗物は皆、車輪を採用しているのである。同じ肢の筋肉を使っていても、自転車のペダルを漕《こ》げば地面を蹴って走るより、1／5のエネルギーで同じスピードを出せる。だったらなぜ動物も車輪にしなかったのだろうか？……こんな疑問で書きはじめた拙著『ゾウの時間　ネズミの時間』（中公新書）の「なぜ車輪動物がいないのか」の章は多くの方の興味を引いたようで、高校の国語の教科書の複数のものにもこの章の一部が掲載されてきた。車社会に対する1つの批判的な視点を提供したくて書いた文章なのだが、それが広く読まれるようになったのはまことに嬉《うれ》しい。

このおなじみになった（と筆者は自惚《うぬぼ》れている）話題を、ここではちょっと違った切り口から再度取り上げてみたい。自転車に注目したいのである。同じ人間の肢を使って移動運動する自転車を通して見ると、歩行の良い点も欠点もはっきりしてくるからである。

復習　なぜ動物は車輪を使わないのか

動物が車輪を使わないのにはいくつかの理由が考えられる。

①回転しているものへのエネルギー供給の困難。回転エンジンは細胞でできているだろう。その細胞が働くには、血管からエネルギー源であるグルコースや、神経からの情報を与えねばならない。回転しているものにグルコースを送り込み、神経末端から神経伝達物質をどうやって伝えるかは難問であり、その仕組みを作るのは難しかったのではないか。

②車輪は中央に車軸があり、これには大きなひねりの力が加わる。ひねられても壊れない硬い材料としてエンジニアは金属を使うが、生物は金属を体の構造材料としては使わないため、車軸を作るのは難しかったのではないか。

③車輪を使える場所はごくごく限られているから。

どの理由ももっともなものだが、ここでは③についてさらに詳しく吟味する。その前に、生物界に回転して進むものが皆無というわけではないので、それを紹介しておこう。

体を転がして逃げるもの

たとえばヤドカリ。巻貝の殻を探し出してそれを背負い、体の後部を殻の中に入れ、脚を殻から出して動き回る。危険を感じると殻の中に体全体を引っ込めるが、その場所が斜面だったら、丸い殻は転がってしまうから、結果として体は殻ごと回転しながら逃げていくことになる。波打ち際の斜面で、驚いたヤドカリが転がり落ちて逃げていくのはめずらしくない光景である。

今の例は重力を使って回転したが、体を丸めて自ら勢いをつけて転がって逃げる昆虫もいる。ウコンノメイガの幼虫である（体長2cmほどのマメ科植物の害虫）。体の前端に3対の脚、後端に1本の把握器（これも地面をつかんで歩行を助ける）、中央に4対の腹脚があり、これらを使って秒速1cmで這う。後ろ向きに這うこともできるが、速度は前進の1／3ほど。ところが逃げるときにはずっと速く後退できる。把握器で地面をつかみ、前端を脚で後ろに押して体の中央部を山のように持ち上げ、そして勢いを付けて丸まりながら後ろに転がり、そのままコロコロ回転しながら逃げる（図4－1）。速度は前進時のなんと40倍。

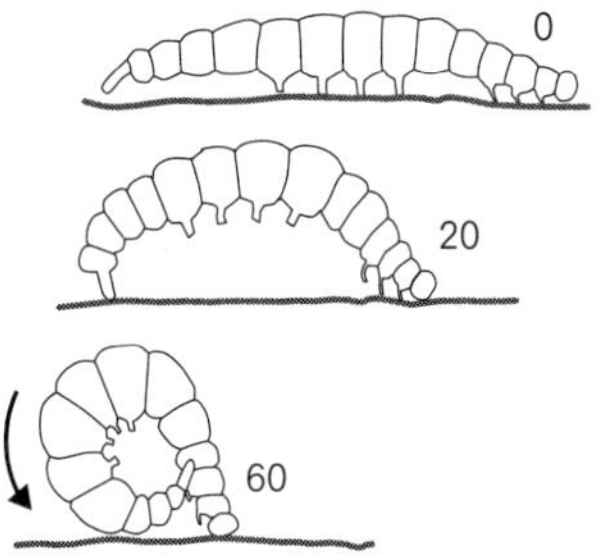

図4－1　ウコンノメイガの幼虫は体を丸めて後ろ向きに回転しながら逃げる　数字は逃げる運動を開始してからの時間（ミリ秒）

植物にもヒユやオカヒジキの仲間の何種かで、体全体が転がりながら進むものが知られ、一括して「転がり草」と呼ばれている。地上部が風で千切れ、それが球状に丸まって風に吹かれて砂漠を転がりながら種をばらまく。

以上のものたちは体全体を回転させるため、回転エンジンで問題になるエネルギー供給や車軸のひねりは問題にならない。

バクテリアの回転エンジン

動物にも植物にも回転エンジンを開発したものはいない。ただしそれらの祖先であるバクテリア（細菌）はバクテリア鞭毛《べんもう》という回転エンジンを開発していた。だがそれは進化の過程で引き継がれることはなかった。

なぜバクテリアだけが回転エンジンを使っているのだろう？　先ほど動物に車輪のない理由を3つ考えたが、バクテリアにはこれらが当てはまらないのである。①のエネルギー供給や情報の伝達の問題は、バクテリアほど小さくなれば、物質の拡散を使うことにより解決できる。②も、サイズが小さければ回転のトルクも小さくなるので問題にならないだろう。そして③「車輪を使える場所はごくごく限られているから」は陸上での問題であり、細菌は水中を泳ぐため当てはまらない。

ではその③について見ていくことにしよう。

車輪は使える環境が限られる

車輪が効果を発揮するには、その上を転がっていく地面が、①平ら、②広くじゃまものがない、③固い、④上りの傾斜がきつくない、という４つの条件をすべて満たす必要がある。これらの条件を１つずつ検討していこう。

①平ら。別な言い方をすれば段差がない。

車輪は階段を上ることができない。自家用車も自転車も車椅子も、車輪の直径は64㎝程度とほぼ同じ。越えられる段の高さは車輪の直径の１／４までであり、16㎝の段差が車輪の越えられる限度となる（ロードバイクでやるように、体重を後輪にかけて前輪を持ち上げてやれば、もう少し高い段でも越すことは可能だが）。

森には倒木が多い。これも一種の段差で、車輪が倒木に出会えば立ち往生か回り道というはめに陥るが、肢ならばまたいで越せばいいし、大木の倒木ならよじ登って越してもいい。肢にはボルダリングや木登りの能力がある。

車輪は大きいほど越せる段差は大きいし、１回転で進む距離も大きくなるから速く行ける（110頁）。しかし車輪を大きくすれば乗り込むときにはよじ登らねばならない。だからこそ人間の使う車輪はすべて、股下の長さくらいの直径なのだろう。

ヒトは大形の動物だからこれだけの大きさの車輪がちょうどよく、段差の限界が16㎝で済んでいるが、小さな動物ならさらに小さな車輪を使うだろうから、ずっと小さな段差も問題になってくるはずだ。

動物が肢の長さ程度の直径の車輪を使うものだとしたら、ネズミサイズのものは直径3㎝程度の車輪だから8㎜が越えられる限度。アリが直径5㎜の車輪を使うなら1・3㎜の凸凹が問題になってくる。地面には落ち葉も石ころも転がっているものであり、この程度の凸凹のまったくない状況など考えにくい。だから小さな動物になるほど車輪は使えないことになる。

もちろんもっと大きな車輪をもてば段差の問題は小さくなるだろうが、動物が身の丈を超えた大きな車輪をもったら、繁った草の葉の根元の隙間をすり抜けて移動している小さな動物たちにとり、大きな車輪は伸び出した草や枝に引っかかりやすいし、目立つから捕食者にも狙われやすくなる。この議論は、繁った林に棲むスズメが、どんなに効率が良くてもじゃまになるばかりの長大な翼ではなく短い翼をもっていることにも通じるだろう（234頁）。そして大きな車輪は作るにも動かすにも余計にコストがかかるから、身の丈を超して大きな車輪はもちにくい。

車輪では体のサイズが問題になる。これは成長もこの問題に関わることを意味している。成体サイズなら問題ないとしても、子供では車輪は使いにくいということは大いにあり得る。となると子供時代は肢、大人になったら車輪と、成長段階で移動手段を変える必要があるだろう。実際に成長に伴って移動手段を変えているのが昆虫。幼虫時代は脚で、成虫になると翅《はね》で移動する。それと対応して、幼虫と成虫とでは餌をまったく別のものにし、生活の仕方もがらりと切り替える。昆虫がわざわざそんな面倒なことをしているのは、そうすることに大きな利点があるから。飛べば別世界が開ける（207頁）。質的にまったく新しい生活が可能になり、移動方法を切り替える利点はきわめて大きい。それに比して、四肢類が成長にともなって肢から車輪に切り替えても、地表でうごめいていることに変わりはなく、質的に生活がそう変わるわけではないだろう。こう考えてくると、動物は子供という小さい時期を経由する必要があるのだから、子供時代に不利な車輪を進化させなかったのももっともなことに思えてくる。

②車輪が使えるもう1つの条件が、広くじゃまものがない場所。

たとえば車椅子は左右の車輪の間隔が70㎝ほどあり、これだけの幅で何も置いていないスペースがなければ移動できない。さらに無理なくUターンするには150×150㎝のスペースが要ると国交省の基準ではされている。これより狭い場所だと、切り返しを繰り返して方向転換しなければならない。一方、肢ならばその場で簡単に回れ右できる。

車同士がすれ違うには車2台分の幅のスペースが必要になる。肢ならば馬跳びで相手の上を跳び越えるという手が使える。

このジャンプできるというのも肢の良いところ。溝があっても飛び越せるし、高跳びで段差も越せる。ロッキー山脈に棲むマウンテン・シープは14ｍもジャンプして谷を越すそうだが、車椅子はたった20㎝の隙間も越せない。

③固い地面というのが効率よく車輪を使えるさらなる条件となる。

車輪の効率が良いのは地面が固い場合に限ってのことであり、それ以外の道だと車輪はとたんに効率が落ちる。これには地面との摩擦が関係する。

私たちは肢をずるずる引き擦りながら地面を歩いているのではない。肢は地面を踏みしめているか、宙に浮いているかを繰り返し、そのため地面との摩擦は歩く効率にほとんど影響してこない。

ところが、車輪はずーっと地面をズッて回っていく。だから地面がネチャネチャして摩擦が大きくなると、とたんに抵抗が増える。たとえば、コンクリート道路に比べ、泥道での抵抗は5倍。だからその分エネルギーが余計にかかる。

また砂地やフカフカの草原では車輪が沈み込んでしまい、車輪が地面と接している面積が大きくなってやはり摩擦が増す。砂地での抵抗はコンクリートの10倍以上にもなる。

こんなふうに地面との摩擦が増えると車輪はとたんに効率が落ちるが、逆に摩擦がものすごく少なくて滑りやすい路面も車輪は苦手である。雪が降った翌朝、車を動かそうとしてスリップしてしまい、みんなで押して動かすという光景は、北国ではよく見かけるものだろう。タイヤを回転させると摩擦熱で凍った雪が解けて薄い水の層ができる。この薄い水の層が摩擦を大幅に少なくするからスリップしてしまう。肢で踏みしめるだけなら水の層はできないから滑りにくく、おかげでヒトは車を除雪された場所まで押すことができる。濡《ぬ》れた路面でスリップ事故が起こるのも路面とタイヤとの間の薄い水の層が原因で、薄い水の層により摩擦が大幅に減るのがハイドロプレーニング現象である。

④きつい上りの斜面も車輪は不得意。

車輪を地面に押しつけて地面との摩擦を生じさせるのは、地面に直角に働く重力の成分である。上りの傾斜がきついほどこの成分は小さくなる。だから摩擦力が下がり、車輪がより滑りやすくなる。車輪が上り坂を苦手とするもう１つの理由は、上り坂だと車輪には重力により、常に進行とは逆回転させる力がかかるから、ちょっとでも休んだとたんに転がり落ちてしまい、休むためにはブレーキをかけ続ける必要があること。肢の場合には地面を踏みしめており、休んでも落ちることはない。またたとえ垂直な壁で重力が体を押しつける成分が０になっても、肢ならばつかんだり、爪を引っかけたりして登ることができる。

下りは逆で、常に重力で引かれ続けるから、スピードが出過ぎないようにするにはブレーキをかけ続けなければ危ない。

さて、地面は凸凹しているものだし、あちこちに木も生えていれば岩も在る。４つの条件を常に揃えている場所など、なかなかない。だから車輪だけしかもたない動物は生活場所がきわめて限定されてしまう。そんな限られた場所であっても、雨が降ればぬかるむし、寒ければ凍るだろう。これではあえて車輪を進化させる必要性に乏しい。

私たちが車輪を使えるのは、コンクリートで真っ平らに固めただだっ広い道路を作り、また、鉄の線路を敷いたから。社会投資によってはじめて車輪の恩恵に与《あずか》れるようになったのである。

ここで忘れてならないのは、車を走らすためにまわりの環境を大きく変えてしまったこと。谷を埋め山を削って平らにし、道路には草も生えないように、そして雨水は地面にしみ込まないようにした。おかげで川は氾濫しやすくなるし、本来なら地面は溜めておいた水分を気化させ暑い日には地表の温度を下げるが、それができなくなった。車の環境への影響は排気ガスによる温暖化・大気汚染ばかりではない。

なぜ自転車は良いのだろうか

車輪の悪口を言ってきたのだが、こうして舗装道路を張り巡らしてしまったのだから、せめて排気ガスを出さない車輪を大いに使おうではないかという議論をしたい。

自転車を褒めたいのである。自転車はなんと言っても効率がいい。海から陸に上がってしまった動物では、移動で一番力を使うのは体を持ち上げておくところ。歩行・走行の垂直成分（体を支えて持ち上げる力）は水平成分（推力）の8倍。それほど体を持ち上げるのには力が要り、それにはエネルギーを使う。その分がないから自転車は楽に進めるのである。

図4－2に歩行、走行、そしてさまざまな自転車で1m漕ぎ進むのに必要な代謝エネルギーとスピードの関係を示した。同じスピードで比べると、歩行や走行の曲線は自転車の線のはるか上に来る。

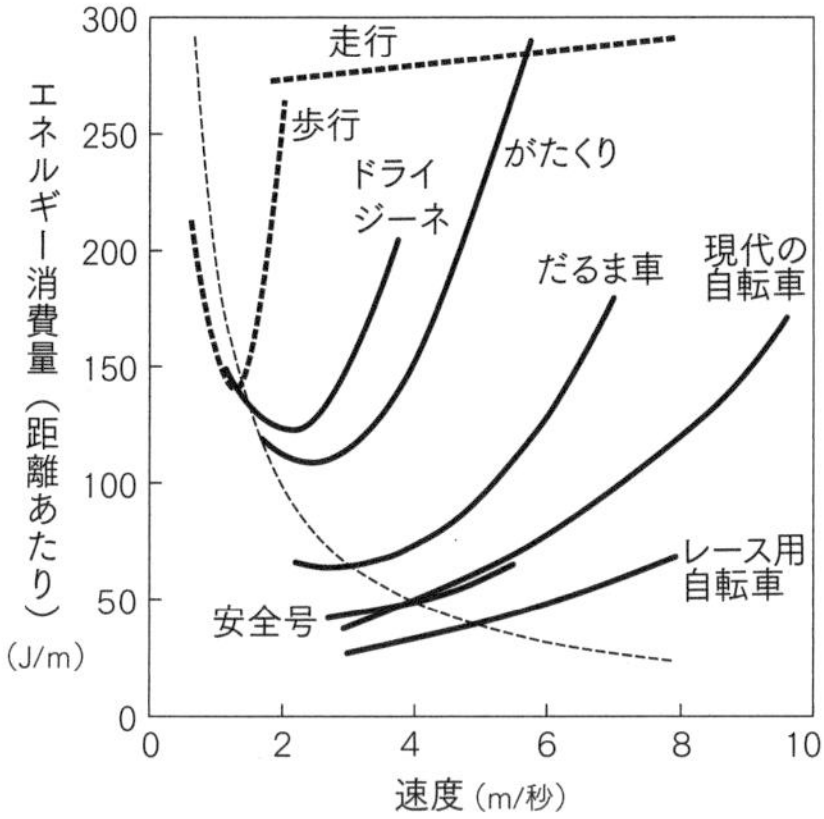

図４−２　歴史的自転車のエネルギー効率　自転車競技の選手（体重68kg）に昔の自転車やそのコピー機に乗ってもらい、エネルギー消費量を測って得た距離あたりの使用エネルギー。ヒトの歩行と走行のデータも描いてある（太い破線）。細い破線は200ワットの代謝パワーの曲線

図には歴史的な自転車の曲線も描かれている。後に登場した自転車ほど線は下に来ており、自転車がどんどん改良されていった様子がわかる。１８９０年製の安全号の曲線は現代の自転車のものとほぼ重なっており、自転車はこのあたりで完成の域に達した。

細い破線は２００ワットの代謝エネルギーの曲線で、２００ワットとはヒトが歩くときのエネルギー消費率がだいたいこのくらい。この曲線と各自転車の曲線の交点を見れば、その自転車に乗って２００ワットの代謝エネルギーを使って走るときに出せるスピードがわかる。たとえば安全号や現代の自転車なら秒速４ｍ。歩けば１・３ｍなのだから、同じエネルギーを使って自転車は約３倍ものスピードで行ける。昔のだるま車なら秒速３ｍだから約２倍。

自転車の歴史

過去にどんな自転車が作られたか、そしてどんな点が改良されてきたかを

見ておきたい。

最初の自転車

カール・フォン・ドライス男爵（独）の作ったドライジーネが最初の自転車だと言われている。ペダルがなく、自転車にまたがって足で地面を蹴って進んだ。英名はホビーホース。またがって遊ぶ車輪の付いたおもちゃのウマがホビーホースで、まさにその大人版のようなもの。それでも体重を支える必要がない分、歩くより楽に速く行け、最速で秒速3・7mだから、頑張れば今の自転車の平均速度なみで走れた。

自転車はウマの代替物として発明されたようだ。1815年インドネシアの火山の大噴火の影響でヨーロッパは翌年が冷夏となり、ウマの飼料のエンバクが不足した。そこで餌の要らないウマとして1817年にドライジーネが登場した。

ペダルの登場

マクミラン（英）が自転車にペダルを採用した（1839年）。ただし足踏みミシンを横に寝かせたような構造のものだった。つまり後輪の中心から出たクランクに長いロッドが取り付けられており、ロッドの他端に取り付けた踏み板を足で前に踏んで後輪を回す。足の動きが上下ではなく前後だったので力が入りにくかった。

1860年代にミショー親子（仏）がクランクのついたペダルを前輪に直接取り付け、それを踏んで走るベロシペード（訳せば「速足号」）を作った。幅広の鉄タイヤで乗り心地が悪く、イギリスではボーンシェーカー（骨ゆすり）、日本では「がたくり」と呼ばれた。

自転車が楽に速く行けるのには、体を支える必要のないこと以外の理由もある。肢が長いほど速く歩けるが、ペダルと車輪を組み合わせてテコとして使い、実質上、肢を長くできるのである。

ベロシペードは車輪に直接ペダルが付いているから、「車輪半径÷ペダルのクランクの長さ」でテコの増幅率が計算でき、それは2・8。だから肢が約3倍長くなったと同じことで、3倍速く行ける。

歩行・走行で速く行く際には、完歩長を増やすか完歩頻度を上げた。自転車で完歩長に対応するのが1回転で進む距離で、これは車輪の直径にπを掛けたもの。完歩頻度に対応するのは1秒間の回転数である。回転数を上げるには肢を速く動かしてペダルをたくさん回せば良い。ただし筋肉の収縮する速度には最もエネルギー効率が良い最適速度がある（123頁）。それは歩くときには1秒に1回転分の動き（1完歩）だが、自転車を漕ぐときには1秒に1・3回転のときである。この回転数で漕げば効率が良い。

ベロシペードで無理せずに走り続けられる最高スピードは秒速6mで、これは当時の最も速い馬車程度だった。このとき、ペダルは1秒に2・1回転で踏んでおり、最適の1・3回転よりかなり速い。

だから1・3回転で踏んでも秒速6mが達成できれば、馬車にも負けずに楽に行けることになる。それにはペダルの1回転で車輪の進む距離を1・6倍（2.1÷1.3≒1.6）にすれば良い。今の自転車ならギアチェンジしてペダルを踏む回転数を変えずに車輪が進む距離を変えられるが、当時の自転車はペダルが前輪に直結しているので、ペダルの1回転で進む距離を1・6倍に伸ばすには、前輪の直径を1・6倍にする必要がある。ベロシペードの前輪の直径は1m弱あるから、必要な直径は1・5m程度になる。このような考えのもとに、前輪がヒトの背丈に近い自転車が登場することになった。

前輪の極端に大きな自転車

1870年代マギーら（仏）が前輪の極端に大きな自転車を売り出した（図4－3）。これは国によりさまざまな名で呼ばれており、オーディナリー（仏）、ペニーファージング（英）、ハイホイール（米）、だるま車（日）。

前輪はものすごく大きく、それを足で漕ぐのだから、サドルの位置も高い。壁に立てかけて乗り、降車時には飛び降りる。こんなサドルの高いものなど非常識だと思うだろうが、直径1・5mのオーディナリーのサドルはウマの鞍《くら》と同じ高さであり、自転車をウマがわりと思っていた当時の人にとって違和感はなかったろう（サドルという言葉は自転車の腰掛けにも使われるが、本来はウマの鞍の意)。

ボールベアリング、ゴムタイヤ、ギアとチェーン

1869年頃、自転車の軸受けにボールベアリングが使われるようになった。自転車を漕ぐには車軸の摩擦力に打ち勝つ仕事をしなければならないが(ここのところは関節の摩擦抵抗に打ち勝たねばならない肢と同じ)、ベアリングにより、これは無視できるほど小さくなった。

1888年にダンロップ(英の獣医)が空気入りゴムタイヤを自転車に採用した。それまでは木製のリムを鉄の帯で巻いたタイヤや中実のゴムタイヤが使われていたため乗り心地が悪かったが、それが大幅に改善された。

図4-3　だるま車

スターレー(英)は車輪の直径を肢が地面に着く大きさにし、ペダルと後輪をチェーンで結んだ。前輪も後輪も同じ大きさで、だるま車の前輪よりずっと小さいのだが、後輪に付いている歯車の枚数をペダルのものより少なくして、最も漕ぎやすいペダルの回転数でも速く走れるようにした。サドルにはバネを付け乗り心地をさらに改善した。足が地面に着く高さだから安全であり、この自転車はローバーセーフティー(安全号)と命名された。車体重量17kgも現在のものと変わらず、ここに至って自

転車はほぼ完成した。19世紀末のことである。

自転車がエネルギーを使うところ

自転車で走るには、①地面とタイヤとの間の回転抵抗と、②体にかかる空気抵抗に打ち勝つエネルギーが必要になる。

①回転抵抗

タイヤが地面に接触すると「自転車＋ヒト」の重さがタイヤも地面も変形させる。車輪が回転すると、タイヤの次の場所がより前方の地面に接し、元の場所ではタイヤも地面も跳ね戻る。タイヤと地面を変形させるためになされた仕事は、タイヤと地面がバネのように跳ね戻るときに回復されるが、バネの効率は100％ではないので、いくぶんかは熱として失われる（だから自転車で走るとタイヤが温まる）。この失われた分は筋肉の仕事により補給されねばならない。軟らかな地面ほどバネの効率が落ちるから、車輪は走りにくくなる。

タイヤのどの場所も、1回転につき1回負荷を受けてそれが取り去られることを経験する。だから速度が上がって回転数が上がればこのエネルギーは増えるが、単位距離当たりにすれば回転抵抗は速度によらない。

②空気抵抗

空気抵抗に打ち勝つにもエネルギーがいる。空気抵抗は速度の2乗に比例する（167頁）。

この抵抗は自転車と乗り手を流線形の殻で包み込むことにより減らすことができる。包み込みタイプの自転車の1つ（チーター号）は200mフライングタイムトライアル（自転車のトラック競技の一種）で秒速29mを達成した。ちなみにこれはチーターが同じ距離を走る速度にほぼ等しい。ただしふつうの自転車競技では包み込みタイプは禁止されており、「裸の」自転車の世界記録は秒速20mである。

シティサイクル（ママチャリ）の秒速は1〜6mであり、秒速6mでは空気抵抗と回転抵抗がほぼ等しい。スピードが2倍になると、空気抵抗は4倍になるが回転抵抗は変わらないので、スピードが増すほど空気抵抗の割合が高くなっていく。自転車競技ほどのスピードだとエネルギーの9割が空気抵抗に打ち勝つのに使われる。そのため、レースでは他人を風よけにしながら後ろを走り、最後に抜かす戦術をとろうとして、互いに駆け引きすることになる（これはスピードスケートでも同じ）。

以上2つの抵抗は歩行・走行においても生じるものである。①足が地面を踏むと地面は若干変形し、足が離れるときには元に戻って足を押し反《かえ》すが、地面も足裏も完全弾性体ではないので、エネルギーが回復されずに無駄が生じる。ただしこれは無視できるほど小さい。

②歩行・走行でも空気を押し分けて進むため、当然、空気抵抗を受ける。ただし歩くほどの速度では、これは無視できる大きさである。秒速5・6m（時速20㎞）で走った場合には、空気抵抗に打ち勝つのに使う余分なエネルギーは、走行に使う全エネルギーの8％ほどであり、

これもそれほど問題になる大きさではない。

自転車は省エネ

人1人を同じ距離だけ運ぶときに使うエネルギーを自転車と比べてみよう（表4－1）。歩くヒトは自転車の5倍、電車や自動車は30～40倍もエネルギーを使う。

今大問題になっている二酸化炭素排出量が自転車は少ない。カーボンフットプリントという考えがある。商品やサービスについて、原材料調達から、製造、作動中、廃棄・リサイクルに至るまで、製品のライフサイクル全体を通して排出される温室効果ガスの排出量を二酸化炭素の量に換算したものがカーボンフットプリント。これは環境への負荷の目安になる。

表4－1　人1人を1km運ぶのに必要な輸送コストとカーボンフットプリント

	輸送コスト	カーボンフットプリント
自転車	1	1
徒歩	5	1
列車	27	4
バス	34	10
自家用車	42	11

自転車の値を1として比較したもの。列車はサンフランシスコベイエリア高速鉄道（バート）。バスと列車は通勤時の乗車率、自家用車は運転者のみが乗車したとして計算

自転車の特筆すべき点は徒歩と同じだけしか二酸化炭素を出さないこと。自転車は輸送用機械であり、製造時にも廃棄時にも二酸化炭素が出るが、徒歩は自転車に乗るよりお腹《なか》がすいて余計に食べるから、その分の二酸化炭素がキャンセルし合い、歩いても自転車に乗っても同じカーボンフットプリントになってしまうのである。こんな機械はめったにない。

運動的行為と活動的行為

車輪のしめくくりとして、行為の目的について話しておきたい。

アリストテレスは目的が行為の中にあるか外にあるかで行為を2つに分けた。目的が実際にやっている行為の外にあるものが運動的行為で、その代表例が「歩く」。歩くのはある場所に着くのが目的で、歩くこと自体が目的ではない（散歩を楽しむ場合は例外）。目的地に早く着ければそれに越したことはないのだから、運動的行為では速さに価値がある。

目的が行為のうちにあるのが活動的行為で、その代表例が「見る」。見る行為の行き着く先（目的）は「見た」。つまり見れば見たことになり、見る行為には見たという目的が内部に含まれている。

見ればその目的である「見た」がたちどころに達成される。これでは目的達成の速さが問題になりようがなく、問題になるのは、どれだけよく見るかという行為の充実度・質の高さである。

「見る」とは現在形であり、「見てしまった」は現在完了形だが、見れば即座に見てしまったのだから、現在形と現在完了形とが一致している。こんなことは時計で計る時間では起きない。だから活動的行為には時計とは異なる時間が流れているはずである。

時計の時間の背景にあるのは古典力学の絶対時間で、この時間は同じ速度で進んでいき、時間に質の違いはない。時の矢として絶対時間はしばしば直線で視覚化される。

絶対時間の問題点は、今という時間があっという間に過ぎ去ってしまうこと。直線の断面が点であり、点には長さがないのと同じで、今には長さがない。

アウグスティヌスの言うように、過去はもうないし未来はまだなく、有るのは今だけ。われわれは今を生きているのである。その今にまったく長さがないとすれば、今を大切にしようがない。いきおい自分の想《おも》い描《えが》く未来が早く来てくれることばかりを気にかけるようになる。

機械とは何らかの目的達成のために作られたものであり、機械自身には自前の目的などない。だから機械を使った行為は運動的行為となる。運動的行為を行っている今には意味がなく、これならあっという間に過ぎ去っても問題はない。機械に頼り切っていれば、生そのものもそんな無意味な今に堕するおそれがある。

時計の時間は今のない時間。しかし生物の時間における今とはある長さをもったものであり、その中で生物自身が働くことにより時間を感じるものだとアリストテレスは言う。ここのところを、「生物は今という生きている時間を自分の体を使って（＝エネルギーを使って）生み出すものだ」と筆者は捉えている。

現代人は機械に取り巻かれて暮らしており、その多くの時間は機械の操作に充てられている。機械はある目的のために働き、その機械を動かすために人が働いているとすれば、目的は2段階遠くのかなたにあり、目的そのものを見失いやすい。そのうえ、エネルギーを使って働いているのは機械であり、そのオペレーター自身は機械に比べほとんどエネルギーを使っていない。

結局オペレーターとして働いている時間は、多量のエネルギーを使っていることを実感しにくく、かつ目的も感じにくくなり、エネルギーばかり使う無目的な時間に堕しやすいのではないか。

自家用車という機械を使えば楽に速く行ける。それは列車でもバスでもそうだ。ただし通勤にこれらを使った場合、渋滞中を運転することになるし、バスも電車も混んでいる。これでは運転や乗車それ自体を楽しむことはできず、通勤は典型的な運動的行為となる。

それに対して機械を使っていると言っても、自転車は自分が汗を流して動かすものである。風を受け、景色を楽しみ、きょうも生きているなあと感じられ、乗ること自体を目的として楽しむことができる。自転車ならば通勤は活動的行為となり得る。

機械を使うとどうしても主役が機械になってしまう。それに対して自転車は機械というより、自分の手足の働きを助ける道具であり、主役は人間で、道具はアシスタント。現代の暮らしは過度に機械に頼り、機械に使われている感があるが、なるべく人を主役にして機械はそれをアシストするように使って、その分、機械のエネルギー消費量を減らすことを考えた方が良い。その観点からすると、自転車はまさに優等生であり、「アシスト自転車」という言葉は象徴的である。

機械は完全自動化の方向に進化し続けてきたが、オペレーターである人間が筋肉を使う過程も機械に上手に組み込むことを、もっと考えても良いのではないか。上手にとはオペレーターに目的を意識させるという意味と、オペレーターにも少し頭や筋肉を働かしてもらって、その分、省エネができるという意味も含めての「上手」である。

こんなことを言うのは筆者が後期高齢者になったから。高齢者は機械に頼らねばならぬ場面が多いのだが、今の機械は高齢者向きとは言いがたい。操作が難しいのである。機能はそれほどなくてよく、そして頭も筋肉もちょっとは使わせる機械の方が、高齢者向けで老化防止になると思うのだが。

コペンハーゲンでの14年にわたる成人3万人の調査では、自転車通勤者は、そうでない人に比べ死亡率が3割も低いそうだ。現代人はもっと体を使う生活をすべきであり、自転車通勤もその選択肢の1つ。ただし都会の道は自転車が安全に走れるとは言いがたく、そして自転車が歩道を走ると歩行者も安全とは言いがたく、また駐輪場も少ない。自転車のことも考えた道づくりを行政に望みたい。

第5章 筋肉――移動運動のエンジン

動物は筋肉を使って移動運動する。筋肉は車のエンジンに当たり、これの性能・性質を知ることなしに移動運動の理解は進まない。そこで本章では筋肉の話をする。

エンジンという言葉を出したので、脊椎動物を自力で推進する機械として眺め、自動車と対比しておこう。両者とも走る機能に関しては3つの部分で構成されている。①エンジン、②推進器、③変速機。

①エンジン。これはガソリンやATPという化学エネルギーを、運動という力学エネルギーに変換する役目をもつ。

②推進器。これは地面を押して本体を推進させる役目をもつ。車なら車輪、動物なら足が推進器であり、車輪と足の比較は前章で行った。

③変速機（トランスミッション）。エンジンの動きを推進器の動きに見合うものに調整してから推進器に伝える役目をもつ。ガソリンエンジンの回転数は車輪の回転数より大きいため、ギ

アにより回転数を落として、走りたい速度とトルクとに調整している。

動物の場合は関節をもつ肢が変速機に対応する。車とは逆で、足の蹴る速度は筋肉の収縮速度よりも速いのがふつうである。そこで動物は肢をテコとして使い、テコ比を変えて筋肉の収縮速度を歩行・走行速度に見合うように増大させている。哺乳類の進化史は肢という推進器を長くしていく歴史という面をもつが、自転車も同様で、前章では遅い足の動きをいかに車輪の速い回転に変えるかで苦労した歴史を見た。

骨格筋の機能

四肢の骨は関節でつながった骨格系を構成し、この骨格系を動かしているのが「骨格筋」と呼ばれる筋肉である。骨格筋の総重量は体重の1／3～1／2をも占め、体内で最も量の多い組織である。量が多いとは働きの上でも重要だということだろう。現代人は脳が最重要だと言うかもしれないが、その働きを表現するには、喋《しゃべ》ったり書いたりキーボードを叩《たた》いたりせねばならず、外部に対して何かをしたければ筋肉を通すしか方法がない。

筋肉の働き方

筋肉は3つのやり方で働く。いずれの場合も対象に引っ張る力（張力）を掛ける。

①引っ張って相手を動かす。つまり力を出しながら短縮し、力学的な仕事をする。このような収縮を「短縮性収縮」と呼ぶ。その中でも一定の張力を出しながらの収縮（たとえば一定の重さのものを持ち上げる）を「等張性収縮」と呼び、筋肉の仕事を調べる際によくこの条件が使われる。「力学的仕事＝力×距離」であり、単位時間当たりの仕事が「パワー」（仕事率）となる。

②ブレーキとして働く。力を出しながら外部の力に抵抗して筋肉自身が引き伸ばされることにより、動きにブレーキをかける。これはいわば負の仕事をしていることになる。このような収縮を「伸張性収縮」と呼ぶ。

③力を出して長さが変わらないように頑張る。こうして骨と骨との間の筋交《すじかい》として関節の角度を維持し、外界から加わる力や自己の筋肉の出す力に抵抗して姿勢や形を保つ。長さを変えないで力を出す収縮を「等尺性収縮」と呼ぶ。重力に抗して姿勢を保つ筋肉が「抗重力筋」で、陸上動物にとって非常に重要な筋肉群だが、それらはこのやり方で働いている。等尺性収縮はまた、変形に抵抗することにより筋肉の末端にある腱に弾性エネルギーを蓄え、それを移動運動に再利用して省エネにも貢献する。

収縮特性

同じ筋肉でもどの長さで収縮するかにより、発生する力が変わる。筋肉が休んでいる状態でゆっくり引っ張ったりゆるめたりしてさまざまな長さにし、その長さで刺激を与え、発生する張力を測定する。つまりさまざまな長さで等尺性収縮を起こさせてみる。すると筋肉がふだん休んでいる長さ（静止長）のときに最大の力が発生し、それより長くしても短くしても力は急速に落ちる（図5－1）。長さが静止長の0・5～1・5倍の範囲を超えると力は半分以下になってしまう。このように骨格筋はごく狭い長さの範囲でしか働けないのであり、だからこそ骨のテコの助けを借りて働ける距離を拡大する必要が出るわけだ。最大張力を筋肉の断面積で割ったものが筋肉の「固有強さ」であり、動物によらずほぼ一定の値（1平方センチメートル当たり1～3kg）になる。つまり筋肉は断面積当たりにすれば同じ力しか出さない。だから大きな力を得ようと思ったら筋肉を太く（筋原繊維の総断面積を大きく）することになる。

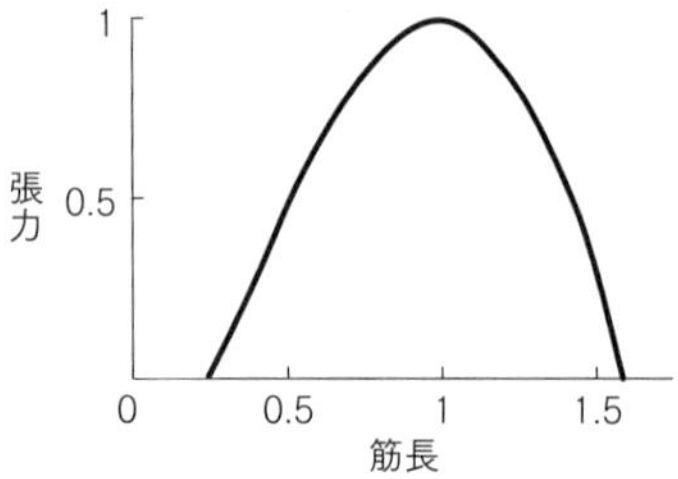

図5－1　等尺性収縮における筋肉の長さと能動的に発生する張力の関係　張力も筋長も静止状態時のものを1とした相対値

同じ筋肉でもどんな速度で収縮するかによっても出す力が変わる。筋肉に錘（負荷）をかけて収縮させる（等張性収縮を起こす）と、錘が重いほど収縮速度は双曲線を描いて落ちる（図5－2）。筋肉は大きな力を出そうとするとゆっくりしか縮めず、速く収縮すると少ししか力を出せないものなのであり、力と速度を両立できないのが筋肉の泣き所。錘をかけずに収縮させれば筋肉は最高の速度で縮む。最高速度を筋肉の静止長で割ったものを「固有速度」と呼ぶ。固有強さと異なり、固有速度は筋肉ごとに大きく変わる。収縮速度により骨格筋は速筋と遅筋に分けられる（１３３頁）。

等尺性収縮で出せる力以上の負荷をかけながら収縮させると、筋肉は力を出しながらもゆっくり引き伸ばされる。これが伸張性収縮で、この際、筋肉は固有強さ以上の力を出す。この性質を使って積極的に筋肉を引き伸ばして力を増すことは、多くの動物が運動において使っていると考えられている。わかりやすい例は飛び降りたときの着地。着地した瞬間には体重の５〜10倍もの衝撃力がかかる。そこでわれわれは膝を曲げながら着地するが、このとき、関節の伸筋が引き伸ばされつつ大きな力を出してブレーキをかけて体の動きを遅くし、衝撃をやわらげている。

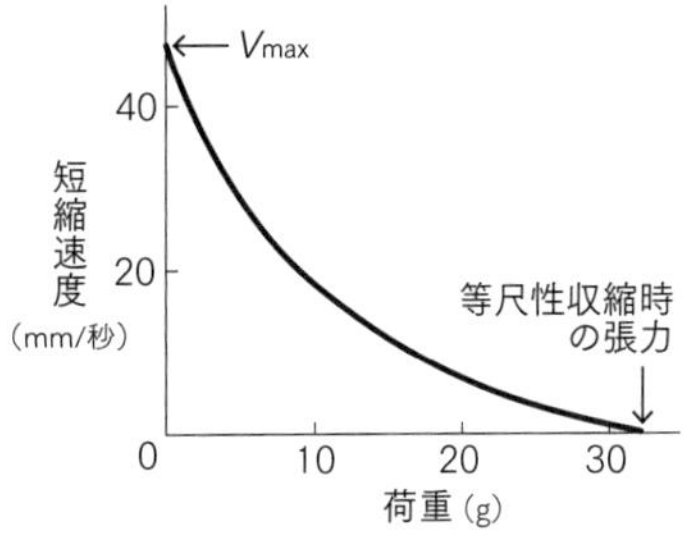

図5-2　力と速度の関係

パワーと効率

筋肉の出すパワーは、力―速度関係のグラフ（図５-２）から「パワー＝力×速度」を使って求められる。ほとんどの骨格筋では、最大速度の４割の速度のときに最大のパワーが出る（図５-３）。力学パワーをつくる筋肉（たとえば昆虫や鳥の飛《ひ》翔筋《しょうきん》、魚の游泳筋、イカのジェット推進のための筋肉）はこのあたりの速度で働いている。

大きな陸上動物の四肢の筋肉のように大きな荷重を動かすものは、より遅い速度で働かざるをえないのでパワーは落ちる。また非常に速く縮む筋肉もパワーが落ちる。

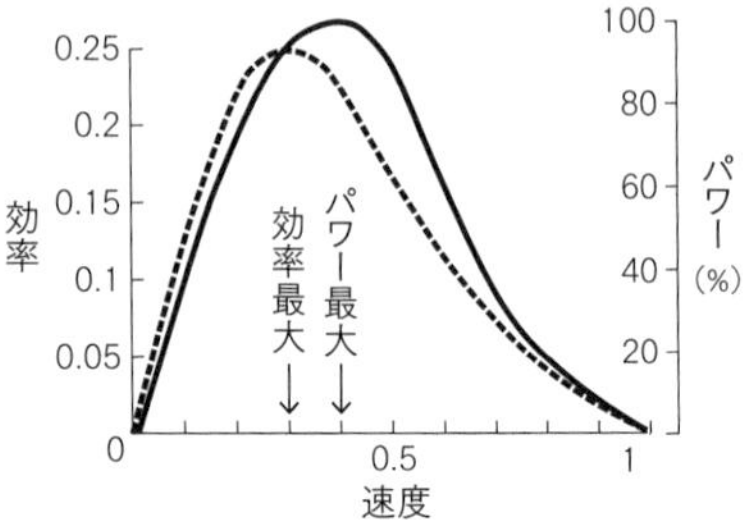

図5−3　パワー（実線）および効率（破線）が速度でどう変わるか　パワーは最大値の百分率、横軸は最大速度を1とした相対値

筋肉にとってエネルギー効率は非常に重要である。筋収縮のエネルギー源は代謝エネルギー（食物を代謝して得られたATP）であり、収縮に使われた代謝エネルギーのどれだけの割合が力学的な仕事になったかが効率である。「効率＝筋肉のなした力学的仕事÷収縮中に使った代謝エネルギー」。最大効率は最大収縮速度の3割の速度で達成され、このときの効率は約0・25。投入した代謝エネルギーの1／4だけが力学的仕事として使われ、残りの3／4は熱として無駄になってしまう。ガソリン車の効率もその程度のようだ。

最大効率が得られる速度は最大パワーの得られる速度より少し遅いのだが、そのためだろう、運動の効率が問題になるとき（つまりふつうの移動運動のとき）は、高パワーが必要なとき（たとえば逃避行動のとき）よりも動物はゆっくりと動く。

骨格筋の構造

食卓で目にする肉は筋細胞（筋肉の細胞）が集まった塊である。筋細胞は細長い繊維状で「筋繊維」とも呼ばれ、太さは顕微鏡サイズ。こんなごく細い糸ではあるが、それが50万本も集まってあのぷっくらしたわれわれのふくらはぎの筋肉（腓腹筋）をつくる。筋繊維を顕微鏡で見ると縞《しま》紋様（横紋《おうもん》）が付いており、そのため骨格筋を「横紋筋」とも呼ぶ。

電子顕微鏡を使ってさらに拡大すると、筋繊維内には2種類の細い糸が長軸方向に整然と並んでおり、これにより横紋が生じていることがわかる。腸や血管壁をつくっている平滑筋では糸が整然とは並んでおらず横紋がない。平滑筋に比べ、横紋筋の収縮速度は速い。整然とした糸の並びが速い収縮を可能にしている。

骨格筋は細長い繊維が入れ子になった繊維の束であり、紐の中にさらに細い紐が入り、その中にもっと細い紐が入り……という、いわば「紐のマトリョーシカ構造」をとっている。そこを具体的に見ていこう（図５－４）。

①筋肉レベル。筋肉はたいてい真ん中の膨れた紡錘形をしており、末端は細い腱となって伸び出して骨に付着する。腱は非常に長い場合もあり、筋肉と腱とを一体として見ればかなり細長い構造物である。１つの筋肉は筋束が筋膜により包まれて束になってできたものである（64

頁)。

②筋束レベル。筋束は細長い筋繊維が数十~数百本、束になってできている。

③筋繊維レベル。1個の筋細胞(筋繊維)は多数の細胞が融合した巨大な細胞で、複数の核をもつ。直径0・01~0・1㎜、長さ数㎜~数十㎜、長さが太さの数百倍以上の糸状である。

筋細胞の中には、筋原繊維と呼ばれる力の発生装置が細胞の長軸に平行に多数入っている。

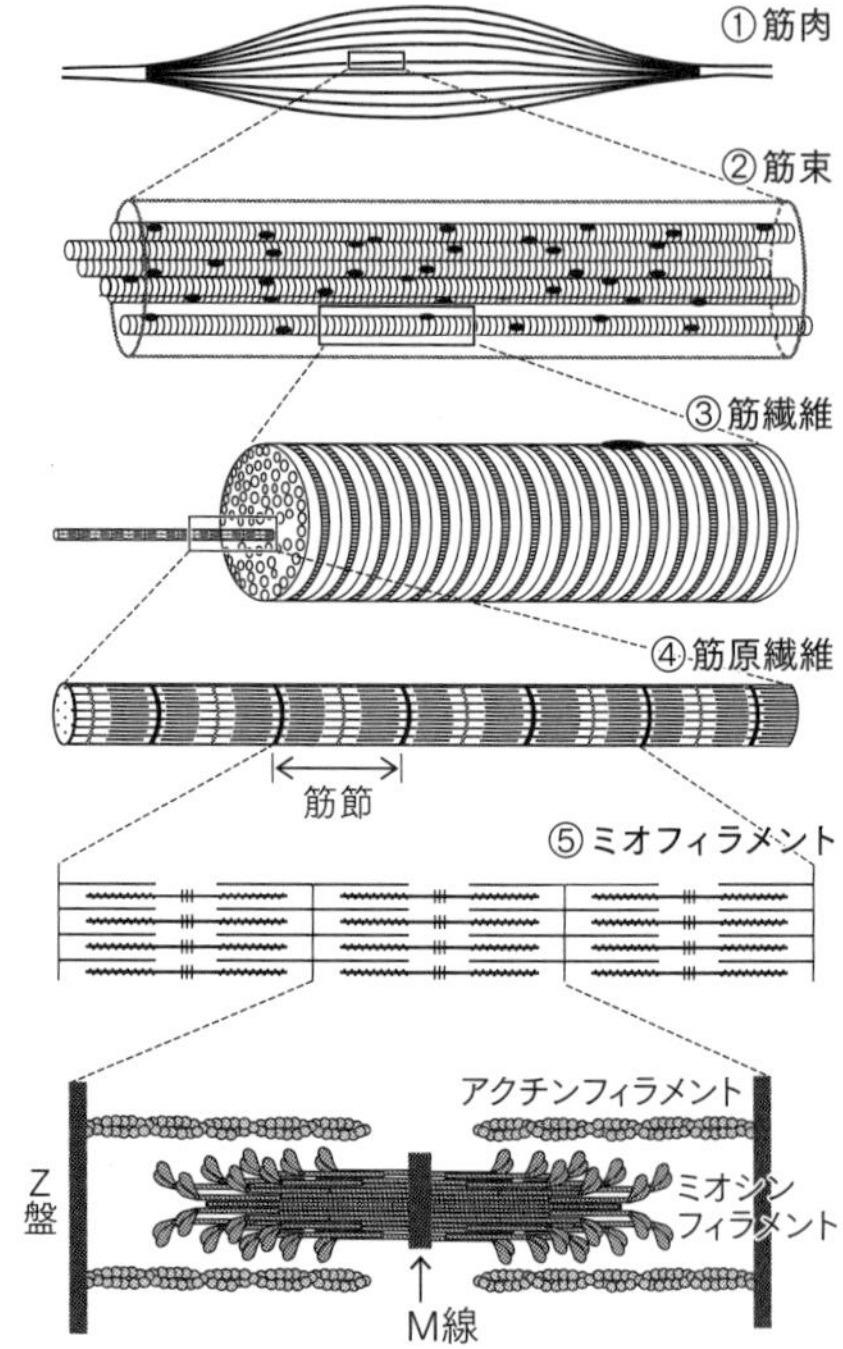

図5-4 筋肉の「紐のマトリョーシカ構造」
より上にあるものの一部を拡大したものがその下の図。最下段にある筋節の図はフィラメント構造を示すため、長さに比べ太さを極端に大きく描いてある

④筋原繊維レベル。繊維の直径は1〜2㎛（マイクロメートル。1㎛は1／1000㎜）。長さは筋細胞の全長に等しいから、長さが太さの1000倍以上の糸状のものである。筋原繊維は筋節（サルコメア）がずらっと直列に連なってできている。筋節が力を発生する単位構造である。筋節は両端がZ盤で仕切られており、中央にはM線がある。筋節の長さ（筋節長）は脊椎動物では2㎛程度で、この長さが収縮により変化する。

⑤ミオフィラメントレベル。ミオフィラメントには太いものと細いものがあり、筋節はこれらが多数、隣り合って平行に並んでできている（ミオは筋肉、フィラメントは細糸の意）。細い方がアクチンフィラメント、太い方がミオシンフィラメントである。

ⓐアクチンフィラメントはアクチンという球状タンパク質が真珠のネックレス状に連なったものが2本よじり合わされてできている。フィラメントの直径は8㎚（ナノメートル。1㎚は1／1000㎛）、長さは1・0㎛（つまり太さの約100倍）。アクチンフィラメントには方向性があり、一方の端（プラス端）はZ盤に結合し、マイナス端は中央へと伸び出してミオシンフィラメントの束《たば》の間に入り込んでいる。

ⓑミオシンフィラメントはミオシン分子からできている。この分子には頭部と尾部があり、尾部同士が束になってミオシンフィラメントを構成し、頭はその束から隣のアクチンフィラメントに向かって突き出す。1本のミオシンフィラメントは約200個のミオシン分子からできている。ミオシンフィラメントは直径15㎚、長さ1・6㎛（太さの100倍）で、やはり方向

性がある。尾部は筋節の中央に向いて尾部同士が束になり、束は筋節の中央でM線に結合する。だから筋節内ではM線をはさんで左右で頭部の向きが逆転している。

つまり筋節の中央部にミオシンフィラメントの束があり、その束に、左右からアクチンフィラメントがミオシンフィラメントの束の途中まで入り込んでいる。

結局、筋肉は分子の集合であるミオフィラメントレベルから、筋肉という組織レベルまで、すべてのレベルで非常に細長い紐状のものが平行に並んで束になって構成されているものなのである。紐は引っ張られればピンと伸びて力を出せるが、押されればクシャッとなって力に抵抗できない。つまり紐は他者を引っ張ることはできても押せないものであり、これが筋肉の際だった特徴であり制約にもなっている。だからこそ筋肉は拮抗筋とペアを組み、真ん中に関節のある骨をはさんだ筋骨格系を構成してはじめて働けることになる。

力を出す仕組み

クロスブリッジ

ミオシン分子の頭部がアクチンフィラメントに結合して橋架け構造（クロスブリッジ）を形成する。結合した頭部が「カクンと首を振って」アクチンフィラメントを筋節の中央部へと引っ張る。これが筋収縮の分子機構である。

ミオシン頭部はミオシンフィラメントに沿って14nm間隔で繰り返し突き出しており、これらが首を振るのだから、ちょうど突き出た何本ものオールで漕いでいるようなもの。船漕ぎ運動が筋節の中央にあるM線の左右で起こる。漕ぐ方向は左右では逆になるので、アクチンフィラメントはM線の両側からミオシンフィラメントの間へと滑り込んでいく。アクチンフィラメントは一端が筋節のZ盤に付いているから、結局、両端のZ盤同士が中央へと引き寄せられて筋節が短縮する。これがすべての筋節で起き、その結果、筋繊維が収縮する。ミオシン頭部の「首振り」が1回起きるごとに1分子のATPが消費される。ミオシン頭部はATP分解酵素として働き、ATPの化学エネルギーを筋収縮という力学エネルギーに変換しているのである。ミオシンの1回の「首振り」が約10nmだけアクチンフィラメントを動かす、もしくは約5pN（ピコニュートン。1pNは1兆分の1N）の力を出す。

カルシウムによる制御

アクチンとミオシン間のクロスブリッジ形成はカルシウムイオンCa^{2+}により引き起こされる。筋細胞内には筋小胞体と呼ばれるCa^{2+}の詰まった袋があり、これが神経からの刺激を受けて細胞内にCa^{2+}を放出する。

神経の刺激が筋小胞体に伝わるのには活動電位が関与する。神経は筋細胞の細胞膜に活動電位を引き起こし（コラム参照）、活動電位は細胞の内部に入り込んでいるT管上を伝わっていき、筋小胞体に達してこれを刺激しCa^{2+}の放出が起きる。ミオシン頭部のまわりのCa^{2+}濃度が上がるとミオシン頭部はアクチンに結合できるようになって収縮が起きる。

いったん放出されたCa^{2+}はすぐに筋小胞体へと回収され、筋収縮は終了する。回収は筋小胞体の膜にあるカルシウムポンプがCa^{2+}を小胞体の中に再度汲《く》み入れることで起こる。ポンプはATPのエネルギーで作動しており、Ca^{2+}の回収に必要なエネルギーは、筋肉の収縮弛《し》緩《かん》に必要な全エネルギーの1／4程度を占めている。

筋収縮がCa^{2+}により制御されていることを世界ではじめて示したのが、私の大学院の指導教官だった木下治雄《きのしたはるお》先生で、1943年、太平洋戦争さなかのことだった。

【コラム】ニューロンと活動電位

細胞は細胞膜で包まれており、その内部は外部の体液と比べてイオンの分布に違いがある。カリウムイオンK^{+}は細胞内の方が濃度が高く、ナトリウムイオンNa^{+}やカルシウムイオンは細胞内の濃度が低い。細胞膜が特定のイオンをある程度通しやすく、そのイオンが細胞膜の外側と内側とで濃度に違いがあると、細胞の内と外との間に電位差が生じる。つまり細胞が電池として働くことになる。細胞外の電位を基準0にとると、この電池は細胞の内側がマイナス60～120mV程度の負の電位になっている。これが静止電位で、K^{+}の濃度差により生じる。

Na^+の濃度差により生じるものが活動電位である。神経細胞や筋細胞の細胞膜にはNa^+を通す孔《あな》があり、これはふだんは閉じているが、刺激を受けると一瞬だけ開いてNa^+が細胞の内側に流れ込む。それにより細胞内の電位が＋30mVほどになるのが活動電位で、活動電位が発生することを細胞が興奮すると呼ぶ。

神経細胞（ニューロン）は活動電位が発生した状態（1の状態）と発生していない状態（0の状態）の2状態をとれるため、ディジタル信号を使って情報処理ができる。ニューロンは細胞体の部分（ここに核がある）から、軸索と呼ばれる細長い電線に対応する部分を伸ばしている。活動電位は細胞体の部分で発生し、それが軸索の上を伝わって軸索の末端まで運ばれていく。ディジタル信号であるため、運ばれる途中で雑音が混入しにくい。

骨格筋を支配している神経が運動ニューロンで、このニューロンの軸索末端が筋繊維とシナプスをつくっている。シナプスとはニューロンとそれが働きかける細胞との接合部で、ここで活動電位という電気の形の情報が化学物質の形に変換されて筋繊維に手渡される。

脊椎動物の運動ニューロンでは、手渡されるのはアセチルコリンという低分子物質である。運動ニューロンの細胞体は脊髄内に存在し、軸索は脊髄から伸び出して筋肉に至り、末端で枝分かれして1つの筋肉内の数十本〜数千本の筋繊維とシナプスをつくる。1つの筋肉には複数の運動ニューロンが入力しているが、1本の筋繊維には1つの運動ニューロンの軸索のみが入力する。

筋繊維のタイプと運動単位

運動単位

1個の筋肉においては、その中の筋繊維すべてが同時に収縮するわけではない。何本の筋繊維が同時に縮むかは神経により制御されている。

1個の運動ニューロンは複数の筋繊維とシナプス結合をつくる。1個の運動ニューロンに支配される筋繊維群を「運動単位」と呼ぶ（図5－5）。同じ運動単位内の筋繊維は同時に同程度の収縮をする。運動単位が何本の筋繊維でできているかを「神経支配比」と呼び、少ないものでは10程度、多いものは2000以上にもなる。

筋肉内に小さな運動単位（神経支配比の小さいもの）が多数ある筋肉は、発生する力を細かく制御できる。たとえばヒトの手や指を動かす筋肉や顔の筋肉がそう（手のひらの虫様筋《ちゅうようきん》の神経支配比は70～90と小さい）。おかげで繊細な指の動きや微妙な表情が可能になっている。それに対して肢の筋肉は少数の大きな運動単位からなる（腓腹筋《ひふくきん》の神経支配比は2000ほど）。これは一気に立ち上がったり走ったりジャンプしたりするのに都合が良い。

　このように運動ニューロンには神経支配比に違いが見られるのだが、どのタイプの筋繊維を支配するかによっても運動ニューロンに違いが見られる。

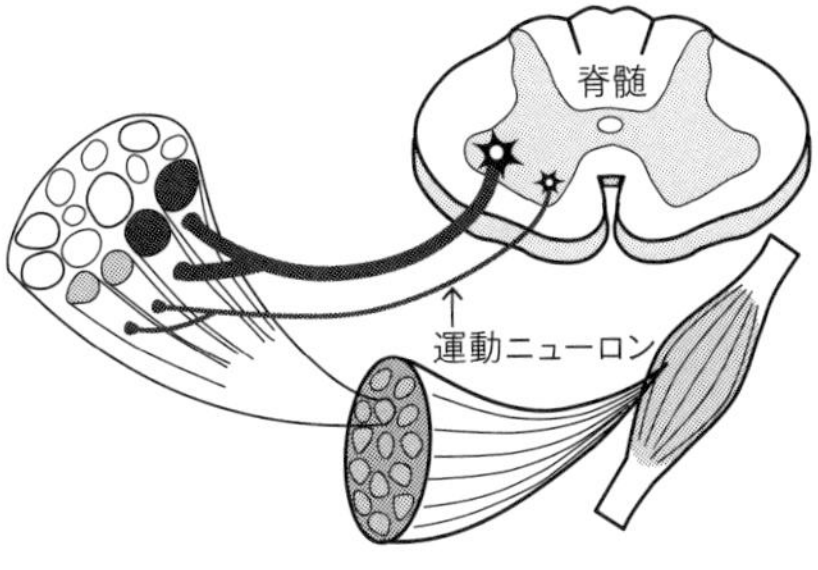

図5-5　運動ニューロンと運動単位

筋繊維のタイプ

　脊椎動物の骨格筋では、筋繊維に速筋と遅筋がある。速筋はすばやく収縮するがすぐに疲労してしまうもの、遅筋はゆっくりと収縮し、長時間疲れずに働き続けられるもの。たとえばコイの遅筋の最大収縮速度は速筋の１／３しかない。

　遅筋と速筋はＡＴＰをつくる過程にも違いがある。ＡＴＰは筋収縮の燃料であるが、遅筋は呼吸によりＡＴＰをつくる。グルコースからＡＴＰをつくる過程で酸素を使って酸化するため、この筋タイプを酸化型と呼ぶ。酸素を使ってのＡＴＰ生産は筋繊維内にあるミトコンドリアで行われる。他方、速筋はＡＴＰを解糖でつくる。解糖は筋繊維内の細胞質で行われる。解糖を使うと速やかにＡＴＰを生産できるが、乳酸が生じてすぐに疲労する（コラム参照）。ただし速筋には解糖も呼吸も両方使える

表5－1　筋繊維のタイプ

呼び名[1]		酸化型遅筋	酸化―解糖型速筋	解糖型速筋
		赤筋	ピンク筋	白筋
		Ⅰ型	Ⅱa型	Ⅱb型
収縮速度[2]		遅	速	速
	ミオシンATPase活性	低	高	高
	Ca^{2+}取り込み速度	遅	速	速
収縮持続時間[3]		長	中間	短
	ミトコンドリアとミオグロビンの量	多	中間	少
	クエン酸回路の酵素活性	高	中間	低
	毛細血管の量	多	中間	少
筋繊維の太さ[4]		細	中間	太
運動単位のサイズ[4]		小	中間	大
運動ニューロン[5]	軸索	細	中間	太
	細胞体	小	中間	大
	興奮する閾値	低	中間	高

1) 最上段に示した呼び名が本書で使っているもので、これは収縮速度とATP生産系による区別。2段目は色による区別、3段目はミオシンのタイプによる区別。

2) ミオシンATPase活性が高いとクロスブリッジ回転速度が大きく、収縮速度が大きくなる。また、筋小胞体のCa^{2+}の取り込み速度が速いほど急速に弛緩が起こり、高い頻度でのすばやい繰り返し収縮が可能になる。

3) 酸素呼吸によるATP生産にはミトコンドリア内にあるクエン酸回路が関わっており、クエン酸回路の酵素活性が高いほど酸素呼吸能力が高い。酸素呼吸に必要な酸素を供給しているのが毛細血管であり、筋細胞内で酸素を溜めておくのがミオグロビンである。つまり血液を供給している毛細血管の数とミオグロビンやミトコンドリアの数が多い筋肉ほど酸素呼吸による最大好気的能力（144頁）が高く、長時間収縮を持続できる。

4) 筋繊維が太いことも運動単位が大きいことも筋肉の発生する力が大きいことを意味する。

5) 運動ニューロンの軸索が太いほど興奮を速く伝えられ、細胞体が小さいほどニューロンは興奮しやすい。興奮に達する刺激の大きさが興奮の閾値である。速筋の運動ニューロンの細胞体は大きくて強い刺激がないと興奮しないが、軸索は太いから、いったん興奮するとその情報を速やかに筋肉に伝える。

ものもあり、これは速いし持続性もある。だから結局、筋繊維は①酸化型遅筋、②酸化－解糖型速筋、③解糖型速筋の3タイプに分けられる（表5－1）。

3タイプは筋繊維の太さにも違いがある。遅筋は細く、解糖型速筋は太く、酸化－解糖型速筋はその中間。細い遅筋は小さな力しか出さない（力は筋原繊維の総断面積に比例。122頁参照）。遅筋は遅くて力が小さいから、出せるパワーはぐんと小さくなる。たとえば魚のギスカジカの遅筋の最大パワー出力は速筋の1／6しかない。

色の違いもあり、これは呼吸と関係している。酸化型のものは赤く、「赤筋」とも呼ばれる。赤く見える理由は、①ミトコンドリアをたくさん含んでおり、ミトコンドリアにはチトクロームがあってこれが赤い。②酸素を蓄えておくミオグロビンも多く、これは鉄を含み、鉄に酸素が結合するとより赤くなる。解糖型はこれらの含量が少ないので白っぽく「白筋」とも呼ばれる。酸化－解糖型は2つの中間で色はピンクである。

【コラム】解糖と呼吸

筋細胞内でATPをつくるやり方には2つある。酸素を使わない「解糖」と、使う「呼吸」である。酸素を使うものは好気呼吸や（有）酸素呼吸、使わないものは嫌気呼吸や無酸素呼吸としばしば呼ばれる。

解糖はすばやくATPを生み出す利点と、生むATP量が少ないという欠点をもつ。それに対して呼吸はATPを生産するのにより多くの時間がかかるが（142頁）、同じ1分子のグルコースを分解しても解糖の約16倍ものATPを生産できる。呼吸でATPをつくる場所はミトコンドリアで、これは1個の細胞に220〜1700個あり、エネルギーを多く使う細胞ほどミトコンドリアを多く含む。

解糖を使うもう1つの欠点はすぐに疲れてしまい、これに依存すると活動が持続できなくなる点。疲労する理由は解糖の最終産物として乳酸が生じて溜まってしまうこと。そして筋細胞の外側にカリウムイオンが溜まることも関係しているようだ。溜まった乳酸は肝臓でグルコースに再生するか、呼吸に利用可能なピルビン酸にするかせねばならず、この時間（回復期間）が必要になる。そのため解糖だけしか行わない解糖型速筋は休み休みしか働けない。

遅筋と速筋の使い分け

哺乳類のふくらはぎの筋肉（下腿三頭筋《かたいさんとうきん》）は腓腹筋とその下にあるヒラメ筋とからなっており、一緒になってアキレス腱を引っ張って足首の関節を伸ばす。ヒラメ筋は遅筋のみからできている。この筋肉は抗重力筋であり肢の姿勢の制御を行うが、それに加えて、歩行での足首の主な伸筋として働いている。それに対して腓腹筋は速筋（解糖型速筋と酸化−解糖型速筋）が多く、遅筋はほとんどない。走行やジャンプという速い運動のときに使われるのがこの筋肉であり、走行で、地面を押す最後の段階で足首のスナップを効かせて地面を押しやる際に腓腹筋が働く。瞬発力はあるが持続力はない。

イヌの仲間（イヌ・オオカミ）は獲物を長距離にわたって追いかけるため、肢の筋肉には酸化型の筋肉が多い。それに対してネコの仲間（ネコやライオン）は短距離のダッシュで仕留めるため、解糖型の筋肉が多い。

鳥の場合は、翼を高頻度で動かし続けねばならないため、飛翔筋はほぼすべてが速くて持続可能な酸化－解糖型速筋で占められている。

運動単位の性質

どの筋繊維タイプを支配するかで、運動単位にも違いが見られる。遅筋の運動単位は小さい。遅筋そのものが細くて出せる力が小さく、さらに1本の神経により支配されている筋繊維の数が少ないのだから、結局、遅筋の運動単位の発生する力は小さいものになる。また遅筋の運動ニューロンは細胞体が小さく、軸索も細い。軸索が細いから情報が伝わる速度は遅いが、細胞体が小さいから小さい刺激にも容易に反応する（興奮性が高い）。そのため小さな運動単位がまず刺激され、それからより大きな運動単位へと、順番に運動単位が動員されていくことになる。これを運動単位動員の「サイズの原理」と呼ぶ。

低い力しか必要とされないがずっと長いこと働かねばならない条件のとき（たとえば姿勢維持やゆっくり動くとき）には、同一筋肉内で、まず小さい運動単位に支配される酸化型で高い持続性をもつ酸化型遅筋繊維が動員される。そんな低レベルの力（最大筋力の1割）を出し続ける際には、複数の遅筋の運動単位が順繰りに使われ、疲れることなく長時間の任務をはたせるようになっている。

より速く力強い動きが要求されるときにはサイズの原理に従い、より大きく速い運動単位（酸化－解糖型や解糖型の速筋）へと動員がシフトしていく。

非常時（緊急に逃げなければならないときなど）はサイズの原理の例外で、強い刺激が脊髄に入るから大きな運動ニューロンも即座に反応し、すべての運動単位が動員される。ただしこういうことは非常時以外には起きない。こんなときには思ってもいなかったほどの大きな力が出せ、これが「火事場の馬鹿力」である。

速筋は無酸素代謝でありすぐに疲労する。そのためやむをえず大きな力が必要なときにだけ速筋を使う。走ったり跳んだりしない限り、日常生活で使う力はせいぜい最大筋力の2割ほどのものでしかなく、速筋はこの状態でほとんど使われずに「怠けている」。

【コラム】平行筋と羽状筋

同じ筋繊維であっても、それを筋肉中でどのように並べるかによっても筋肉の収縮特性が変わってくる。並べ方の基本は2つ（図5－6）。

①平行筋。長い筋繊維が筋肉の長軸に平行に端から端まで走っているもの。骨にはごく短い腱を介して接続する。

②羽状筋。鳥の羽根のように見えるのでこの名がある（羽根の構造は217頁のコラム参照）。中央の羽軸に対応するのが一方の端から入り込んでいる腱であり、もう一方の端から伸びている腱は、羽根の輪郭をなぞるように走る。羽枝《うし》に対応するのが筋束で、平行に並んだ筋束が中央の腱から、ある角度（羽状角）をもって斜めに両縁の腱へと走っている。このような配置になっているため、筋繊維の長さは筋肉の長さよりずっと短い。

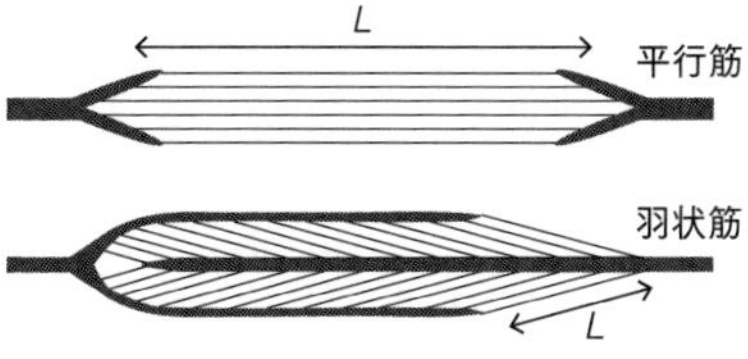

図5－6　平行筋（上）と羽状筋（下）　黒の太い線が腱、細い線が筋束。*L* は筋束長

　平行筋は速く大きな距離を縮むことができるが、力は弱い。羽状筋は逆で、収縮距離は短くスピードも遅いが、同体積なら平行筋よりも大きな力を出す。なぜなら羽状筋は筋繊維が短い分、1つの筋肉はより多数の筋繊維を含むことができ、筋繊維の数に比例した力で腱を引っ張ることができるからである。

　たとえて言えば、羽状筋は綱引きスタイル。大石にかけた1本の綱の左右からたくさんの人が綱に取りついて引っ張るようなもの。平行筋では、各自が大石に自分の綱をかけて共通の方向に引っ張るイメージ。こうするには綱は平行に並び、人は綱に垂直に並んで引っ張る。引っ張る方向を縦とすると、人は横方向に広がることになる。筋肉のように横幅に限りのあるものでは綱引きスタイルの方が多くの人が綱引きに参加できることになる。

四肢では傾向として、伸筋に羽状筋が多く、屈筋に平行筋が多い。伸筋の基本は関節を曲げようとする重力に逆らって体を支えることであり抗重力筋として働く。また歩く際にも体重を支える力の方が圧倒的に大きかった（42頁）。だから伸筋は力重視の羽状筋になる。他方、屈筋は肢をすばやく振り戻すのが主な機能であり、速度を重視する平行筋になる。ヒトの場合、膝を曲げる力は伸ばす力の半分ほどしかない。

移動運動のエネルギー

移動運動のガソリンに当たるＡＴＰの消費と供給についても見ておきたい。筋細胞も含め、細胞が直接使うエネルギー源はＡＴＰである。ＡＴＰは個々の細胞がグルコースを分解してつくる。そのグルコースは血流により細胞に供給されるが、これは元をたどれば消化器系が食物を分解してつくりだしたものである。

細胞に蓄えられているＡＴＰの量はごく少ない。ヒトの場合、体には１００gのＡＴＰがあるが、全細胞数は37兆２０００億個と言われているから、細胞１個には平均3×10^{-12}g。ＡＴＰは細胞のあらゆる活動に使われるので、安静時でも１分程度でこのストックはなくなってしまう。走ったら10ｍも行かずにＡＴＰ切れになる。だからＡＴＰは常につくって補充される必要があり、ヒトは１日に体重分ほどのＡＴＰを呼吸でつくる。呼吸し続けなければ「停電・ガス欠」になり、すぐに死に至る。

エネルギー消費の時間経過

酸化－解糖型速筋において、運動開始からどんな順序でＡＴＰ供給系が働きはじめるかを見ておこう（図５－７）。運動が開始されるとたんにエネルギー消費量は上がるが、そのエネルギー需要に細胞の代謝が対応するまでには遅れが生じ、その間は、①細胞に蓄えられているＡＴＰがまず使われる。筋細胞には通常の細胞のもつＡＴＰストックの他にもう１つの形のストックがある。これが②クレアチンリン酸のストック。ＡＴＰのストックが使われ、ＡＴＰがＡＤＰ（アデノシン二リン酸）に分解されて細胞内のＡＴＰ濃度が下がると、即座にクレアチンリン酸のリン酸基がＡＤＰに渡されてＡＴＰが再生され、自身はクレアチンになる。このストックも10秒以内で尽きてしまう。

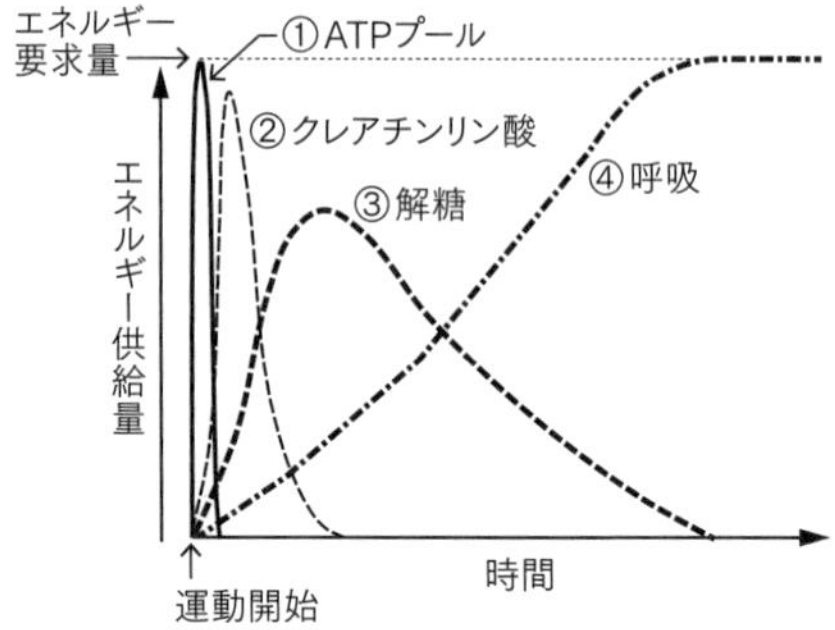

図5－7　エネルギー供給系の時間経過　酸化―解糖型速筋を例にとり、筋細胞のエネルギー要求量（単位時間当たり）が何によって満たされるかを時間を追って示した模式図。①筋内のATPプールの消費（実線）、②クレアチンリン酸によるATP再生（細い破線）、③解糖によるATP合成（太い破線）、④呼吸によるATP合成（1点鎖線）。この図の場合のように呼吸によるエネルギー供給がエネルギー要求量を満たすなら、運動は持続可能になる

ストックが尽きた後は③解糖によってつくられるATPが需要をまかなう。④呼吸によるATP供給は、さらに数十秒遅れる。

以上は筋細胞レベルの話だが、個体のエネルギー供給においても同様である。ヒトの場合、100m走はATPとクレアチンリン酸のストックで走っており、400m走は主に解糖でATP需要がまかなわれ、ジョギングは呼吸が主になる有酸素運動である。

呼吸が解糖よりも遅れるのは、呼吸によるATP生産には経なければならない化学反応のステップがずっと多いから。解糖はグルコースがピルビン酸にまで分解される過程でATPが生産される。これは細胞質基質で行われる（細胞質基質とは核と細胞小器官〔ミトコンドリアなど〕を除いた細胞の中身）。呼吸はピルビン酸までは解糖と共通だが、そこからまだずっと先がある。ピルビン酸は細胞質基質からミトコンドリア内に移動し、そこでクエン酸回路という複雑な化学反応経路と電子伝達系を経て多数

のATPがつくられ、この過程で酸素が使われる。呼吸はこれだけの反応経路を経るからATP生産に時間がかかるのである。

運動開始時のクレアチンリン酸と解糖によるATP供給は、ある意味、酸素呼吸が間に合わなかったから起きたもので、これは「酸素不足」と見なせ、またそれだけ酸素の借りができたと考え「酸素借」とも呼ばれる（図5−8）。動物のATP需要がだんだん呼吸で満たされるようになるにつれ、解糖によるATP生産の方は下がる。

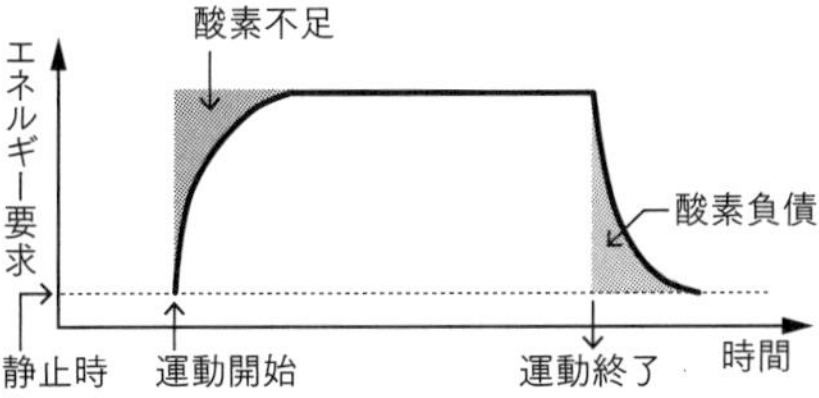

図5−8　運動開始時の酸素不足と運動終了後の酸素負債

運動がやめばATP需要はすぐに静止状態レベルにまでストンと落ちるが、呼吸はダラダラと落ちる（だからジョギングの後は心拍数も呼吸数もしばらくは上がったままになる）。運動終了後の、この静止レベルより高い代謝率が「酸素負債」（運動後過剰酸素消費）で、静止レベルに戻るまでの間に、呼吸によってクレアチンリン酸のプールを再生し、また乳酸を呼吸に使えるピルビン酸に戻すことにより酸素負債を解消する。これにかかる時間が回復時間である。

最大好気的能力・持続時間・最高速度

動物の最大酸素消費率を「最大好気的能力」（最大有酸素運動能）と呼ぶ。これを測定するには動物に酸素マスクをつけさせ、ランニングマシンのベルトの上を走らせながら酸素消費率と血中の乳酸量を測定する。ベルトのスピードを上げていくと、あるスピードのところで乳酸が生じはじめ、そのときの酸素消費率を最大好気的能力とする。運動によるＡＴＰ需要が、この最大好気的能力でのＡＴＰ供給量以下なら、その運動は持続可能である。

最大好気的能力が大きければ運動の持続時間が長く、かつ回復時間が短くなる。恒温動物と変温動物とを比べると最大好気的能力は恒温動物の方がずっと大きく、彼らは長いこと運動を持続できる。他方、カナヘビ（変温動物）が走るのを見ると、にょろにょろっと走ってしばらく止まって休み、またにょろにょろっと走るを繰り返す。変温動物は短期間突進し（バースト、爆発的運動）、しばらく休んでまた突進する。突進中は解糖でかなりのＡＴＰ需要をまかなっており、そのため大きな酸素負債を抱え込むことになって突進を長くは続けられず、突進と突進との間に長い回復期間が必要になってしまう。

このように運動の持続時間は最大好気的能力に強く依存するのだが、最高速度を見ると、これは最大好気的能力が高いほど速いというわけではない。同じ体の大きさのものを同体温条件で比べると、恒温動物と変温動物とでは似たような最高速度で走る。筋肉の力学的仕事をする能力に差がないからである。ＡＴＰさえ充分にあれば、恒温動物・変温動物、どちらの筋肉もほぼ同じ仕事をするのであり、そのＡＴＰが呼吸由来か解糖由来かでは違いが生じない。

魚の筋肉

最後に魚の筋肉について述べ、次章の魚の泳ぎにつなげたい。

魚では筋タイプの分布が一目でわかる。魚の皮を剝ぐと胴の中央を赤黒くて細い帯状の筋肉が頭のすぐ後ろから尾に向かって走っているのが見える（図5－9(a)）。これは遅筋（赤筋）で、魚の場合、血合筋《ちあいきん》と呼ばれる。その赤い帯以外の魚の身の部分は白っぽい。これは解糖型速筋であり、魚では白筋や普通筋と呼ばれている。白筋の部分にはW字を横に倒したジグザグの縞《しま》模様《もよう》が見える。図のように魚を左の体表側から見た場合、Wの真ん中の山は前を向いており、前向錐《ぜんこうすい》と呼ばれる部分。三次元的には円錐（アイスクリームのコーンや工事現場の三角コーン）の形をしており、向きは前向きかつ少々体の深い方を向いている。Wの両側の山が後向錐《こうこうすい》で、後ろ向きかつ少々体の浅い方を向く。

血合筋・白筋の区別とは別に、水産業界には赤身の魚・白身の魚という区別がある。体幹の筋肉（体側筋）全体で、〈ヘモグロビン＋ミオグロビン〉の含有量が100g当たり10㎎以上のものを赤身魚、それ未満を白身魚と呼んでいる。赤身魚では血合筋以外の部分も赤っぽく見えるが、これは白筋にミオグロビンが多く含まれていることによる。ヘモグロビンやミオグロビンが多いのだから、持久力のある泳ぎができるのが赤身魚ということになる。

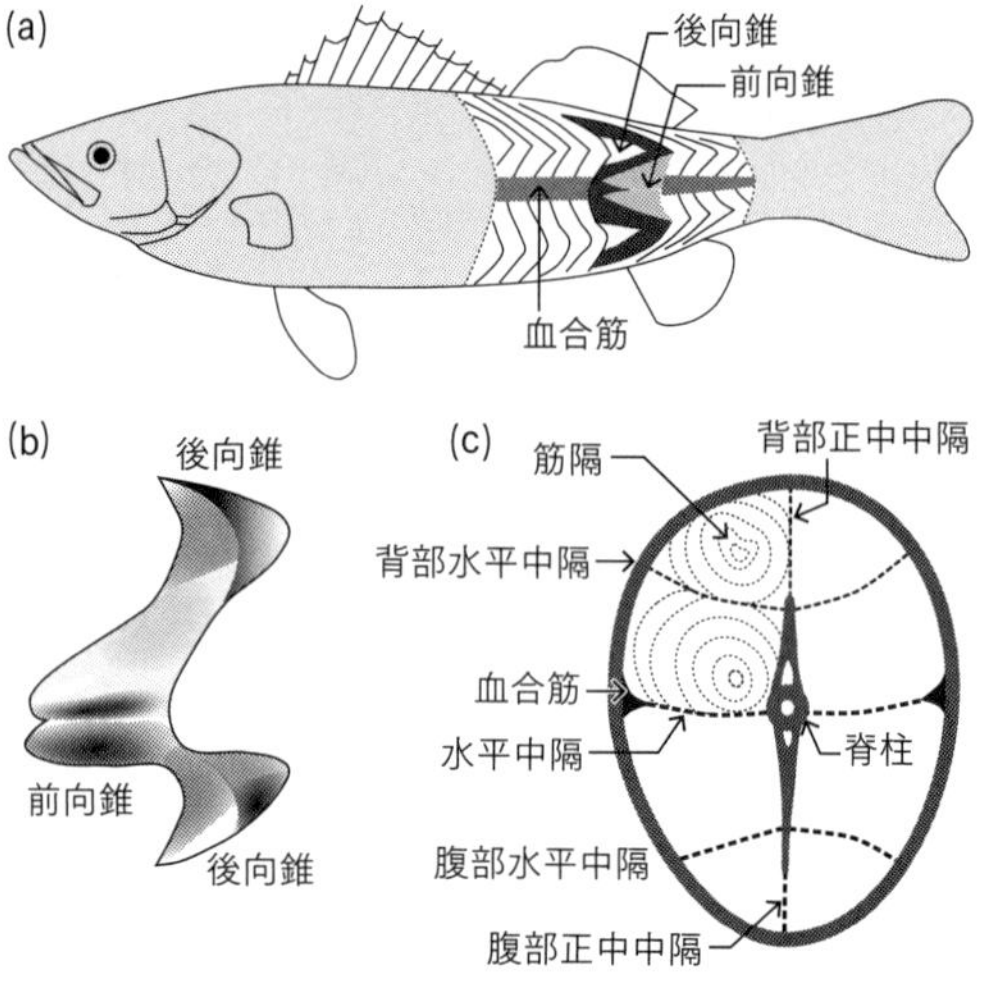

図5－9　硬骨魚の体側筋の配置　(a)皮の一部を剝いで筋分節の横向きWの配置を示し、さらにその一部で表層にある血合筋を取り除きその下の前向錐と上下の後向錐を示してある。(b)単離した1個の筋分節の三次元的な形。(c)中隔。尾に近い部分での胴の横断面。筋隔は左上1/4だけに描いてある。横断面全面に筋隔を描いてある図は図6－8を見よ

ピンク筋（酸化－解糖型速筋）は、魚によっては血合筋の下に血合筋を取り巻くように存在することがある。ちなみにサケのサーモンピンクは白筋に餌として食べたエビの色素が溜まってピンクに見えているもの。

胴を輪切りにすると（図5－9(c)、6－8(a)）血合筋は体表近くにほんの少しあるだけ。残りは白筋で埋め尽くされており、この部分には同心円状の模様が見える。皮を剝いだときに見えたW字を輪切りにすると同心円状に見えるわけだ。

血合筋は赤い。赤い理由は2つ。①ここに多くの毛細血管が分布している。だから血合の部分はよく血抜きをしないと生臭い。②血合筋の筋繊維内にはミトコンドリアとミオグロビンが多い。①・②の結果、血合筋は酸素を使ってのATP生産能が高く、持続的に働くことができる。魚はふだんの泳ぎを血合筋によって行う。外洋をクルージングするマグロの仲間も血合筋で泳ぎ続ける。

それにしては血合筋の量はごく少ない。血合筋の量は、游泳用の筋肉の10%以下が普通で、海原をクルージングしないタイやヒラメのような白身の魚では数%しかない。それでもふだんの泳ぎは血合筋により行われているのである。

血合筋は量が少ないだけでなく、力の発生源である筋原繊維の量も少ない。カタクチイワシの血合筋では筋繊維の体積の半分近くをミトコンドリアが占めており、その分、筋原繊維の量が少ないから発生する力は小さくなる。

斜走腱のジブ

血合筋は小さな力しか出せないが、その小さい力で胴を力強く曲げて泳げるように工夫をこらしている。

血合筋は体の中心軸から最も遠い位置にある。「曲げモーメント＝血合筋の力×胴の中心から血合筋までの距離」になるから、血合筋は中心軸上にある脊柱や尾ビレに大きな曲げモーメ

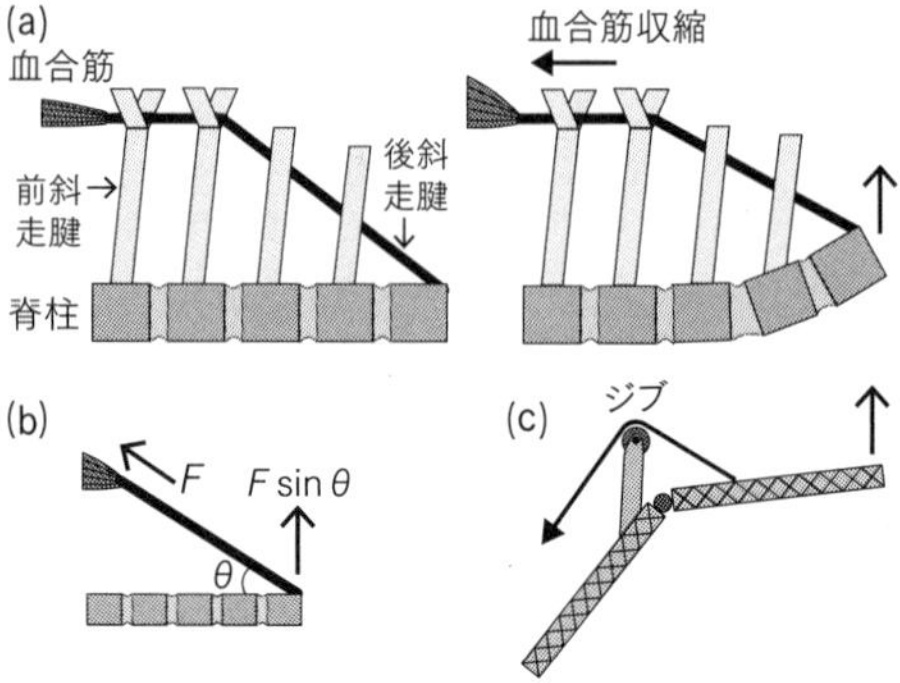

図5－10　**前斜走腱のジブ機構**　(a)左が静止時、右が血合筋が収縮して脊柱が曲がったところ。前斜走腱は後斜走腱を支えている。(b)血合筋が脊柱にかける力＝$F\sin\theta$。Fは血合筋の出す力、θは血合筋が脊柱を引っ張る角度。(c)クレーンのジブ

ントをかけられる格好の位置を占めているわけだ。

　ただしこんないい位置にあっても、それを活《い》かせるとは限らない。血合筋が脊柱から離れているほど大きな曲げモーメントをかけられると言ったが、それは胴全体がカチンカチンの固い柱であって、血合筋の腱が胴に平行に走って固い柱の表面近くを引っ張った場合の話。

　ところが魚のように脊柱と血合筋との間が白筋という活動時以外はごく軟らかい組織でできていると話は変わってくる。白筋がふにゃふにゃのままだと仮定すると、血合筋が胴を曲げるためには、脊柱まで腱を伸ばして脊柱を直接引っ張る必要が出る。腱を引っ張れば途中の組織はつぶれて腱は斜めになり、血合筋は脊柱を斜めに角度θをつけて引っ張ることになるから、曲げる力は血合筋の力にサインθを掛けたものとなり、筋肉の力よりも小さくなってしまう（図5－10(b)）。θがなるべく大きい、つまり血合筋が脊柱をなるべく垂直に引っ張れるようにすれば曲げる力は大きくなるから、そうなる工

夫を魚はこらしている。

魚の筋繊維は後述するように、ふつうは膜状の中隔に結合している。しかし場所によっては中隔の一部が厚くなり2種類の太い腱（ⓐ前斜走腱、ⓑ後斜走腱）を構成している（図5－10ⓐ）。これらの腱がどこからどこへ走っていてどこと結合しているのかはかなり複雑なのだが、単純化して述べる。ⓐ前斜走腱は体軸にほぼ垂直だがちょっと斜めにコーン（前向錐や後向錐を構成している円錐《コーン》）を巻き締めるように走っている帯で、一端は皮膚に、他端は脊柱に結合している。ⓑ後斜走腱の太い紐は一端は血合筋に、他端は後ろ斜めほぼ体軸に平行に走って、前斜走腱の結合している椎骨より3～4個ほど後ろの椎骨に結合している。この後斜走腱が血合筋の収縮を脊柱に伝える主要な構造である。

前斜走腱の働きが面白い。これは筋肉の引っ張る力を直接脊柱に伝えることはしない。そのかわり、筋肉から脊柱へと走っている後斜走腱を途中で支え、後斜走腱が脊柱を引っ張る角度がより垂直に近くなるようにする。これはクレーンのジブと同様の働きである（図5－10ⓒ）。とはいえ前斜走腱は紐であり、押されればへニャッと曲がって後斜走腱を支えることなどできないはずだが、ここでまわりの筋肉の出番となる。コーン内の筋肉が収縮すると、ちょうど力こぶができるようにコーンは太って横に膨れ、前斜走腱はこの膨れによってピンと伸びて後斜走腱を支えられるようになる。

以上の斜走腱の研究はデューク大学のウェインライトの仕事で、私は彼の研究室に2年ほどお世話になり、ちょうどそのときに彼がこの仕事をやっていた。夏の海辺の炎天下、巨大なカジキの解剖を手伝ったのを思い出す。

魚はふだん血合筋を使って泳いでいる。血合筋は胴の断面積の数%しか存在していない。ジブを使っていると言っても、血合筋の力を増やしているのではなく減ることを防いでいるだけ。だから発生する力もパワーも小さい。このことはふだんの游泳にはそれほど大きな力やパワーが必要ないことを意味している。

白筋のW字

白筋はダッシュして逃げたり餌を捕まえる突進運動のための筋肉である。胴の筋肉の大半が白筋なのであり、大きな瞬発力を得るにはこれほどの筋肉量が、そして力とパワーが必要ということだろう。

白筋は不思議な配置をしている。側面から見るとW字、横断面にすると同心円に見えるが、これは白筋の構成単位である筋分節が3つの円錐《えんすい》（コーン）が結合した三次元の複雑な形をとっているから（図5-9(b)）。

脊柱の発生に関する記述で、1個の椎骨と1つの筋肉とが対応していると述べた（81頁）。四肢動物ではその後の発生過程で筋細胞同士が融合し、細胞としては例外的に長い巨大筋繊維になるが、魚ではそれが起きない。だから筋繊維の長さは成体でも椎骨1個分の長さである

（長くても２〜３㎝）。こんな筋繊維がほぼ長軸方向を向いてずれたトランプのように積み重なり、筋繊維の前後は筋隔《きんかく》（筋節中隔）と呼ばれる結合組織の薄い膜に結合して筋分節と呼ばれる単位を構成している。筋繊維の積み重なりとずれ方がＷ字を描いており、三次元的に見ると３つの円錐でできた筋分節をつくる。アイスクリームのコーンが３つくっついたような形で、コーンのウエハース部分は筋繊維が少しずつずれて積み重なってできた数センチメートルの厚さのものである。こんなコーンが、自身より１つ前にあるコーンに、前向きの先端を突っ込んでどんどん前から後ろへと重なってできているのが胴の筋肉の主要部分。Ｗ字は体の前方と後方では少々形が変わり、頭に近い筋分節ではＷの中央の峰は１つだが、尾に近いものでは峰が２つに分かれてくる。

魚の胴は結合組織製の膜（中隔）で大きく仕切られている（図５－９(c)）。体を正中線に沿って縦に仕切っているのが正中中隔、横に仕切っているのが水平中隔。Ｗ字の筋隔は正中中隔をはさんで左右対称に配置している。それぞれの筋隔はこれら中隔および脊柱と皮膚とに強く結合している。

四肢類の場合なら、個々の筋繊維は紐状の腱を介して両端が骨に結合しているから、どの筋肉がどの骨を動かしているかは腱の行き先をたどればわかるのだが、魚では話がそれほど単純ではない。１本の筋繊維に注目すれば、それが直接結合しているのは筋隔という膜状のものであり、この膜は確かにたどっていけば脊柱という骨にも結合している。ただしそれはＷ字をした筋分節のごく一部分においてであり、より多くの部分は中隔や皮膚という膜に結合している。また筋分節そのものは隣の筋分節と筋隔を分かち合っているのだから、1本の筋繊維からすると、力を主に伝えるのは隣の筋分節と筋隔であり骨ではない。だから筋繊維が結合組織の膜や隣の筋分節を引っ張ると、それがどう伝わって最終的に魚の胴の曲げになるのかを簡単に見て取ることができない。おかげで白筋の収縮がいかにして胴のくねりや尾ビレの扇《あお》ぎになっていくかは、まだ謎の多い分野なのである。

均一ひずみ説

すぐに思いつく謎は、もしすべての白筋繊維が血合筋の筋繊維のように魚の長軸方向にぴったり一致して並んでいてその収縮で胴が曲がるとするなら、より体表に近い筋繊維ほどたくさん縮んでいることになる（陸上競技場でより外側のレーンほど一周が長いことを思い浮かべれば良い）。つまり筋繊維が長軸に平行だと筋繊維の負担が平等にならず、内側の筋繊維ほど遊んでいるわけで、これは無駄。

実際には白筋の筋繊維の多くは長軸とは平行ではなく、長軸と大きな角度（最大約40度）をもって走っている。これは理解できることで、角度がθだとすると、長軸方向の収縮量はコサインθに比例するから、もし体軸に近い筋繊維ほどθが大きくなっていれば、筋繊維の収縮量が一定になることが期待できる。

実際の魚では、ある筋繊維がつながっている隣の筋分節の筋繊維は、ほぼ同じ角度をもって走っており、その走る方向を筋分節から筋分節へとたどっていくと、筋繊維はラセンを巻きながら前後方向に走っていることがわかる。もしより脊柱に近い筋繊維が大きな角度をもち、体表に近い筋繊維が小さな角度をもつようにラセンが巻かれていれば、胴がある曲率に曲がっているときに、すべての筋繊維が同じ量だけ収縮することになり（つまり筋繊維のひずみ量が一定になり）、それならば無駄が出ない。これが「均一ひずみ」仮説である。

さて実際に魚の体が曲がったときに白筋筋繊維の長さがみな同じになるのかと測定してみると（これはかなり難しい実験）、論文により結果はバラバラで、「均一ひずみ説」の当否は決着がついていない。

W字のなぞ

なぜW字なのかについての仮説もある。胴のくねりの波は胴の前から後ろへと伝わるのだから、何らかの工夫がなければ2つ前後に並んでいる筋分節を仕切っている筋隔が前後から引っ張られる力は同じにはならない。そうなれば筋分節の形は容易にくずれてしまい、力がスムーズには伝わらないだろうし、収縮が終わっても元の形に簡単には戻れそうもなく、これでは筋分節が安定して働けることにはならないだろう。そうならないように筋分節の形と固さは、筋隔をまたいでの力の差に見合うように調節されているはずで、これが「機械的安定仮説」。コンピュータシミュレーションをすると、W字ならば機械的に安定になるという論文がある。

弾性エネルギーの利用

胴を左右に振るとき、曲がる方の筋肉が収縮しているのはもちろんだが、逆側の筋肉もある程度縮んでおり、そのため曲げる筋肉は曲げられる側の結合組織を引き伸ばしてそれに弾性エネルギーを蓄えることになる。それを魚は次に逆方向に体を振る際に使う。これはアキレス腱と同様の使い方である（61頁）。

結局、泳ぐときは胴の右側にある体側筋も左側にある体側筋も、常にある程度収縮した緊張状態にあり、それは結合組織の膜もそうで、そのため魚は体幹を固くしっかりした棒のように保ちながら、それを曲げることにより力強く水を押していることになる。そしてこうだからこそ前斜走腱がジブとして働けるわけだ。

となると、血合筋は斜走腱を介して直接脊柱を曲げるのみならず、胴から最も離れた位置にある利点を活かして、固くなった柱のような胴に、中隔のシステムを通して大きな曲げモーメントを掛けているのではないかと考えたくなる。ただしこの考えは証明されていないが。

第6章　泳ぐ

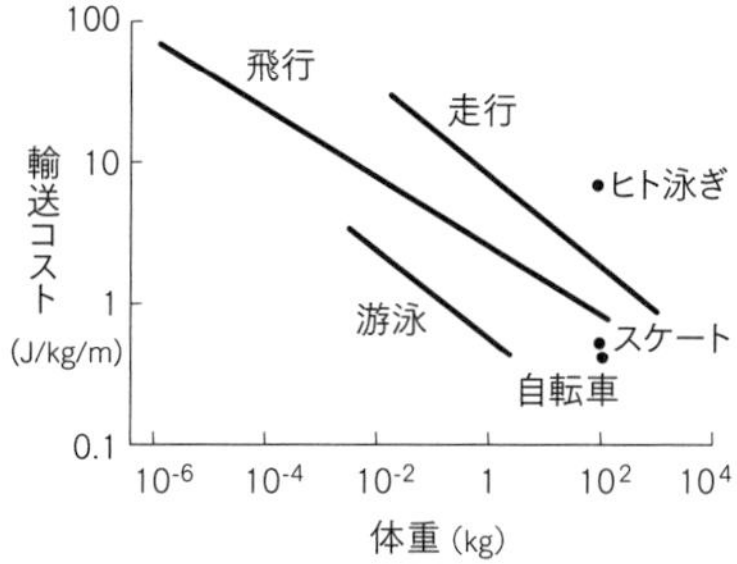

図6－1　移動運動方法と輸送コストの比較

走る、飛ぶ、泳ぐの中で、泳ぎが圧倒的に安上がりな移動運動方法である。1kgの体重を1m運ぶのに必要なエネルギー量が輸送コストで、これを3つの移動運動について比べたものが図6－1。図では横軸に体重の対数を、縦軸に輸送コストの対数をとってある。こうすると3つの方法とも皆、右下がりの直線になる。つまり体の大きなものほど輸送コストは安い。泳ぎの直線が一番下に来ており、これは泳ぎが最も移動コストが安いことを示している。その理由は体が水の浮力で支えられるから。陸や空だと体を持ち上げるのに、前に進む力よりも大きな力を自分で出す必要がある。それがない分、安上がりになるのである。

コストが一番高いのが走行で、飛行よりも高い。飛ぶには大きな羽をすばやく振り動かさねばならず、これには多大なエネルギーが必要なのだが、飛べば圧倒的に速いため、距離当たりにすると走行よりも安くなってしまうのである。

走行の直線は使う肢の数にはよらず、われわれ2足走行者もこの直線上に乗る。それに対し、ヒトの泳ぎは、図の直線には乗らず、なんと走るときよりもずっと多くのエネルギーを使う。ヒトはヒレももたず流線形でもない上に、水面を泳いで波を立ててしまい、泳ぎの効率が大きく下がるからである。この図には自転車のデータも載っているが、歩くよりずっと安く、飛行よりもまだ安い。これは体を支える必要がないからだとは第4章で論じた。スケートも輸送コストが低いが、走るより速いのが主な理由だろう。1000メートル競技の世界記録を見ると、スケートの方が倍速い。

水と空気

泳ぐもののサイズ

泳ぐ生物は100tを超えるクジラから電子顕微鏡でしか見えないバクテリア（細菌。平均的な重さは10^{-10}gほど）まで、体重にして最大は最小の10^{18}倍。

では歩くものや飛ぶものではどうだろうか。肢で陸上を歩く小さなものは節足動物（昆虫やクモやダニ）の中に探すことになるだろう。彼らは体を乾燥から守るクチクラの外骨格をもっており、小さな体にもかかわらず、陸上という乾燥した環境でも平気で動き回ることができる。こんな芸当は他の小さなものたちには、まず無理。

世界最小の昆虫は0・002mgの寄生バチらしい。これには肢もあるし羽も生えている。そこでこれを歩くものと飛ぶものの最軽量者としよう。最も重いものの方は、歩くものではアフリカゾウの10t、飛ぶものはアフリカオオノガンの19kg。だから歩くものでは最大は最小の5×10^{12}倍、飛ぶものでは10^{10}倍。こう見てくると泳ぐもののサイズの範囲が、歩くものや飛ぶものと比べて圧倒的に広い。これには理由がある。ごく小さいものも、ごく大きなものも水の中にしか棲めないからである。

小さいものが水の中以外に棲めないわけは、体重当たりの表面積が大きいから（コラム参照）。もしまわりが空気だったら、小さいと体の表面から水分がどんどん逃げていき、すぐに干からびてしまう。生物の体は体重の6割以上が水であり、水がなければ生きていけない。

逆にものすごく大きいものが水にしか棲めないのには浮力が関わっている。水中ではいくら体が重くなっても水の浮力が支えてくれ、体重が問題にはならない。それに対して陸上では重力に抗して自力で体を支える必要があり、骨の強度の限界以上の体重は支えられない。また、動物は筋肉を使って移動するのだから、筋肉の出せる力も関係してくる。その結果、どうしても体重に上限が出てきてしまうのである。

飛ぶ場合にはさらに上限が厳しくなる。なにせ大地の支えがないのだから、羽ばたいて体を空中に持ち上げ続ける必要があり、骨の強度に加えて筋肉の出すパワーの制限も、より強くかかってくる。翼を振る周波数（1秒当たりに翼を羽ばたく回数）の上限である最大周波数は筋肉の出せるパワーにより制限される。それは体の大きさによって変わり、体重の1／3乗に反比例する。つまり体の大きなものほど翼をめいっぱい激しく打てる回数が下がる。そして体を空中に浮かせておくためには、ある速度以上で飛ばねばならないが、その速度を得るにはある周波数（最低周波数）以上で羽ばたく必要がある。最低周波数は体重の1／6乗に反比例し、これも体が大きくなるほど小さくなるが、最大周波数よりは減り方が少ない。となると、体が大きくなるに従い、最大周波数が最低周波数にどんどん近づいて行き、ある体の大きさで両者が一致し、この点を超えてさらに体が大きくなると、もうパワー不足で最低周波数ですら打てずに飛べなくなってしまう。この上限の体重がアホウドリの仲間（ミズナギドリ目）のデータに基づく推測では41kgとされている。実際にはそこまで大きな飛ぶ鳥はいない。

体の大きな鳥はいったん飛び立ってしまえば大きな翼で滑空するのは得意なのだが、離陸するにはパワーの限界に近いところで懸命に羽ばたいて重い体をなんとか持ち上げる必要がある。体が大きくなるほど飛び立つのがどんどん不得意になっていくわけで、そのためだろう、最も重い飛ぶ鳥であるアフリカオオノガンは、人が近づくと飛び立たずに走って逃げるそうだ。

歩行や飛行は体を進めるよりは体を持ち上げることに、より多くのエネルギーが必要になるのだが、泳ぐ場合には体を進めることだけを考慮すれば良い。その結果、体の大きさの制約がよりゆるくなるし、また、より多様な泳ぎ方が可能になってくる。

【コラム】体長・表面積・体重

ここでサイズに関する最も基本的なことをおさらいしておこう。図6－2に球の例が挙げてあるが、表面積Sは半径ℓの2乗に比例し、体積Vは半径の3乗に比例する。だから体積当たりの表面積S/Vは半径に反比例し、半径の大きな球ほど、相対的に表面積が小さくなる。この関係は幾何学的に相似な物体（形が同じで大きさだけが異なる物体）の間においても成り立つ。そして四肢類はほぼ幾何学的に相似だと見なすことができる。だから体長が2倍の動物では、胴の直径も肢の直径もほぼ2倍、断面積はほぼ4倍になる。

もし物体が水のような比重1のものでできているなら、体積は体重に等しくなる。そして動物の体は大部分が水だから、体積V＝体重Wと考えてもさしつかえない。そこで、ℓとSとS/VをWで書き表した式を図に書き込んでおいた。

$$S=4\pi\ell^2$$
$$V=(4/3)\pi\ell^3$$
$$S/V=3/\ell$$
$V=W$とすると
$$\ell\propto W^{1/3}$$
$$S\propto W^{2/3}$$
$$S/V\propto 1/W^{1/3}$$

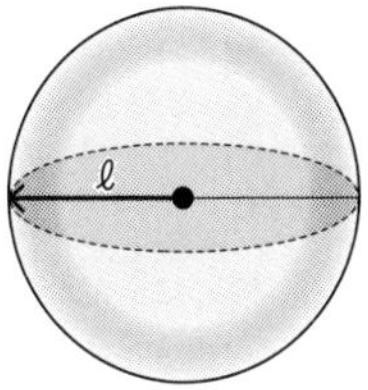

図6－2　球における半径ℓ、表面積S、体積Vの関係　比重1のときの体重Wとの関係式も書いてある。∝は比例するという記号

体重当たりの表面積は体重の1／3乗に反比例し、小さなものほど相対的に表面積が大きくなる。だから陸では体の表面を通して水が逃げていきやすくなり、小さいものほど陸という乾燥しやすい環境には棲みにくい。

肢の断面積は体長の2乗に比例し、体重は体長の3乗に比例するから、肢にかかる断面積当たりの重量は体長に比例して大きくなる。骨の強度は断面積に比例するから、大きな動物ほど相対的により太い肢が要る。たとえば胴の縦・横・高さすべての長さを2倍にすれば体重は$2^3=8$倍になり、これを支えるには、肢の直径を$\sqrt{8}=2.8$倍にする必要がある。

翼の場合、揚力は翼の面積に比例するから長さの2乗に比例し、支えるべき体重は長さの3乗に比例する。だから大きいものほど相対的に大きな翼をもたないと体重を支えられない。事態はさらに深刻である。羽ばたき飛行では揚力は翼の先端で主に生じるから、翼の先端に体重に比例する力が生じる必要がある。すると翼の根元にかかるモーメントは長さの4乗にほぼ比例することになり、筋肉はそれだけ大きな力を出して翼を動かさねばならないし、またそれだけ骨は大きな力に耐えねばならない。それをやろうとして大きな筋肉と太い骨をもとうとするとさらに体重が増加してしまい、飛べるもののサイズには厳しい上限が生じる。先ほど述べたように現生の鳥類で羽ばたいて飛ぶ最も重いものはアフリカオオノガンで体重19kg、コウモリならずっと小さくて1・6kgだから、飛ぶことがいかに厳しいかがわかる。

泳ぎに使える推進機構

動物が泳ぎに使える推進機構は3つもある。①翼、②櫂《かい》、③ジェット噴射。それに対して、動物が飛ぶ場合には翼以外は使えないし、地表を進む場合は櫂と同じ原理、つまり肢で環境を直接押してその抗力で進むやり方だけ。

①翼。これは揚力に基礎を置く機構である。揚力とは水や空気中を運動する物体において、運動方向に垂直上向きに働く力のこと。揚力を効率よく発生する構造が翼である。翼は体が大きくて速く動くもの、つまり高レイノルズ数の動物（コラム参照）では効率が良いが、逆に小さくてゆっくりなものでは効率が悪いので使えない（ここで言う効率とは揚抗比のこと。232頁参照）。

②櫂。これは抗力に基礎を置く機構である。つまり環境を押し、それに環境が抵抗する力（抗力）を使って進む。櫂はどの大きさの動物でも使える万能の游泳法で、小動物（低レイノルズ数）では櫂だけが選択肢となる。体の大きなもの（高レイノルズ数）は翼も泳ぐ手段として選択できるが、櫂も翼もそれぞれの長所と短所をもつ。

③ジェット推進。これを使うのはイカ、ホタテ、クラゲくらいしかいない。効率が非常に悪いからである（ここで言う効率とはフルード効率のこと。189頁参照）。ジェットを使う代表はイカだが、それは逃げるときだけ。命がけで逃げるには爆発的に水を噴出してダッシュできる

ジェット推進が良いが、長距離移動には効率のずっと良いヒレの波動運動を使う。

環境と移動運動

個体を取り巻いているものを環境と言う。移動運動では環境中を移動するが、その環境には3種類、土・水・空気があり、環境に応じて移動方法が変わる。前章までで扱ったのは陸上という環境での移動方法のうち、歩く（歩行）と走る（走行）だった。陸上での移動方法は他にジャンプ（跳躍）や這う（這行《しゃこう》）がある。

今、陸上と言ったが、より正確に言うと、われわれが歩いているのは土と空気の境目（界面）であり、ここには土と空気という2つの環境が関わっている。界面は土と空気の間だけではない。エビやカニは土と水の界面を歩く。アメンボが歩くのは水と空気の界面である。歩くことを可能にしているのは肢で押しても変形しにくい土の存在であり、アメンボでは水と空気の界面に働く表面張力が、肢で押しても変形しにくい表面を提供する。

2つの環境の界面を進む歩行に対して、環境の真ん中を進んでいくのが游泳や飛行である。またモグラやミミズも土という環境の真ん中を掘って進むし（削穿《さくせん》）、アサリは砂を掘って潜り込む。

移動運動するには環境を後ろに押す。押せば環境から押し返され、体が前に進む。作用反作用の法則である。ただし押す対象（土・水・空気）によって押されたときのふるまいに違いがあり、それに応じて押し方にも違いが出てくる。土や岩は固体であり、力を加えてもほとんど変形せず形を保ち続ける。だから地面を蹴れば地球を丸ごと蹴っとばしたことになるわけで、蹴って得られる反力は足の大きさにはよらない。だからこそ肢の先端部を細くして振る方向を変えるのに必要なエネルギーを減らすやり方がとれるのである。

地面と違い、水や空気は力を加えるとさらさらと流れ、決まった形をとらない。流れていくので液体と気体を一まとめにして流体と呼ぶ（このあたりの詳しい議論は次章で行う）。流体中に広い面積をもつ板を進行方向に垂直に立て、広い面を進行方向と逆方向に動かせば、大量の流体を押すことができ、大きな推進力が得られる。ただし板を戻すときには逆向きの推進力が発生するから、板を倒して水平にして押す面積を狭くして戻す。これが櫂の原理である。翼も発生する揚力は面積に比例するから、結局、流体中を進むものの推進器は広く平べったいものとなる。

密度の影響

泳ぐと飛ぶとは流体中を移動するという共通点があるのだが、水と空気では密度と粘度が大きく異なり、それが2つの移動方法に重大な違いをもたらす。

中でも密度の影響は大きい。動物の体は水と同程度の密度だから、水中なら浮力だけでほぼ体を支えることができ、泳ぎは推力の生産に専念すればよい。ところが空気の密度は水の1／

830。つまり浮力は体重の0・1%以下しか支えてくれないため、飛ぶには自力で体重を支える必要がある。逆に前に進むのは水中より空中の方が楽。前に進む抵抗は空中の方がずっと少ない。

空中を自力で飛ぶために必要な力、すなわち体を支える力と前に進める力は、両方とも翼の揚力が提供する。揚力の鉛直上向きの成分が体を支え、水平前向きの成分が推力となって体を前に進める。2つの力のうち、体を支える方が推力より10倍ほども大きいのが普通で、ここは歩行と飛行とは似た状況になっている。

粘度の影響

今、前に進む抵抗が空中の方が少ないと言ったが、これには水と空気の粘度の違いが関係してくる。水は空気より粘度が55倍も大きい。粘度が高いとは、よりネバネバして流れにくいということである（水飴《みずあめ》を思い浮かべればいい）。粘度とは流体の微小部分がお互いにくっついて一緒に流れようとする傾向を表していると見て良いだろう。微小部分がグループにとどまる傾向の度合いが粘度である。ヒレで直接押された部分のみならず、そのまわりのものもグループとして一緒に流れようとするから、水を動かすと大きな抵抗が生じてしまう。この抵抗を粘性抵抗と呼び、その力が粘性力である。

抵抗力にはもう1つのものもある。物体を動かそうとすると、物体はその場に止まろうとする。これがニュートンの慣性の法則で、水の場合も例外ではない。慣性に逆らって動かすには、質量の大きいものほど動かすのに大きな力がいる、つまり抵抗が大きい。これが慣性抵抗であり、その力が慣性力である。水は空気より格段に密度が高いため同じ体積なら830倍も重く、慣性抵抗もそれだけ大きい。

このように流体中を動くものには2種類の抵抗力がかかるが、その2つの比をレイノルズ数 *Re* と呼ぶ。「レイノルズ数＝慣性力÷粘性力」。

【コラム】レイノルズ数

慣性力も粘性力も流体の密度と粘度によって変わり、また流体中を動く物体のサイズ（長さと面積）と速度によっても変わる。その関係式を式6－1に書いておいた。レイノルズ数は物体の長さと速度に比例し、流体の動粘度（密度当たりの粘度）に反比例する。

レイノルズ数が同じなら、水中であれ空中であれ、物体のまわりの流れ方が同じになる。*Re* により移動運動の際の流れの様子がわかるため、*Re* は流体力学で重要視される。

粘度も密度も、水の方が空気より相当大きいが、動粘度は水が空気の1／15であり、このくらいの違いなら、水中では速度を落とし羽を少々畳んで羽ばたけばレイノルズ数が空中と水中とで同程度になり、同じ翼を使って空中も水中も飛ぶことが可能になる。それをやって

式6－1　レイノルズ数に関する式

流体の密度ρ、粘度μ、流体中を速度Vで動く物体のサイズ（長さℓ、面積S）とする。

慣性力 $F_i = \rho SV^2$

粘性力 $F_v = \mu SV/\ell$

レイノルズ数 $Re = F_i/F_v = (\rho SV^2) \div (\mu SV/\ell) = \rho \ell V/\mu$

「μ/ρ」（粘度を密度で割ったもの）は動粘度ν。それゆえ

$Re = \ell V/\nu$

「レイノルズ数＝長さ×速度÷動粘度」となる。

式を変形して体長を計算する式にすると、

$\ell = \nu Re/V$

いるのがウトウである（267頁）。

流れの中で動いていく物体には必ず粘性抵抗も慣性抵抗もかかる。粘性抵抗と比べて慣性抵抗がどれだけ大きいかを示しているのがレイノルズ数である。レイノルズ数が高いほど、慣性の寄与が大きく粘性の寄与が小さい。式を見るとReはℓとVに比例する。大きな動物ほど体長は長く、また動く速度も大きいのでレイノルズ数は高い。だから大きなものは慣性力の支配する世界の住人であり、逆に体の小さなものは粘性力の世界の住人となる。

その境目がどれくらいかを概算してみよう。動粘度に水の値を入れ、速度は体長の10倍程度の秒速（泳ぐものの代表的な最高速度）、レイノルズ数1（粘性力と慣性力が等しい）として、レイノルズ数の式を変形した式から体長を計算すると1㎝。つまり体長1㎝が境目となり、これ以下では粘性力優位、以上では慣性力優位となる。一方が他方の10倍なら他方は無視できるから、1㎜以下では粘性力の支配する世界、逆に10㎝以上では慣性力の

世界と見ていい。われわれを含めてふだん目にしているものたちは慣性力の世界の住民である。この世界では抵抗は速度の2乗に比例することになる。他方、粘性力の支配する世界では、抵抗は速度に正比例する。

魚の泳ぎ

泳ぎ方の分類

魚の泳ぎは伝統的に①ウナギ型、②アジ型、③マグロ型の3つに大別されてきた（図6－3）。①と②が胴をくねらす波動運動を使い、③は胴は動かさず尾だけを振り、尾は翼として働く。①→②→③となるほど、より速く、より効率の良い泳ぎになる。これ以外にも④胸ビレで扇ぐ魚や⑤背ビレや臀ビレを波動させる魚もいる。

泳ぎ方は魚の体形とも関係し、それらは棲み場所とも関係する。

①ウナギ型の体は細長くてしなやかであり、断面は円形をしている（ウナギやアナゴを水産業界では長物《ながもの》と呼ぶ）。細長い胴の全長にわたってくねりの波を起こして進む。ウナギ型の魚は岩陰や穴の中や水底に潜んだ生活をしている。この型は速い泳ぎは得意ではないが、しなやか

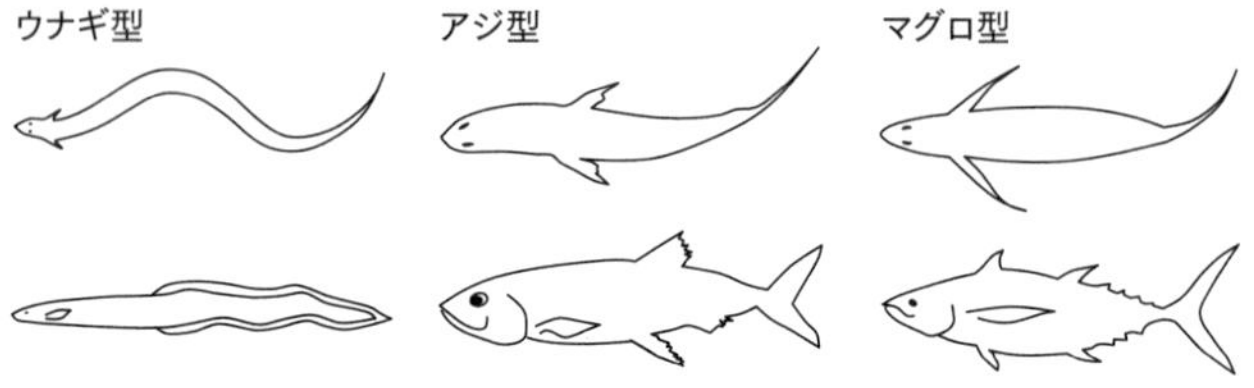

図6−3　魚の泳ぎの代表的な３つの型　上は背面から見た図で、ウナギ型はくねりが体全体で起きるが、アジ型では体の後半1/3だけで起き、マグロ型では尾ビレだけが振れることを示す

な体を曲げて方向転換したり、体の上に波を逆に送ってバックしたり、穴の中なら胴のくねりで壁を押して進むこともでき、岩の隙間など、障害物の多い場所を進むのに適している。ウミヘビ（爬虫類）や環形動物のいくつか（ヒルやゴカイ）などもこの泳ぎ方をする。

②アジ型と③マグロ型は流線形（紡錘形）の体形で大きな尾ビレをもつ。この体形は水の抵抗が少なく、高速で泳ぐのに適している。方向転換や急ブレーキをかけるのは得意ではないが、外洋の表層や渓流という障害物のない場所に棲んでいるので問題は生じない（そもそも尾ビレが大きいので狭い場所には棲めない）。②アジ型はタラ、スズキ、マスなど、ほとんどの魚がこの型である。③マグロ型はカツオ、カジキ、サメなど。

④胸ビレで扇ぐものは岩礁やサンゴ礁域に棲んでおり、体が薄く平べったくて体高が高い（側扁形）。速度ではなく操縦性重視の魚たちで、薄い体を利用して岩の隙間をすり抜けながら、たえず上下左右に方向を変えて泳ぐ。胸ビレを使うと小回りが効くし、ブレーキもかけやすい。胸ビレで逆に扇げばバックもすぐにできる。胸ビ

レを回転させて角度を付けて扇げば上下方向へもすぐに向かえる。サンゴ礁に棲むツノダシや岩礁に棲むタイなどがこの型（ちなみにタイの語源は「ひらたい」という説あり）。

⑤ヒレの波動

アミアは体の長い魚で、長い背ビレが頭のすぐ後ろから尾まで走っている。この背ビレに波を前から後ろに送って前進する。波を後ろから前に送れば後退も可能。ペットショップでよく見かけるデンキウナギ目のさまざまなナイフフィッシュは、同様のことを長い臀ビレで行う。

他の動物は対になった側面のヒレを波打たせる。たとえば、いくつかのエイ（ガンギエイ、アカエイ）、そしてイカやコウイカ。

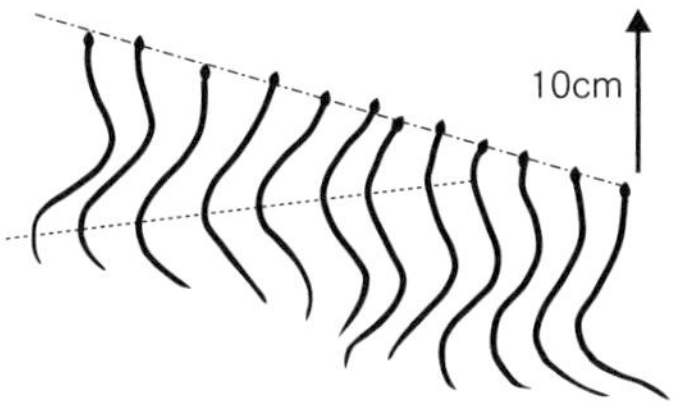

図6−4　ウナギのくねり運動　体長7cmのヨーロッパウナギの若い個体の動きを0.09秒間隔で連続撮影したもののトレース。左のものほど時間が後

①ウナギ型の波動游泳

図6－4はウナギの泳ぎの連続写真からトレースしたもの。体全体をくねらせて泳ぐ。くねりの波はほぼ正弦波で、これが後ろに伝わっていくが、後ろに行くに従い振幅が大きくなる。ウナギの胴の上には1波長以上の波が同時に乗る。

波は胴の上を後ろに動いていく。そして、海底の地面に対しても波は後ろに動く。図では時間を追って頭の位置を1点鎖線でつないであり、これが体の前進を示す。破線はくねりの波の

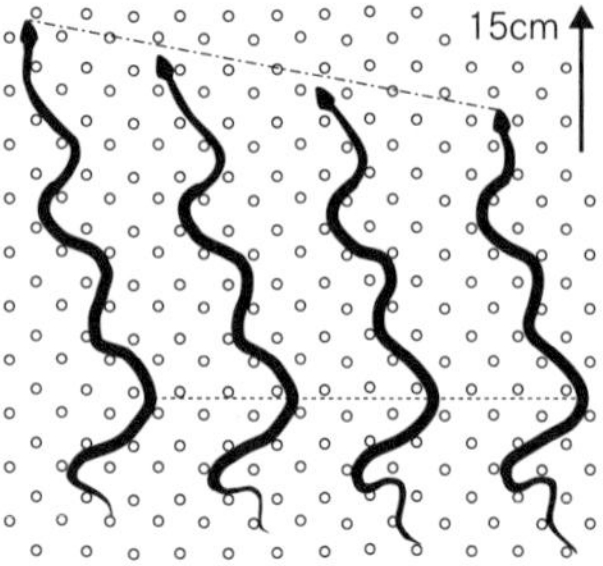

図6－5　ヘビのくねり運動　ヨーロッパヤマカガシの動きを0.25秒間隔で連続撮影したもののトレース。左のものほど時間が後。波は地面に対してまったく動いていない（つまり一番右の図をそのまま左に平行移動すると、どの図ともピッタリ重なる）

波頭をつないだもの。波は胴の上を後ろに動いているし、図に示したように絶対座標（海底面）に対しても後ろに動いている。絶対座標で見ると、体が前に進んでいながら波が後に進んでいるのだから、胴の上を波が後ろに動くスピードは体が前に進むスピードよりも大きい。

　このウナギの動きを、ヘビのくねり運動と比べてみよう。図6－5は杭《くい》がたくさん突き出ている金属板の上をヘビが這う様子のトレース。金属板はツルツルしており、ヘビは杭以外は後ろに押す「足がかり」のない状況である。

　ヘビはウナギと同様、胴をくねらせながら杭を押して進む。ただしこのとき、くねりの波は体の上を後ろへ動くが、地面に対しては、波は止まっている。つまり、体の前進スピードと、波が体の上を後ろに進むスピードが一致している（方向は逆だが）。だから自分が最初にとったくねった形を、そのままなぞるように胴は前へと滑っていくことになり、最初の図とその後の図とを比べれば、地面の同じ位置でのヘビの形は変わっていない。

　同じくねり運動なのに、なぜヘビでは波が地面に対して止まっており、ウナギでは後ろに動くのだろうか？

ヘビの場合、地面は押されても動かないから、押した分だけ体が前に進む。だから波は地面に対して動かず、体だけが波の形をなぞるように前に滑っていく。ところがウナギでは押したら水の方が動いてしまうので、体は押したと同じ距離だけ前には進まず、胴の上の波の方がより余計に動くことになり、その結果、地面に対して波が後ろに進んでいくのである。これは足が滑って少々空振りしてしまうようなもの。ヘビのように地面を押す場合は、押す「足」は地面をしっかり「踏みしめて」いるので足の位置は変わらない。しかしもし足がスリップしたら足の位置が後ろに動いてしまい、胴を進めるよりも余計に「足」を後ろに動かす必要が出てきてしまうのである。水を押して進むとは、滑りやすい地面の上を進んでいるようなもの。スリップする分、エネルギー効率が落ちる（188頁）。

②アジ型の泳ぎ

ウナギ型と異なり、くねりの波は体の後半1／3だけで起こる。また波の波長に比べて体長が短く、ある瞬間には体には波の一部しか見えていない。波は後ろに行くに従って振幅が大きくなり、尾ビレが一番大きく振れる。

その大きく振れて推力の発生にきわめて重要なのが尾ビレ。尾ビレにはアジ型の場合、大別して3つの形がある（図6-6上段の3つ）。胴の末端の尾ビレの付け根はみな細くなっているが、その先の形が違う。

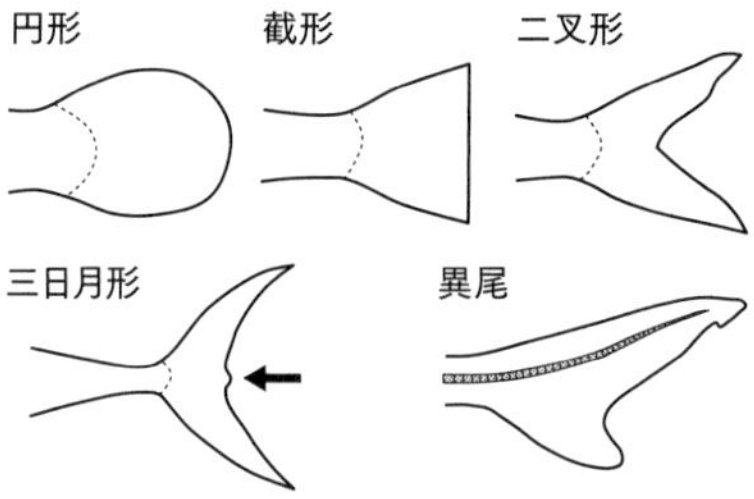

図6−6　尾ビレの形　上の3つはアジ型のものの尾ビレ。下左はマグロ型のものの尾ビレ、矢印は三日月の付け根にある出し入れできる小さな「フラップ」。下右はサメの異尾。脊柱が尾ビレの先まで入っていることに注意。他の尾では、脊柱は破線で示したところで終わっている

ⓐ円形。うちわのような丸い尾ビレ。ハゼやカレイのように水底に棲むものや、ハタ、チョウチョウウオなど岩礁・サンゴ礁に定着している魚がもち、速く泳ぐよりは加速性と操縦性とを重視した尾ビレ。

ⓑ截《せつ》形。先に行くに従い広がっていって（尾ビレの高さが高くなっていき）、突然バッサリ截《た》ち切られた形、つまり三角翼である。真っ直ぐ截ち切られずに少々内側に湾曲しているものもこの形に含める。メダカ、コイ、サケ、マス、タラ、タイなど海や川の水底近くを泳ぐものがもつ。

ⓒ二叉《にさ》形。尾が広がっていって先が2つに分かれているもの。ニシンやスズキなど、かなり游泳力のある魚がもつ。この分かれた先がさらに尖ったのが、マグロ型の三日月形尾ビレで、これは外洋という開けた場所を高速で游泳するのに適したヒレである。二叉形や三日月形は垂直に立った翼と見ることができる。

そこで翼で用いられるアスペクト比（233頁）を尾ビレに当ててはめてみよう。これは翼の形がどれほどすんなりしているかの示数で、これが大きいほど翼としては効率が良くなる。円形のもののアスペクト比を1とすると、截形では1～3、二叉形は3～5、三日月形は5～7

と、切れ込みが大きい順にアスペクト比が大きくなっていく。つまり同じ尾ビレの面積なら速く泳ぐものほど尾の幅の割により高さの高い細長い翼になっていくのである。これは鳥の翼でも同様で、操縦性重視のスズメは長円形の低アスペクト比の翼であり、障害物のない海上を高速で飛び続けるアホウドリはすんなりと細長い高いアスペクト比の翼をもっている。

まとめると、低速で加速・操縦性重視の魚は丸い尾ビレを櫂として使い、速度重視の魚になるほど縦長で真ん中が強く湾曲している尾ビレを翼として使う。截形はこれら両極の中間で、加速性と速度との両立を狙っている。

マグロ型の翼による水中飛行

マグロ型では胴をくねらさず、振るのは尾ビレのみ。大きい三日月形の尾ビレを翼として使う。三日月形とは両翼を広げた鳥を上から見た形なのである。翼はできるだけ長い方が大きな揚力を得られるから、長い翼ならよりゆっくり動かしても同じ推力を得ることができる。慣性力由来の抗力は速度の2乗に比例するから（167頁）、ゆっくり動かせば抗力がぐんと減って効率がよくなる。マグロ型は胴をくねらさない。だから抗力を推力としては使えないが、逆にくねりによる余計な抗力が生じることはない。

鳥の翼とマグロの翼を比べると、マグロにはずっと良い点がある。鳥の翼は胴から突き出た翼が胴のところで折れ曲がるように上下に羽ばたくから、空気に対して大きく動くのは翼の先端のみ。そのため揚力の発生は主にその部分だけに限られてしまう。ところが魚の尾は一枚板であり、うちわのように水を尾ビレ全体で扇ぐから、尾のどの部分も揚力発生に大きく寄与できる。

ヒレのもう1つの良い点は、左右どちらの振れにおいても揚力が発生して推進力が得られること。鳥の場合は体重を支えるために揚力の垂直上向きの成分を大きくする必要があり、そのため翼の打ち下ろしで大きな揚力を発生し、打ち上げはほとんど揚力を(そして推進力も)発生しない。つまり上向打は単なる回復打であり、推力に関して言えば無駄な動きである。

クジラ・イルカもマグロ型の泳ぎをする(イルカとは小形の歯クジラのこと)。ただしクジラの尾は左右ではなく上下に動く。クジラは呼吸のために浮上しなければならないが、ヒレを振るのが上下方向だと、振れをわずかに調節するだけで、浮上もその後の潜りもスムーズに行える。また、クジラでは鼻の穴(噴気孔)が頭のてっぺんに移動しており、これも呼吸をスムーズに行うことに寄与している。鼻の穴が前に向いたままなら、息を吸うたびに顔を水面から出すという、泳ぐものにとって不自然な姿勢をとらざるをえず、また、その間は水面下が見えないから大変危険。

マグロの工夫

マグロの泳ぎと、速く泳ぐための工夫を具体的に見ておこう。体長1mのマグロがゆっくり泳ぐときは時速10km程度である。体長が倍のマグロだと最大で時速30kmであり、体の大きなものほど速い。体長が違うもの同士の游泳能力を比べるには体長倍速度（1秒間に体長の何倍進むか）を使う。体長が違ってもマグロの「巡航速度」は1～2体長倍速度であり、この速度でマグロは休むことなく泳ぎ続けている。休まない理由は泳ぎが呼吸運動の一部になっているから。ふつうの魚はエラ蓋を動かすことにより水を口の中に取り入れてエラの上を流し呼吸する。しかしマグロの仲間は口を開けて泳ぐことにより水を口の中に押し込んでエラに供給している。だから泳がなければ窒息してしまうのがマグロなのである。泳いで呼吸するやり方を「ラム換水」（押し込み換水）と呼び、サメなどもこれを行う（ラムとは英語で強く押し込むこと）。マスをはじめ口とエラ蓋のポンプを使う多くの魚も、速い游泳ではラム換水に切り替える。こうすると游泳コストが約1割節約できる。

　マグロの「突進速度」は12～15体長倍速度（体長2mのもので時速90～100km）。この速度だと数秒泳いで30秒休んでを繰り返しても、10分ほどしかもたない。

　マグロは高速で泳ぐのに適した体形をもつ（図6－7）。①流線形をしている。流線形の物体では、その高さが長さの1／4・5になってい

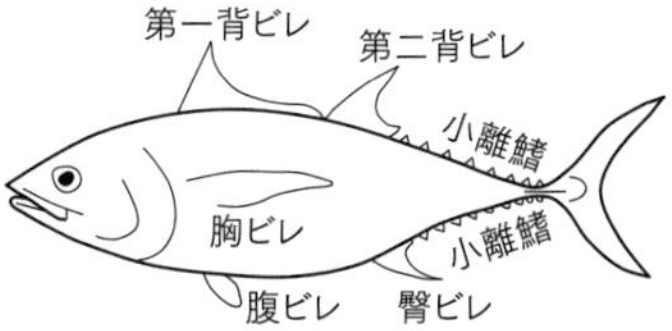

図6－7　マグロの側面図

るときに最も抵抗が少なくなる。そしてマグロでは体高がまさに体長のほぼ1／4・5になっているのである。また高速で泳ぐときには第一背ビレと腹ビレを溝の中に折り畳み、胸ビレは体にぴったりとくっつけ、なるべく胴から突き出た部分を減らして抵抗を下げる。また、②マグロは鱗がないか小さく、体がツルツルしていて、これも抵抗を下げるのに寄与する。別の抵抗の下げ方もある。③第二背ビレと臀ビレの後ろに小離鰭《しょうりき》と呼ばれる小さな三角形の出っぱりが6～10個ずつある。これは高速で泳ぐときにわざわざ渦を起こし、かえって流れが大きく乱れることを防いで抵抗を下げる装置で、一般にボルテックスジェネレーター（渦発生器）と呼ばれるものである。飛行機の翼や自動車の屋根の後端に小突起の列が取り付けられていることがあるが、それがこれ（260頁）。④尾ビレの二叉に分かれる部分は別の小さなヒレになっており、これには筋肉が付いていて、突き出したり引っ込めたり傾けたりできる（図6－6）。これはまさに飛行機のフラップと同じで、これにより揚力を制御している。⑤尾ビレの付け根（尾柄）には尾柄隆起縁《びへいりゅうきえん》という線状の隆起があり、高速で泳ぐときに体を安定させ（これは水平尾翼の働き）、また、抗力を減らす機能があるのではないかと言われている。

マグロの体温

マグロが高速で泳げるのには体温が高いことも関係している。魚は変温動物であり、体温は水温と一致し、そのため水温が低いときには活動がにぶくなる。それに対してわれわれ恒温動物の体温は外界の温度に影響を受けることはなく、体温を常に高く一定に保ち、おかげでいつも活発に活動できる。ただし体温を高く保つには多大なエネルギーが要る。マグロは泳ぎに関わる部分だけを高温に保つことにより、高い活動性と省エネとを両立している。

恒温動物は哺乳類と鳥類で、どちらももともとは陸の動物である。その理由は水と空気で物理的性質が大きく異なるから。①熱伝導率（熱の伝わりやすさ）。水は空気の25倍もある。そのため熱を出して体を温めようとしても熱はすぐにまわりに逃げていき、水棲《すいせい》動物が自力で恒温性を保つのはきわめて困難である。②熱容量。空気の熱容量は水の1／3000しかない。だから空気は暖まりやすく冷めやすい。そのためすぐに外気温が変わり、夏冬、朝晩、日向《ひなた》日陰で急速かつ極端な温度変化が起きてしまう。そんな状況だからこそ、大きなエネルギーを使ってでも恒温性を得て活動度を高く一定に保つことには大きな利点がある。水の中はずっと温和な環境であり、温度変化は起こるとしてもゆっくりで変動幅も小さい。そして氷点下にはならない。だから水棲動物は自力で恒温性を保つ必要性がそれほど高くはないだろう。

そうは言いつつも冷たい水でも高い体温を保てれば高い活動性を獲得でき、他者より有利に立てる。それをやっている1つが海棲《かいせい》哺乳類（クジラやアシカ）で、もともと恒温動物だった陸の祖先が寒い海に還っていった仲間である。彼らは断熱用に分厚い皮下脂肪をもつことと、大きなサイズにより水中での恒温性を可能にしている（体が大きければ体積当たりの表面積が小さいから熱が逃げていきにくい。159頁参照）。

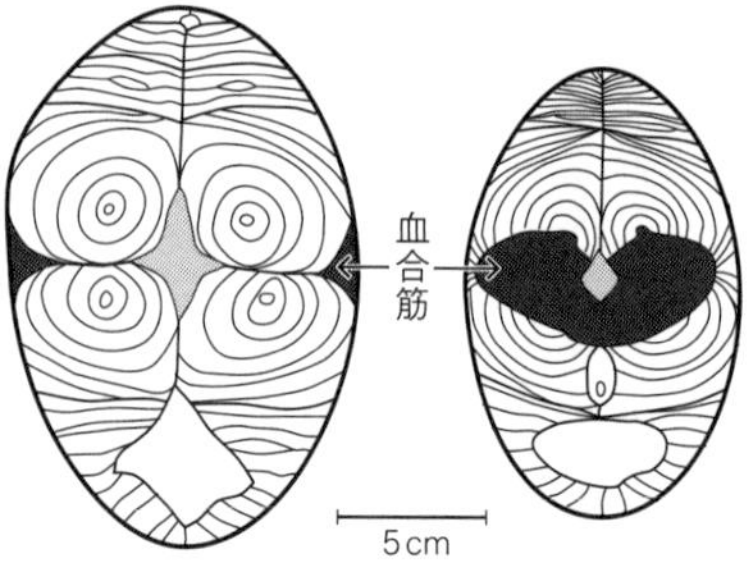

図6-8　オオサワラ（サバの仲間、左）と(b)タイセイヨウヤイト（マグロの仲間、右）の胴の輪切り　黒く塗りつぶしたものが血合筋。中心の灰色に塗ったものが脊柱で、その下の空間が腹腔。白筋は断面が同心円状に配置されている。オオサワラのように血合筋はふつう体表近くにあるが、マグロの仲間は血合筋が表層ではなく、より深い中央部に存在している

もう1つのグループが大形の魚であるマグロ、カツオ、カジキ、サメなど。魚が恒温性をもつ上ではエラ呼吸が問題になる。エラは常に水に洗われ、その広い表面から熱が逃げていってしまう。肺からも熱は逃げるのだが、空気の熱容量は小さいから逃げる量は少なくて済む。そこで魚は体の一部だけを高温に保ち、その熱がエラや体表から逃げにくく保つ工夫をした。体の一部分だけ外界とは違う温度に保つものを異温動物と呼ぶ。

マグロが高温に保つ部分はクルージングに使う血合筋である。筋肉は収縮すればそのエネルギーの3／4は熱になるので（124頁）熱源は他に不要。血合筋はふつう体表に近い位置にあるが、マグロはそれをより脊柱に近い深い位置に移して体表から熱が逃げにくくした（図6-8右）。もちろんこれだけでは不充分で、血合筋に供給される豊富な血液を通して熱が逃げていかないようにしなければいけない。そのために働いているのが対向流熱交換器である。血合筋へと向かってくる動脈血はエラで外界と同じ温度まで冷やされたものだが、この動脈に血合筋から出てきた静脈（この静脈血は筋収縮に

より温かくなっている）がからみついていて奇網を形成し、ここで熱交換が起こる。こうして動脈血は温められてから血合筋へ供給されるため、血合筋は血液により冷やされることがない（対向流熱交換器と奇網の詳細は227頁参照）。おかげでマグロはまわりの水より14℃も血合筋の温度を高く保つことが可能になっている。

カジキやサメの仲間は眼と脳も高温に保つ。カジキの仲間はグレープフルーツほどの大きな眼球をもち、これは光量の少ない深い冷たい海で餌を探す際に役に立つ。カジキもサメも、眼や脳に奇網があり、そこに特別なヒーターが存在している。これは眼の筋肉が収縮性を失い発熱専用になったものである。

サメの泳ぎ

サメも尾ビレの翼で高速游泳する。ここまで取り上げてきた魚は硬骨魚の仲間だが、サメは軟骨魚で、骨格は軟骨でできている。また尾ビレも硬骨魚とは異なる。硬骨魚の尾ビレは上下対称形の正尾（正形尾）。ところがサメの尾ビレは異尾（歪《わい》形尾）で上下が異なる非対称形、すなわち尾の下葉（腹側の方）よりも上葉が大きく、上葉には脊柱が伸びて入って硬くなっている（硬骨魚の尾ビレには脊柱が入っていない。図6－6）。

サメには鰾《うきぶくろ》がない。硬骨魚は鰾をもっているのが基本であり、鰾が浮力を提供するから体が沈むことはない。ところがサメにはないので沈む。これはいわば鳥と同じ状況であり、鳥も

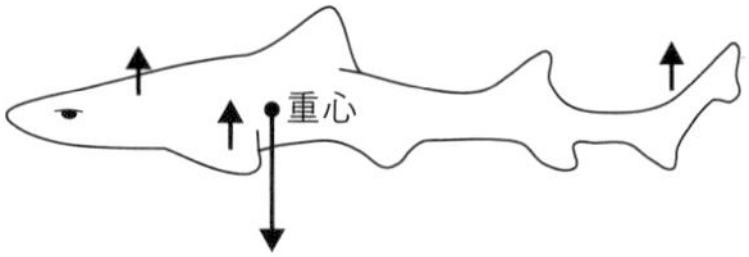

図6－9　サメに働く重力と揚力　重心では下向きに重力が働き、これを尾と「胸ビレ＋頭」に働く上向きの揚力で支えている

サメも翼の揚力で体を持ち上げている。

サメの翼の1つは尾ビレである。硬骨魚の正尾は垂直に立っており水平面内を左右に振れるから、揚力は水平面内の成分しかもたない。しかしサメの異尾では、尾が側方に振れると硬い背側が先になり、腹側が後ろになびいて尾ビレがねじれて傾くから、揚力には水平面内の成分の他に垂直上向きの成分が生じる。これで尻尾は沈まなくなるのだが、尾は体の重心からはるか後方にあり、これが持ち上がるため、体は重心のまわりに回転して頭が下がってしまう（図6－9のように左側面から見ると反時計回りに回転）。それを補正しているのが重心より前方にあって上向きの揚力を発生する翼である。その翼とは①側方に突き出している三角形の広い胸ビレと、②上下に扁平で広いサメの頭部である。これらは自分では羽ばたかないが、尾による推力により体が前に進めば、これらの横に平たく広がっている構造は、上下を水が流れると翼として働き、上向きの揚力が発生する。その揚力は重心のまわりに尾とは逆向きの回転モーメントをかける。こうして尾ビレの揚力と、「胸ビレ＋頭」の揚力とにより水平のバランスを保つとともに体が沈むのを防ぎながらサメは泳いでいく。

サメはこれ以外にも沈まない工夫をしている。骨を軟骨のままにとどめて骨化させずに骨格を軽量化し、また肝臓に油（肝油）を貯《た》めることにより体の比重を下げている。

さまざまな泳ぎ

胸ビレを使って泳ぐ魚

エンジェルフィッシュ、ハタンポ、キンメダイなどは胸ビレを動かして泳ぐ。またサンゴ礁の魚を見ていると、チョウチョウウオやツノダシのように、胸ビレも尾ビレも両方パタパタ動かしているものが結構多い。ウミタナゴは遅いときは胸ビレだけ、速いときには尾ビレも使う。

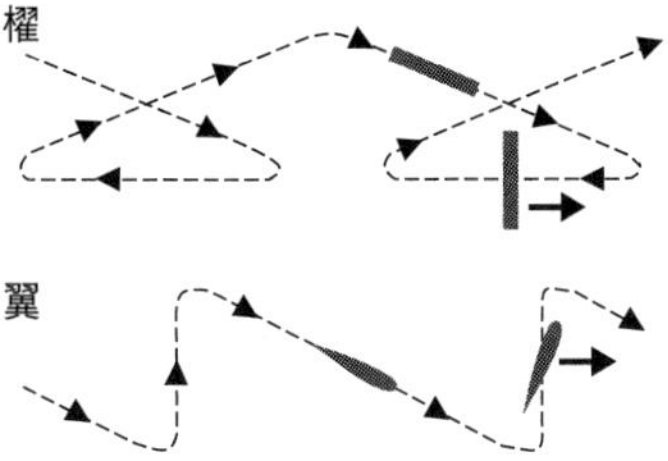

図6－10　胸ビレの櫂（上）と翼（下）
泳ぐ方向は右。破線は櫂や水中翼の、外界に対して動く経路を示す。櫂や水中翼が各模式図で2つずつ、断面で示されており、右側のものが有効打（このとき発生する推力が矢印で示されている）、左のものが回復打である。翼は有効打において外界に対して真上に動いているが、胴に対しては斜め後ろ上方に打っている

胸ビレは往復運動をするが、根元で回転できるので、上下にも前後にも扇ぐことができ、そのため櫂としても翼としても使うことができる。エンジェルフィッシュは櫂として、クギベラは翼として使っている。櫂と翼では胸ビレの動かし方が違う（図6－10）。

櫂とは抗力に基礎を置く泳ぎであり、有効打と回復打とがはっきりと分かれている。ボートを漕ぐときには、有効打でオールを立てて水の抗力をめいっぱい使って進み、回復打ではオールを回転

させ、水から出して寝かせて空気の抗力がかからないようにして戻す。胸ビレも同様で、有効打では幅の広い面を流れに垂直になるように立てて後方へと動かす。回復打では、広い面が流れと平行になるようにヒレを回転させ、なるべく水の抵抗を少なくして前方に戻す（図6－10上）。

櫂には問題が1つ存在する。魚の前進の速度がヒレを振る速度で制限されてしまう点である。有効打のとき、ヒレは游泳速度よりも大きな速度で体に対して後ろに動かなければ水を押せない。だから速く泳ぐには胸ビレをそれよりも速く動かさねばならず、そうすればフルード効率が落ちるし筋収縮の効率も落ちる。

胸ビレを翼として使う場合には、ヒレの大きな面がヒレの動く方向とほぼ平行になるようにヒレを寝かせて使う。これは有効打でも回復打でも同じだが、回復打ではぴったり平行にするが、有効打のときは迎え角がつくよう、少々傾ける（迎え角については233頁参照）。

クギベラ（サンゴ礁に棲むベラの仲間で口先が釘《くぎ》のように突き出ているのでこの名がある）では、ヒレの打ち上げが有効打でこのときに体が前進し、打ち下ろしが回復打である（図6－10下）。

胸ビレの角度を調節すれば、打ち上げのときだけでなく、打ち下ろしのときにも前向きの揚力を発生することができ、ブルーギルやウミタナゴがそれをやっている。

櫂と翼の特徴を比較しておこう（表6−1）。加速性能は櫂が良い。櫂を動かせば瞬時に大きな加速が得られる。それに対し、翼は羽ばたきはじめてからある程度流れが起こらないと充分な揚力が発生せず、揚力の発生に時間がかかるのである。加速性能とは減速性能でもあり、ブレーキをかけたり方向転換する操縦性は櫂の方が圧倒的に良い。

速度に関しては翼が圧倒的に良い。櫂の5倍ほどの速度が出せる。櫂で出せる速度は櫂を動かす速度で決まってしまうが、それは櫂のブレードが直接接する水にしか影響を与えられないから。それに対し翼ではその上を流れていく広い範囲の水に影響を与えられるため、より多くの水を動かせ、それだけ速度が出る。エネルギー効率に関しても翼の方が良い。翼は櫂よりもより多くの水をゆっくりと動かせるためフルード効率が高くなるし、ゆっくり動かすとは筋肉をゆっくり縮めることでもあり、筋肉のエネルギー効率が良くなる。

魚ではないが、鳥において翼が櫂より経済的に泳げることを示した実験結果がある。ペンギンとカモはほとんど同体重で、安静時の代謝率（エネルギー消費量）もほぼ同じ。ただし泳ぎ方が違っており、カモは足を櫂として泳ぎ、ペンギンは翼を使って泳ぐ。実験水槽の水面を同じ速度で泳いでいるときの酸素消費量を測ったところ、カモはペンギンの2倍の酸素を使った。櫂は翼の2倍ものエネルギーを使うの

表6−1　櫂と翼の比較

	櫂	翼
推進力	抗力	揚力
加速性	良い	悪い
操縦性	ブレーキ・方向転換が容易	悪い
最高速度	低い	高い
エネルギー効率	悪い	良い

である。

Cスタート

翼に頼る魚も、静止状態から急いで逃げるときには多くの場合、櫂を使ったCスタートを行う。体全体をCの字に曲げ、次にそれを急速に真っ直ぐにして水を打つ。このときの最初の加速は、ヒレや胴の横向きの動きに対する抗力により駆動されており、加速度は重力加速度の５〜25倍にもなる。加速して動いていく方向は、魚がはじめに向いていた方向から１２０〜１８０度、つまりほぼ逆方向にダッシュして逃げる。

魚のスタートには他にSスタートもある。体をSの字にくねらせてスタートする。これは通常の泳ぎとほぼ同様の機構によるもので、捕食者が攻撃の際に使う。このときには、魚は最初向いていたのと似た方向へダッシュする。こうして見ると、襲うより逃げるときの切迫度がよくわかる。

水棲昆虫

節足動物（昆虫や甲殻類など）の多くが脚を使って泳ぐ。脚のサイズとその動く速度からすると昆虫の脚は低レイノルズ数だから、脚は櫂として働いている。脚の櫂で泳ぐ昆虫には、甲《こう》虫目《ちゅうもく》のゲンゴロウやミズスマシ、半翅目《はんしもく》のミズムシ、タガメ、コオイムシなどがおり、私の子供の頃にはごくふつうに見かけるものたちだった。

　ゲンゴロウの泳ぎを見てみよう。昆虫には3対の脚があり、前から順に前脚、中脚、後脚と呼ぶ。ゲンゴロウは中脚と後脚を使って漕ぐ。体長17㎜程度のゲンゴロウだと秒速50㎝までのスピードが出せる。ゲンゴロウの脚は他の泳ぐ昆虫同様、長い毛で縁取られている（図6－11）。毛の付け根は関節で回転できるようになっており、有効打の際には毛は扇のように広がり、その広い面で水を押す。回復打では毛が折り畳まれて細い脚に戻り、水をなるべく押さないで済むようになる。扇のように広がると言っても、もちろん毛と毛との間は少し開いているのだが、低レイノルズ数では水は塊になる傾向があって境界層が厚くなるから（196頁）、毛の間を通り抜けにくくなり、毛のつくる「骨だけの扇」でも充分働くことができる。レイノルズ数から計算すると「紙を貼った」扇の半分程度の推力が出せる。

　回復打のときには毛の列は折り畳まれて、脚の後ろにほぼ水平になびくようになる。それに加え、毛が生えている脚の節は断面が楕円形で、回復打ではこれが長軸のまわりに回転して、細い方を前にして水を通っていくため、さら

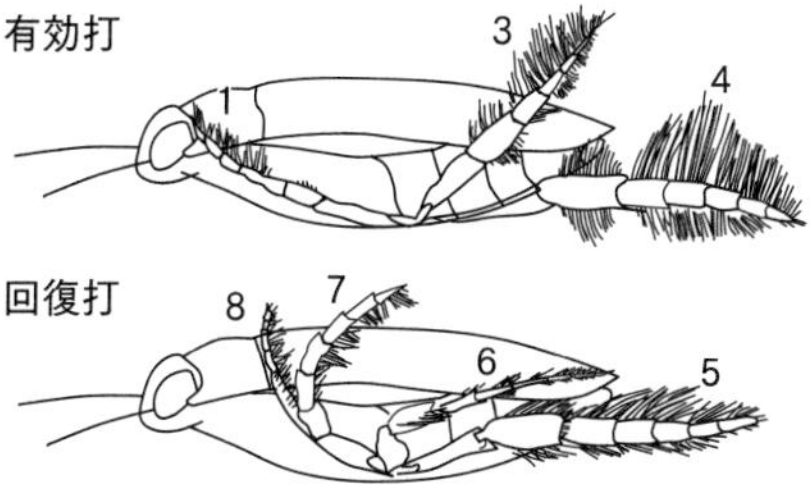

図6－11　ゲンゴロウの泳ぎ　泳いでいるところの後脚の位置の連続した図。前脚と中脚は省いてある（2のときの後脚も省略）。上が有効打、下は回復打。数字は時間の順番

に抵抗が少なくなる。

泳ぐ力

マグロ型

マグロ型では揚力に基づいて推力を得ており、これは飛ぶ動物が翼を使うのと同じ原理。図6－12にマグロ型の魚を背面から見たところを模式的に描いてある。黒く塗りつぶしたのが尾ビレを水平に切った断面で、まさに翼の断面の形をしている。図で尾は胴に対しては下向きに（つまり魚の左へと）振れているが、魚は前進しているので、結局、尾は前下へと動いていることになる。そこで水の流れは図の前下方から翼に当たって来るから、それと垂直な揚力が発生する。揚力は前方に傾いているため水平前向きの成分をもち、これが推力となって魚は前に進む。また揚力の垂直成分（上向き、つまりは進行方向右向き）も発生するが、これは尾ビレを逆に振ったときに相殺される（翼による揚力の発生機構は第9章で詳述）。

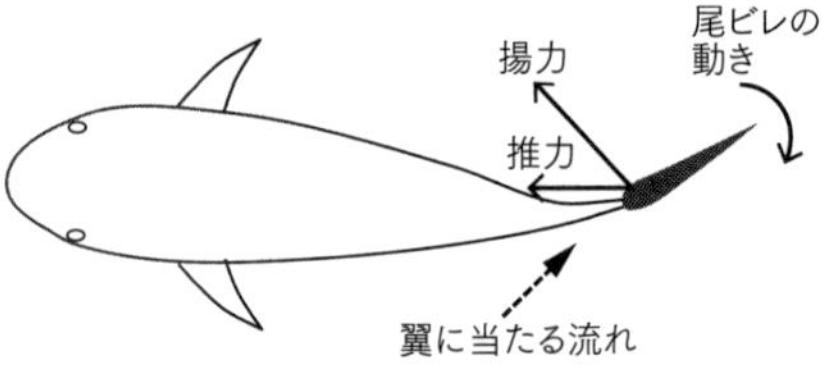

図6－12　マグロ型の尾ビレの翼で発生する揚力　背面から見たもので、尾ビレの断面を黒塗りで示してある

ウナギ型

ウナギの推力を考えるときには、細長い体は短い分節が1列に連なってできており、それぞれの分節は櫂として働くとする。ウナギの全推力は、各分節の側方かつ後ろ向きへの動きが生み出す推力を求め、そうして求めたすべての分節の推力を足し合わせれば求めることができる。

図6－13は胴の中間あたりにある分節が後方右側（図で言えば後方上側）へ動いているところを描いたもの。水は分節を前方左側に押し返す反力を出し、それの前向きの成分が体を前に押す推力となる。進行方向に直角左向きの成分も生じるが、これは分節が逆に振れるときの直角右向きの成分とキャンセルし合う。よって分節が右に振れるときも左に振れるときも推力が発生し、体は前に進んでいく。以上は、体は短い櫂が連続したもので、あたかもヘビが地面を押すように水を押して進むとする説明で、これが伝統的な見方だった。

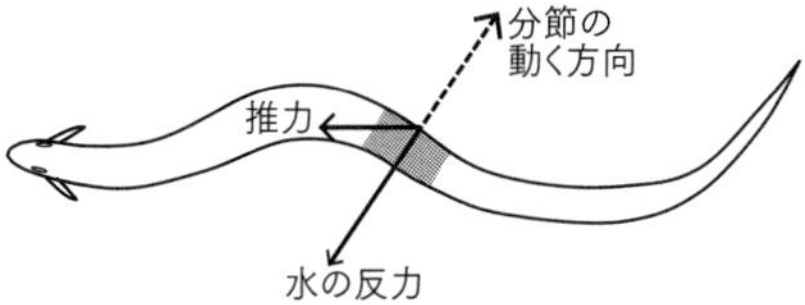

図6－13　ウナギ型の泳ぎによる推力の発生
くねりの波が振幅を大きくしながら後ろに動く。そのときの灰色で示した胴の一部（分節）の動きとそれにより得られる推力が示してある

ところが波動游泳は、翼か櫂かの二分法にぴったりとは当てはまらないことがわかってきた。伝統的な見方に合わない結果が2つ。

①波動運動の際に重要な力は、体の動きに直角に働くようだ（とりわけ尾で）。伝統的な見方で抗力だとするなら直角ではなく体の動きと逆方向になるはずだがそうではない。だから波動運動の際にも櫂ではなく翼として働いている可能性が高い（とくに尾では）。

に追いやられているので、体を前に進めるパワーに加えて水を後ろに進める余分なパワーが必要となる（このことを171頁のウナギ型の泳ぎのところで「足がスリップする」と表現した）。この余分なパワーは水に運動エネルギーを与えるためのものであり、これを誘導パワーと呼ぶことにする（推力を得ようとするとどうしてもこれが誘導されてしまうものだから）。運動エネルギー＝0.5×質量×速度^{2}で、パワーは時間当たりのエネルギーだから、誘導パワー（時間当たりにして後流中の水に加えられた運動エネルギー）＝$0.5(dm_W/dt)V_W^2$。

結局、「必要な全パワー＝使えるパワー＋誘導パワー」

＝$VV_W dm_W/dt+0.5(dm_W/dt)V_W^2=(V+0.5V_W)V_W dm_W/dt$。

全パワーのうち、実際に前に推進するために使えるパワーがどれくらいあるかで泳ぎの効率を表すことができる。これがフルード効率（推進効率）である。

フルード効率＝使えるパワー÷全パワー

$(VV_W dm_W/dt)\div\{(V+0.5V_W)V_W dm_W/dt\}=V/(V+0.5V_W)$

∴フルード効率＝$V/(V+0.5V_W)$

V_Wが大きいほど効率が下がることが式からわかる。だから同じスピードで進むのなら、ゆっくりと大量の水を動かす方が（小さなV_W）、少量の水を速く動かすよりも効率が良い。大きいヒレをゆっくり動かすのが効率の良い泳ぎであり、大きな翼をゆっくりと羽ばたくのが効率の良い飛行なのである。

フルード効率は最高で1、最低で0だが、泳ぐものの効率は以下の通り。イカのジェット推進0.42～0.56、胸ビレの櫂0.60～0.65、魚のくねり0.75～0.90、イルカやクジラの尾ビレの翼0.8～0.9。これを見ても魚のくねりは純粋な櫂ではなく翼に近いようだ。

【コラム】運動量保存則とフルード効率

　翼が推力を発生するときも、櫂が推力を発生するときも、水を後ろへ押し流しやることにより推力が得られるが、ここで働いているのが運動量保存の法則である。「動物は水に後ろ向きに運動量を与え、それと同じ大きさで前向きの運動量を動物は得て前に進む」。

「運動量＝質量×速度」であり、これを時間で微分した形が「力＝質量×加速度」。この2つを見比べると「力＝運動量の時間微分」。だから「推力＝押しやられた水に加えられた単位時間当たりの運動量」となり、これをもとに泳ぐものや飛ぶものの推力を見積もることが可能になる。

　また、これをもとに泳ぎや飛行の効率も見積もることができる。速度Vで泳いでいる動物を考える。押しやる水の質量をm_{w}とする。dm_{w}/dtが単位時間に動物が後ろ向きに押しやる水の質量で、この水を止まっていた状態から速度$-V_{\mathrm{w}}$へと単位時間で加速すると（後ろ向きの速度がマイナス）、推力は$V_{\mathrm{w}}dm_{\mathrm{w}}/dt$。結局、推力は水の速度と水の質量に関するものの積だから、たくさんの水を遅い速度で動かしても、少しの水を速く動かしても、同じ推力が得られることになる。

　速度Vで動いている体には抗力がかかるが、それに打ち勝つのに要する単位時間当たりの仕事（パワー）＝「体の速度×推力」＝$VV_{\mathrm{w}}dm_{\mathrm{w}}/dt$。これは抗力を使って前に進むことに使用できるパワーなので「使えるパワー」と呼ぶことにする。

　もし動物が、地面のような動かない物体を押して前に進んでいるなら、これが必要なパワーのすべて。ところが水を押すときには、体が前へ追いやられている間に、水の方も後ろ

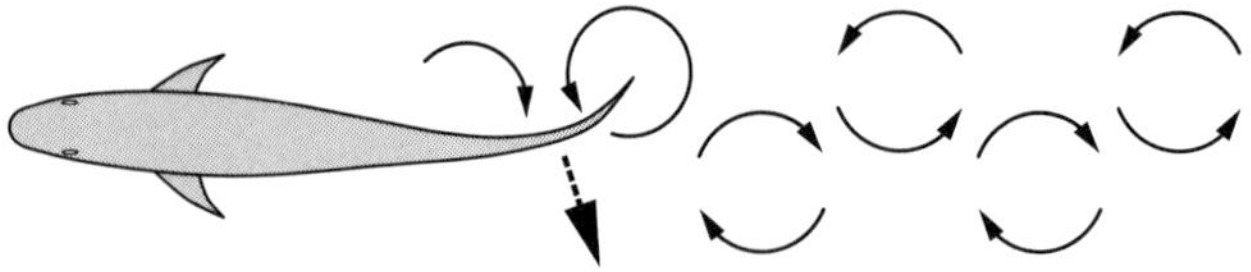

図6－14　魚の游泳の渦モデル　交互に回転が逆になる渦環が放出されていく

②尾ビレの後縁から流れ去る水には特徴的な渦の列からなるパターンが見られ、これも翼の特徴である。

以上のことがあるため、適当に高いレイノルズ数でのくねり游泳は主に翼によるものと考えられ、まわりの水に渦という運動量を後ろ向きに与えることにより、運動量保存の法則から、体が前進すると考えられている。先ほどの小さな櫂が連続していると考えるモデルは、精子の泳ぎのようなレイノルズ数の低い状況ではよく当てはまるが、ウナギではそうはいかないようだ。

最も簡単な渦モデル

体の波動の生み出す効果を理解するのに、胴が凹の曲がりから凸の曲がりへと変わる変曲点のところで何が起こるかを考えてみよう。くねりの波が後ろへと移動するにつれ、波長は変わらないが波の振幅は増えていく。それゆえ変曲点では泳ぎの方向に対する体の角度が増えるから、これは変曲点の近くの水を回転させ、渦の環（渦環《うずわ》）が形成される。胴のくねりの波は後方に動いていく。そこで変曲点も胴に沿って後方へと動いていき、最後は尾ビレの後端（翼端）から渦環は放出され（図6－14）、運動量が水に与えられる。体が逆に振れるときには逆回転の渦が形成される。そのため、体の後ろには交互に回転方向の変わる渦からなる後流渦《こうりゅううず》ができていく。以上のように考えれば、胴をくねらす運動でも、羽ばたく翼と同様の後流渦を形成でき、結局、それだけの運動量の変化が後流に与えられ、それに対応する運動量の変化が体に与えられて体は前進することになる。

ただしこのモデルは極端に単純化したもの。実際には、どのようにしてどのような渦が生じ、それがどんなふうにして推力を生むのかは、レーザーを使った渦の可視化技術とそのデータをもとにした高速コンピュータを使った解析により、現在、研究が進行中である。

第7章　流体力学ちょこっと入門

前章では水という流体中での移動運動（游泳）について見た。次章では空気という流体中での移動運動（飛行）について見る。移動運動ではまわりの流体を押し、流体から押し返される力で前に進む。流体が中にある物体にどんな力をおよぼすかを考えるときには流体力学を使う。そこで游泳や飛行をそれなりに理解するには、流体力学の若干の知識がどうしても必要となってくる。

動物が環境である地面（固体）や水・空気（流体）を押したときに、環境が押し返す力が動物を前に進める推力となるので、これを知りたい。歩行のように固体を押して進むものでは、推力は床反力計の上を歩かせれば簡単に測定できた。ところが流体が押し返す力を知るのはものすごく難しい。相手はさらさらと流れていき、広い範囲の流体にさまざまな度合いの変形が生じ、力を発生する範囲がすごく広い。それを全部知って足し合わせれば良いのだが、それは実際上不可能である。だから游泳や飛行でどんな力がどう発生するのかの詳細は、難しい流体力学を使ってもなかなか解明できていないのが現状であるが、おおまかな理解ができるように、本章で少しだけ流体力学に触れることにする。

ずりと境界層

力と変形

押されたときどう変形するかが流体と固体とでは大きく違う。固体は押されれば圧縮されて体積が減る。ところが流体だと、押されるとさらさら流れていくのだが、全体の体積は変わらず一定、つまり流体は非圧縮性である。

では押したときに出る力はどうだろう。これも固体と流体とで大きく違う。固体では変形させた量に比例した力が出る。その比例定数が弾性率であり「力＝弾性率×変形量」。ところが流体では変形量ではなく変形させる速度に比例した力が出る。その比例定数が粘度であり「力＝粘度×変形速度」。流体は速く変形させれば大きな力が出るし、ゆっくり変形させれば少ししか抵抗しない。

変形させようとしたときの流体は、かける力に平行な無数の薄い層が重なってできたものだと考えることが可能である（ちょうど積んだトランプのように。図7－1）。層同士はどこまでも滑り合って動くことができる。こうやって層がずれるのを「ずり」と呼ぶ。層同士がより速くずれると、層はずりに対してより強く抵抗し、より大きな力を発生する。ずり速度に対する抵抗が粘度となる。

物体のまわりの流れ

動物のような固い物体（つまり押してもほとんど変形しない固体）が流体中にあるとする。そのまわりを流体が流れたときに、どんなずりが流体に起きるだろうか。これを考えるには流体の2つの性質①「滑りなし条件」と②「境界層」を知っておく必要がある。

①滑りなし条件

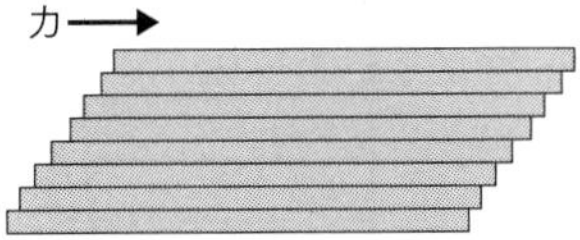

図7−1　流体のずり　流体に力が加わったとき、流体は力の方向と平行に互いに滑り合える薄い層が積み重なったものと見ることができ、それらの層が力によってずれる

流体が何物にも妨げられず自由に流れているとする。その流速が自由流速度V_∞である。その中に物体を置いたとき、そのまわりでの流速がどうなるかを見ると、物体の表面では流体の速度はゼロになる。つまり表面では流体は止まっている。止まっているのだから表面を滑っていないわけで、これが滑りなし条件である。

物体が流体中にあれば、物体表面での流体の速度は必ずゼロであり、その状態から、遠く離れた場所の自由流速度まで、2地点間には$0 \rightarrow V_\infty$と増えていく速度の勾配が生じることになる（図7−2）。この速度勾配が流体中にずりを生じさせ、それに応じて力が発生し、それが、物体が流体中を移動していく際に受ける粘性抵抗の主な発生源となる。

②境界層

物体の表面近くに生じる速度勾配をもった流体の層を「境界層」と呼ぶ。境界層の厚さは慣例として固体の表面から上に向かって、速度が自由流速度の99%になるまでの厚さとしている。厚さは3つのもので変わる。厚くするものは流体の粘度μで、薄くするのは密度ρと速度Vである。だから$\rho V/\mu$が減ると境界層は厚くなる。$\rho V/\mu$に物体の長さを掛けたのがレイノルズ数だったから（166頁）、同じ物体が流れの中にあったとしても、レイノルズ数が小さい場合ほど境界層は厚い。ゲンゴロウの脚は櫛《くし》の歯のように一見スカスカだが、低レイノルズ数であるため、歯の間に厚い境界層ができて水は通り抜けにくくなり、1枚の広い板状の櫂として脚は働けるのだった（185頁）。海面上に発生する大規模な境界層を使ったアホウドリの滑翔《かっしょう》については第10章で触れる（261頁）。

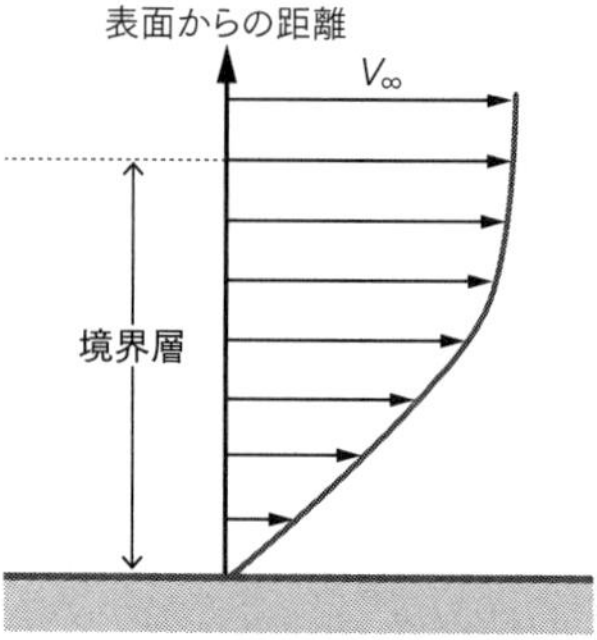

図7−2　層流中の物体表面近くの流れ　表面から離れるほど流れの速度は増加して、ついには自由流速度V_∞に達する。この速度の増加している層が境界層である

連続の原理・ベルヌーイの原理

流体に関して知っておくべき原理が2つある。連続の原理とベルヌーイの原理である。

(1) 連続の原理

固い管の中を流体が流れているとする。入口の面積がS_1、そこでの速度をV_1、出口の面積がS_2、そこでの速度をV_2とする（図7－3）。流れ込む流体の量はS_1V_1である。管の中にはどこにも隠れる場所はないから、管に入ったと同じ量が出ていかねばならない。そこで

$$S_1V_1 = S_2V_2$$

この流量一定の式は管のどの場所でも成り立つ。式を見れば、管がより狭くなる（断面積Sが小さくなる）と流体の速度Vは増し、管が広がると速度が下がることがわかる。ホースの先を指で押さえると水が勢いよく遠くまで届くのがまさにこれである。

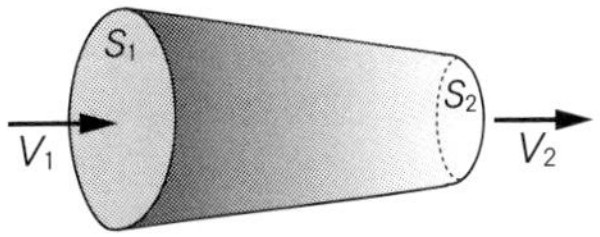

連続の原理　$S_1V_1 = S_2V_2$

図7－3　連続の原理

式7－1　ベルヌーイの原理に関する式

密度ρの流体が基準面からの高さhにあり、速度Vで流れているとする。重力加速度g。流体を粒子の集まりと捉え、その動いている粒子に注目するとそれは3つのエネルギーをもつ（単位体積当たりにして）。

①圧力のエネルギーP

②運動エネルギー$0.5\rho V^2$

③重力位置エネルギーρgh

粒子が流線に沿って流れるとき、3つのエネルギーの和は一定に保たれる。

$$P+0.5\rho V^2+\rho gh=一定$$

各項は単位体積当たりのエネルギーを表しており、圧力の次元をもつ。その観点から①Pを静圧、②$0.5\rho V^2$を動圧と呼ぶ。

同じ高さの2点（点1と2）で比べると位置エネルギーの項が省略でき

$$P_1+0.5\rho V_1^2=P_2+0.5\rho V_2^2$$

式を変形すると

$$V_1^2-V_2^2=2(P_2-P_1)/\rho$$

この式を見ると、地点2で速度が増えていればその地点での圧力は下がることがわかる。

(2) ベルヌーイの原理

ベルヌーイの原理は流線に沿っての定常流《ていじょうりゅう》に対してエネルギー保存則を適用したものである。流線とはその曲線のどこであれ、曲線の方向が流れの方向とが同じ曲線のこと。定常流の定常とは、どの点をとってみても、その点での流速がいつも同じで変わらないことである。そして定常流では、流体の粒子は流線に沿って流れる。

流体は3つのエネルギーをもつ。①圧力のエネルギー（これは分子の熱運動により生じる圧力であり、熱エネルギーとも言えるもの）。②運動エネルギー。③重力位置エネルギー。

粒子が流線に沿って流れるとき、3つのエネルギーの和は一定に保たれる（式7－1）。式7－1の最後の式は、流れが加速されるとその分、圧力が下がると述べており、これが揚力を生む原理となる。すなわち、翼の上面を加速された空気が流れると、陰圧で翼が上に吸い上げられ体は宙に浮く。

抗力と流線形

抗力

動物は流体の抗力に打ち勝ちながら前進しなければならない。抗力は流体中を動いている物体を遅くする力であり、物体に働く力のうち、物体の動きに平行で、動きとは逆向きの力と定義される。なお「抗力」と「抵抗」は同じ意味で使われ、たとえば誘導抗力は誘導抵抗とも呼ばれる。

抗力はさまざまな過程により生じてくる。泳ぎに関係する主なものは①粘性抵抗と②圧力抵抗である。飛行にはもう一つ誘導抵抗も関与するが、それは第9章で述べる。

①粘性抵抗（表面摩擦抵抗）

固い物体が流れの中を動くと、流体の一部にずりを生じさせ、流体の粘性はこれに抵抗する。この抵抗は流体と接している全表面によりつくられるものだから表面摩擦抵抗とも呼ばれる。

より大きな表面積をもつ物体は、より大きな粘性抵抗を受ける。

②圧力抵抗（形状抵抗）

この抵抗が生じることにも粘性は間接的にだが関与している。関与の仕方は粘性のまったくない仮想の流体（「理想流体」）と現実の粘性のある流体との比較からわかる。

理想流体中に円柱があり、その長軸は流れの方向と直角に置かれているとする（図7－4(a)）。流れに向き合う円柱の面を前とする。流れは円柱の前面に近づき、その半分は円柱の上を流れ、半分は下を流れる。そのちょうど2つに分かれる点が「よどみ点」で、そこでは流体は停止し（滑りなしだから）、その動圧で円柱を後ろに押す。

円柱の前半分では、流れは上下の表面に沿って流れるにつれ加速し、最高点と最下点とで最大の速度に達する。流速が増していくため、最初は円柱を押し込むように働いていた圧力は、あるところから円柱を膨らませるような負の圧力に逆転し、最大速度のところで負圧も最大になる。

最大速度の点を過ぎて流れが円柱の裏面に沿って流れるにつれ流速は下がり、負圧もまた減

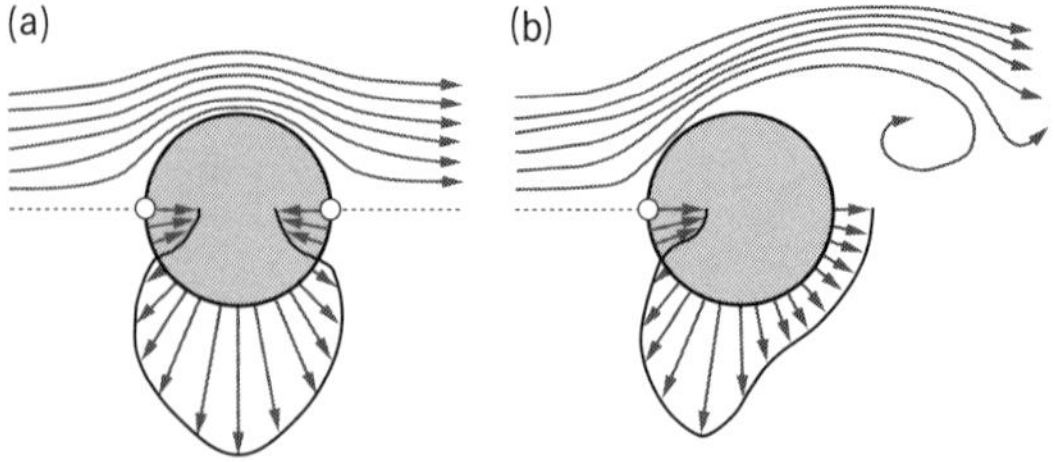

図7－4　流れに垂直に置かれた円柱のまわりの流れ（上半分）と円柱表面の圧力分布（下半分）　(a)理想流体中。(b)現実の（粘性をもつ）流体中。円柱上に描かれた小さな○はよどみ点

っていき、あるところで正の値に逆転する。

なぜ円柱に沿って流れると速度が増えるのだろうか。大きな筒の中を流れている定常流の、中央に円柱が置かれたと考えてみよう。円柱からある程度離れたところでは、流れは自由流速度で流れているが、中央部では流れは置かれた円柱にせき止められることになり、もし流れ全体が非常に太い筒に入っていると見なせば、これは中央に向かって筒の径が細くなっている状況だと考えていいだろう。すると連続の原理から流速が増さざるをえない。中央を過ぎると筒の径がじょじょに広がって流速は下がっていき、円柱が終わると元の流速に戻る。

上の流れと下の流れとは、再度もう1つのよどみ点（これは円柱の裏面中央にある）により分けられ、流体は円柱の後ろへと流れ去る。後ろのよどみ点では、前のよどみ点と同じ大きさの圧力で水は円柱を押し返す。だから円柱は全体として抗力を受けない。

このように理想流体では流れのパターンも圧力のパターンも円柱の前面と裏面とでは鏡像になる。しかし、現実の流体ではそうはならない。前面に沿う流れは理想流体のものとほぼ同じだが、裏面では大いに違ってくる（図7−4(b)）。この違いは粘性により生じる。粘性は流れから少しだけ運動量を取り去るため、流れは円柱に沿って回り切るのに充分な運動量をもたなくなる。そのため流れは途中で円柱から剝がれて流れ去り、円柱の後ろには低圧の後流（ウェーク）が形成されて円柱の裏面は負の圧力がかかったままになってしまう。その結果、円柱前面と裏面の間に圧力差が生じ、円柱には後ろに押す力が働く。これが圧力抵抗である。

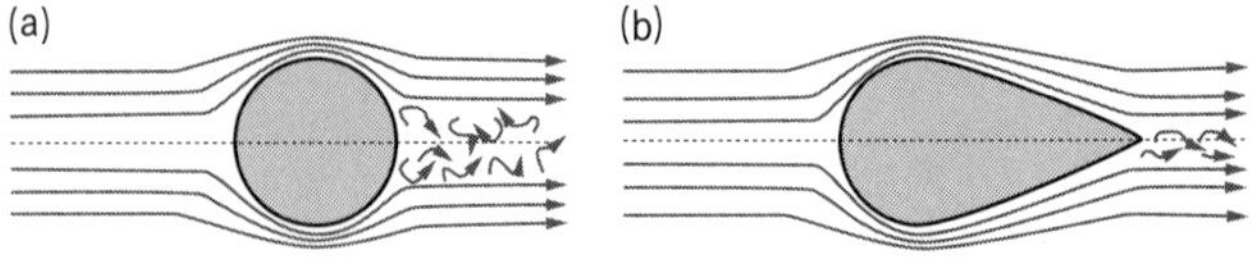

図7−5　流れに垂直に置かれた円柱(a)と、それと同じ厚さの流線形物体(b)のまわりの流れ

圧力抵抗は形状抵抗とも呼ばれる。物体の形により大きく変わるからである。たとえば流線形にすると抵抗がぐんと下がる。圧力抵抗はまた慣性抵抗とも呼ばれる。流体が円柱の裏面を回り切って後方よどみ点まで流れるのに充分な慣性をもたないことにより、この抵抗が生じるからである。

流線形

圧力抵抗を生じさせる低圧の後流をなるべく生じさせないようにする形が流線形である。矢状断面が円ではなく、下流に向いた面が伸びてじょじょに先細りになっているのが流線形で、こうして流れが物体表面から剥がれてしまう点（剥離点《はくりてん》）を下流方向に移動させながら上下の剥離点同士を近づけることで後流のサイズを小さくできる（図7−5）。裏面のみならず前面もある程度前に伸ばすとさらに良い。

ただし流線形は万能ではない。使用に当たっては2つの制限がある。①効果を発揮するには下流端が細くなっている必要があるため、流れの方向が逆転すると抵抗が大きく増えて断面が円いものよりかえって悪くなる。だから流れの方向が変わらない場所で使うか、流れが変わったら方向転換できるものしか流線形の利点を活かせない。

②柱の断面を流線形にすれば円いものよりも表面積が増え、粘性抵抗が増える。流線形は圧力抵抗（慣性抵抗）を減らすが、粘性抵抗はかえって増やす形なのである。だから慣性力が粘性力よりもずっと大きな世界、つまり高レイノルズ数（166頁）でのみ流線形は効果を発揮する。魚も鳥も飛行機も皆、高レイノルズ数で働くものだからこそ、それらの胴は流線形をしているのである。レイノルズ数が高ければ流線形はその最大厚さと同じ直径の円よりも抗力を1桁小さくできる。

圧力

物体にかかる圧力

流線形がいかに良いものかは、物体表面にかかる圧力の分布を球と流線形物体とで比べてみればわかる（図7‐6）。図の物体は秒速0・5mの流れの中に置かれている（つまりそれだけの速度で進んでいるのと同じ状態）。横軸は物体上の点の、上流端からそこまでの距離で、物体の長さ（球なら直径）を1として表してある。縦軸はその点での圧力で、上流端の圧力（最先端のよどみ点での圧力、つまり動圧）を1とした相対値。

球の場合、前1／4あたりまでは圧力が正で、物体を押しつぶすように働く（最先端に近い部分ではこの力は球を後ろ向きに押す）。1／4から後ろではベルヌーイの原理により速度が増

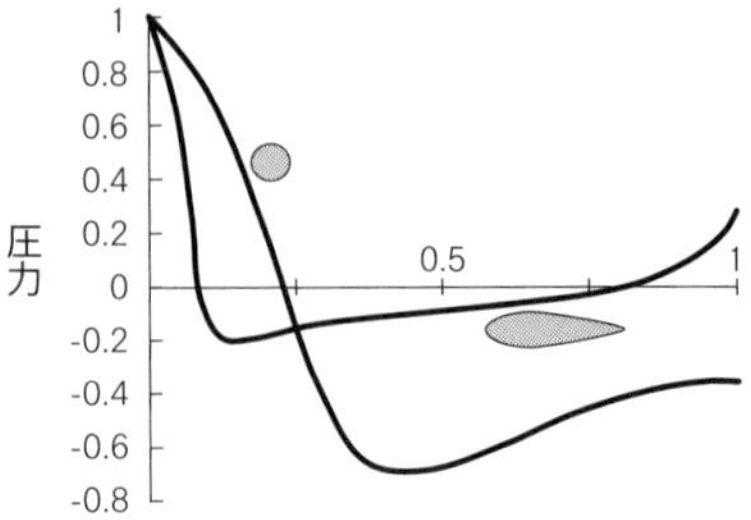

図7−6　流水中での物体にかかる圧力分布　断面が灰色の○で示してある物体は卓球の球、流線形のものはおもちゃのロケットから羽を取り去ったもの。Re＝28000。レイノルズ数が数千以上なら、このカーブは物体のサイズによらない

して負圧になり、物体を膨らますような圧がかかる。負圧は剝離点で最大になり、そこから後端に近づくと速度が下がって負圧は減少していくが、最後端でもまだ圧は負であり、球を後ろ向きに引っ張ることになるため、大きな圧力抵抗を生じる（理想流体ならば最後端で圧力は＋1にまで戻る）。

流線形の物体の場合、負圧は球に比べてはるかに小さく、最後尾に近いところでは圧力は正に変わるから、物体を前へと押し、最前端の後ろに押す力をある程度キャンセルしてくれる。おかげで圧力抵抗がぐんと小さくなるのである。

圧力と魚の器官

魚は流線形をしている。魚で同様の圧力測定が行われ、体表に働く圧力に合わせて器官が配置されていることがわかった（図7－7）。

口の先端はもちろん一番圧力が高いが、そこから急速に圧が下がってエラ蓋の後端の位置で圧力は最も負の値になる。この大きな圧力の変化を経験する部分が頭蓋であり、ここが固く変

形しにくい皮骨格で覆われているのである。もちろん頭蓋は脳を守り、顎で食うから固い必要はあるのだが、圧力、とくに押しつぶす正圧に耐えるのが魚の固い頭蓋の機能だと考えることもできる。

圧力がゼロになるのは、ちょうど眼の位置になる。魚の眼球の水晶体は球形であり、これを前後させて焦点合わせをする（われわれ哺乳類の水晶体は凸レンズ状であり、レンズの厚さを変えて焦点合わせをする）。魚の水晶体は焦点距離が非常に短く、わずかな前後の動きだけでピントが合うと言われているから、もし泳ぐ速度が変わるたびに圧力が変わって目玉が出たり引っ込んだりしたらピントが大きくはずれてしまうだろう。そんなことが起きないよう、圧力ゼロの位置に眼球があるのは納得がいく。

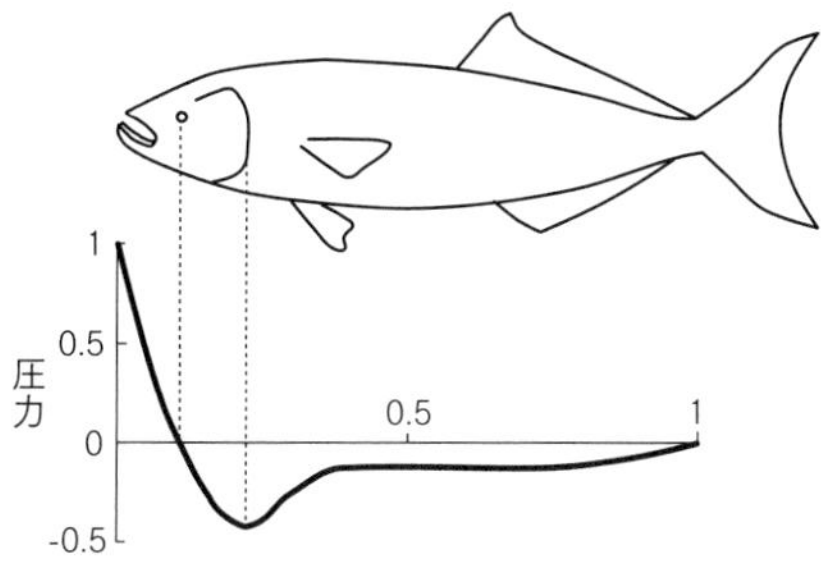

図7-7　流水中でのアミキリの体長に沿っての圧力分布　流速は2m/秒。縦軸は前端での圧力を1とした相対値。横軸は魚の前端を0、胴の後端を1として表してある（前端から後端までの実際の長さは48cm）

負圧が最大の位置は、ちょうどエラ蓋の後端に対応している。口は正の最大圧力のところにあり、エラ蓋後端は負の圧力の最大の場所に位置しているのだから大きな圧力差が生じ、口を開けて泳げば水は口から押し込まれつつ、エラの後端から吸い出されることになり、何もしなくても新鮮な水がエラの上を流れて呼吸できることになる。これに100％頼って呼吸しているのがマグロなどのラム換水魚である（175頁）。アミキリをはじめ多くの魚は口とエラ蓋のポンプを使って換水しているが、そんな仲間でもラム換水はポンプによる換水の助けになっているに違いない。

じつはエラ蓋の後端部の下、体の中心腹側に心臓がある。つまり体表の負圧が最高のところに心臓が位置している。心臓は筋肉でできており、筋肉は能動的に収縮できるが、自力では再度伸び広がることはできないとは何度も述べたところ。この最高の負圧が心臓の筋肉（心筋）を引っ張って心臓の再拡張を助けていると思いたくなる。そんな位置に心臓は置かれているのである。

速く泳げば泳ぐほど酸素消費量が上がるから、心臓は多くの血液を送り出さねばならない。その際、魚は心拍数を上げるよりは1収縮で血を送り出す量を増やすことがわかっている。また、魚を含め脊椎動物の心筋は引き伸ばされるほど強く収縮することもわかっている。とすると、速く泳げば泳ぐほど心臓はより大きな負圧で大きく膨れるからより大きく引き伸ばされ、より強く収縮してより多くの血液を送り出すと思われ、それに最適の位置に心臓が置かれているわけだ（ただし今述べた機構が実際に働いているかは実証されていない）。

第8章　飛ぶ

自力で空を飛べる動物は3つしかいない。昆虫、鳥、コウモリ。絶滅してしまった翼竜を含めても4つだけ。飛べる仲間は限られているのだが、どの仲間も種の数が非常に多い。昆虫は80万種以上おり、全生物種のなんと半分が昆虫。鳥も種数が多い。陸の脊椎動物は全部で3万3000種いるが、その中の1/3を鳥が占め、爬虫類と首位の座を分け合っている。われわれ哺乳類は陸の脊椎動物の中では一番種数が少なく、5100種。ただしその中でもコウモリは1000種で哺乳類の中では齧歯類《げっしるい》に次いで多い。

飛ぶものは種数が多いが個体数も多く、毎日4000億羽にのぼる鳥が活動していると言われている。これを見れば飛ぶものたちは成功者だと言っていい。そうなった理由は、飛べば有利な位置に立てるから。高い位置から見わたせ、餌も敵も見つけやすい。飛び上がれば地上を歩き回る捕食者から簡単に逃げることができるし、捕食者の手の届かない断崖絶壁や高い木の上などで安全に休め、子育てができる。そして飛べば走ったり泳いだりするより圧倒的に速い。

これは同じサイズの動物で比べるとはっきりする。たとえばスズメは秒速10m以上で飛ぶが、小形のネズミの走りはせいぜい秒速1m程度である。飛べばこれだけ速いから捕食されにくいし、逆に良い捕食者になれる。

飛行は速いだけではなく安上がりな移動運動でもあったが、それも圧倒的な速さのおかげ。安上がりに移動できれば、餌集めも敵から逃げるのも子孫を広くばらまくのにも有利になる。渡りが可能になるのも経済的に移動できるからであり、また、海や山という歩くものにとって障害物になる地形でも飛べば問題なくなり、迂回《うかい》などせず最短距離を行けるからでもある。飛べばエネルギーの上で経済的だが、時間の上でも経済的である。だからこそ鳥は季節ごとに、安全に子育てのできる場所と、寒くなくいつも餌の豊富にある場所との間を長距離移動するという生活の仕方を選べるようになった。

鳥のデザイン

飛ぶものの代表として本章では鳥を取り上げる。飛ぶためには翼を羽ばたかせて揚力を得なければならない。そこで鳥は前肢を大きな翼に変え、地上では2足歩行することにした。胴は翼の大きな力と高速で飛ぶことからくる大きな変形にも耐えられるよう、変形しにくい固いものとし、その形は空気抵抗の少ない流線形をとった。「翼＋2本肢＋流線形の固い胴」が鳥の基本形である。

鳥の体には飛ぶためのさまざまな工夫が見られる。⑴体の軽量化。⑵強力な飛翔筋とそれを支える骨格系。⑶効率の良い翼を形成する羽根（羽毛）。羽根はまた高空を高速で飛んでも体が冷えないよう、体温を高く一定に保つ役目もはたす。鳥の体温は40〜42℃と哺乳類よりも高い。飛ばないダチョウの体温は哺乳類と同じであり、高い体温は飛行に必要な高い代謝率に寄与している。⑷高い代謝率を保てる効率の良い呼吸系。これにより飛翔筋への大量のエネルギー供給が可能になっている。これらにつき順に見ていくことにする。

⑴軽量化

体をできるかぎり軽くする工夫をした。

①食べ方の工夫。消化の良いもの（昆虫をはじめとした小動物、穀類、果実）を食べ、咀嚼《そしゃく》と消化に手間がかかる上に栄養価が低く大量に食べる必要のある葉や茎は大形の鳥以外は食べない。結局、重い顎と歯をもたずに済ませており、軽いくちばしで餌をついばんで嚙まずに丸呑《まるの》みにする。消化管も短い。

②排泄物の工夫。尿という重いものを溜めることはせず、窒素代謝物は尿酸という乾いた形にし、糞《ふん》とともに頻繁に排泄する。そのため膀胱《ぼうこう》が不要になった。

③卵を産む。哺乳類のように胎生はせず、胚《はい》を卵殻に入れた卵という形で、いわば早産させ、

母親が胎児を抱えて体重が重くなる期間を短縮している。この特徴は爬虫類から引き継いでおり、卵生は飛ぶ生活に移るには都合が良かった。また母鳥は哺乳せず、その分、自身の体を軽くした。子への餌である虫は、夫婦で捕ってきて嚙み砕いて雛《ひな》に与える。

④骨の軽量化

骨は重いものだから、飛ぶためにはできるだけ骨量を減らしたいところだが、飛ぶと大きな力が翼とそれを支える胴にかかり、骨を頑丈にせざるをえない。軽くすれば弱くなり頑丈にすれば重くなる。両立が困難な課題を鳥の骨格は引き受けている。その解決のために鳥がとった戦略は3つ。

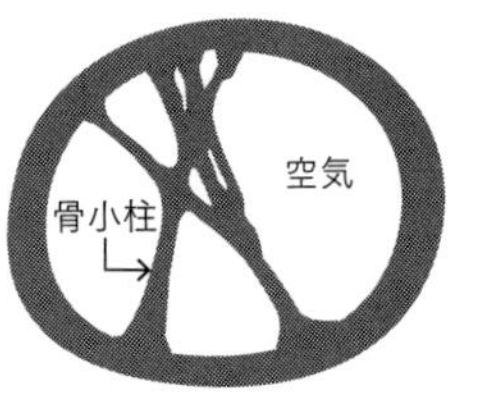

図8－1　鳥の長骨の断面

ⓐ骨をなくす。歯や尾骨を失ったのがこの例で、歯を軽いくちばしに変え、尾のかわりに尾《お》羽《ばね》を伸ばし、これを尾翼として飛行時の体の前後のバランスを保つ。

ⓑ骨自身を軽くしながら頑丈さも満足させる工夫。鳥の大部分の骨の内部は中空で空気が満ちている（骨の内部の空間は肺とつながっている）。そして骨の壁と壁の間には構造を強化する筋交《すじかい》（骨小柱）が配置されている（図8－1）。頭骨の中もスカスカで歯もないため、同体重のドバトとドブネズミとを比べると、ハトの頭骨はネズミのものの数分の1の重さしかない。

ⓒ関節の数を減らし、骨同士を癒合させて1本の長い骨にする。その分、関節を構成している筋肉・靭帯・軟骨が不要になって軽くなる。ただし関節が多いほど複雑な動きができるのだ

から、なくしてしまえば不器用になる。それを承知の上で飛ぶことに特化して力が加わっても変形しない強固な骨格にしており、それがはっきりと見られるのが胴の脊柱と翼の骨格。この2つは飛ぶときに大きな力のかかる場所である。前肢は翼に特化して餌を手で取り扱うことができなくなった。かわりに鳥は長くてよく曲がる首を発達させ、これで餌をついばみ、巣作りをする。また胴の脊柱が癒合して胴は曲げられなくなっていても、くちばしで胴のどこであれ羽繕いができるようにしている。鳥は頸が長く、頸椎の数も多い。哺乳類の頸椎は7個で、種が違っても同数だが、鳥は種によって異なっており、スズメには14個、オオハクチョウには25個もの頸椎がある。スズメはくびれた頸などもっていないように見えるが、それは羽毛で覆われているから。骨格標本にしてみると、鳥に特徴的な長くてS字状に曲がった頸をもつことがわかる。頸椎間の関節も鳥のものは独特で、滑らかな関節面により、骨同士を動かせるようになっている。

(2)強力な飛翔筋とそれを支える骨格系

飛翔筋

翼は羽ばたきという上下往復運動を行う。羽ばたかせる筋肉が胸筋で、これには2つあり、翼を打ち下ろすのが大胸筋、打ち上げるのが小胸筋、まとめて飛翔筋と呼ばれる。よく飛ぶ鳥で一番大きな筋肉が飛翔筋で、体重の4割になる場合がある（ヒトの胸筋は体重のわずか1%）。

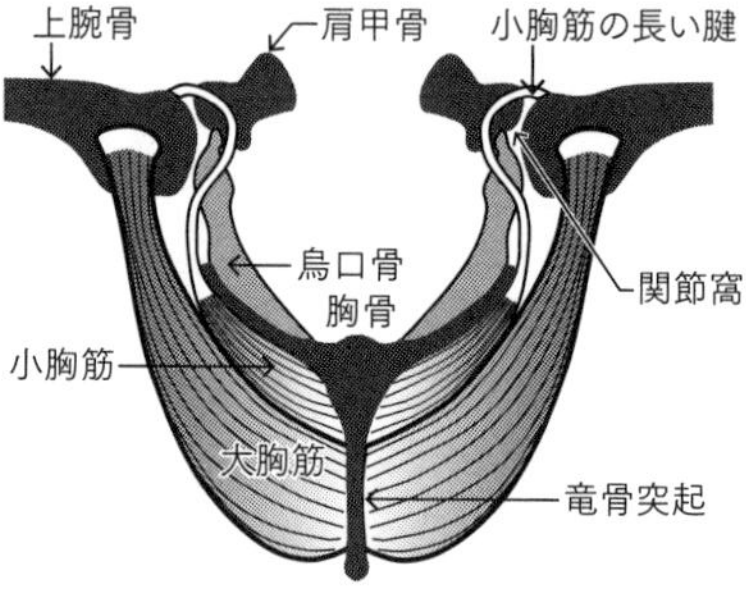

図8－2　鳥の胸部の横断面　飛行に関わる胸筋と骨格を示したもの。叉骨は省略

ほとんどの鳥では打ち下ろしのときにだけ揚力が発生し、これが有効打。打ち上げは揚力発生に関係しない「単なる回復打」である（櫂の回復打のように）。そのため打ち上げる際、抵抗がなるべくかからぬよう、翼をある程度折り曲げて翼の面積を小さくする鳥も多い。だから小胸筋は大きな力を出す必要はなく、大胸筋よりずっと小さい。たとえばスズメ（体重20g）の大胸筋は1・5g、小胸筋は0・2gで、大胸筋は小胸筋の約8倍。鶏肉《とりにく》の場合は大胸筋が「むねにく」で小胸筋は「ささみ」。むねにくはささみの3倍の重さがある。

図8－2は胸部の横断面を前から見た図である。上腕骨の骨頭は肩甲骨と烏口骨がつくる関節窩にはまり込み、ここを中心にして上下に振れる。

大胸筋は上腕骨の骨頭近くの下面に停止しており上腕骨を下に引く。大胸筋の逆の端は胸郭の中央下面にある胸骨に起始する。胸骨は横断面にするとT字形で、Tの垂直の棒が竜骨突起。あたかもヨットの竜骨（キール）のようなのでこの名がある。この突起の両側に、左右の胸筋が結合する。大きな胸筋が結合する広い面積を提供しているのが竜骨突起なのである。ダチョウやエミューの仲間のように飛ばなくなった鳥では竜骨突起は退化して胸骨が（そして胸が）

平らになり、平胸類《へいきょうるい》と名付けられている。

小胸筋は大胸筋の内側で竜骨突起に起始し、逆側は細くて長い腱となり、これは烏口骨・肩甲骨・叉骨《さこつ》とが接する場所の隙間を通って上腕骨の上に伸び出し、上腕骨の上面に停止する。だから小胸筋は大胸筋と隣り合って並んでいるにもかかわらず、大胸筋の拮抗筋として働き、翼を引き上げることができる。

肩帯

強大な翼を支えているのが肩帯と胸郭である。肩帯の主要構成要素は烏口骨・肩甲骨・叉骨、胸郭の構成要素は脊柱・肋骨・胸骨。哺乳類では烏口骨は退化していたが、鳥では肩甲骨、烏口骨がともに発達する（図3－13）。烏口骨の末端は胸骨と強く結合して、上腕骨を下から支えている。哺乳類の肢は前後に振れるからこんな支えがあるとかえって動きのじゃまになるから退化したが、鳥類の前肢（翼）は上下に羽ばたくから、下からの支えは必須。また肩甲骨は鉈《なた》のような形になり、鉈の柄の部分で烏口骨と接し、鉈の刃を寝かせた形で胸郭の上を脊柱と並行に後方に伸び、刃の全面で胸郭と結合している。こうして翼の大きな力がかかる肩関節をしっかりと上から支えているのが肩甲骨、下から支えているのが烏口骨である。烏口骨と肩甲骨との結合部には鎖骨の一端も結合している。鎖骨は左右のものが癒合してU字状の叉骨を形成し、これは羽ばたき運動につれてUの上の「口」が開いたり閉じたりしてスプリングとして働き、羽ばたき運動を助けている。

胸郭

鳥類は胸郭も堅牢《けんろう》になっており、羽ばたきの強い力が加わっても変形しにくく、翼をしっかり支えている。堅牢化は、脊柱にも肋骨にも見られる。胸郭部分の脊柱は癒合して硬い1本の棒になった。肋骨は哺乳類の場合、胸骨につながる部分が軟骨でできているが、鳥では骨製である。また肋骨からは鉤状突起が後ろの肋骨に向かって突き出ている。この突起は哺乳類にはない。

胸郭は籠状の構造物で、これを側面から見ると肋骨が多数（鳥では7対ほど）縦に走っている。横に走っているのは上下の脊柱と胸骨だけ。だから頭尾方向に変形しやすい構造であり、鉤状突起はその方向を強化している。また鉤状突起は肩甲骨が胸郭に付着する面を提供し、肩甲骨が付着することは、胸郭の頭尾方向の強化にも寄与することになる。

さらに鉤状突起はそれに付着している筋肉の収縮により胸郭の拡大・縮小運動を起こす。鳥の胸郭は堅牢にできているが呼吸のためには拡大・縮小する必要がある。羽ばたきによる胸骨の上下動が鳥の胸郭を変形させ、それが呼吸運動と連動しているが、鉤状突起はそれを助ける役目もはたしている。

(3) 翼と羽根

翼の構造

同じ翼と言っても、鳥の翼はどんな飛行機のものよりもずっと複雑である。飛行機の翼は固い構造物であり、動かぬように胴に固定されている。動かなくて済むのは、プロペラやジェットエンジンが推力を発生し、それによって起こる空気の流れを使って翼は自身が運動することなく揚力を生み出すから。それに対して鳥は翼だけで推力も揚力も生むのだから翼がずっと複雑な構造になるのは当然のこと。翼は胴に対して動くことができるが、動きは上下だけでなく、前後にもある程度動かせ、肩関節のまわりにひねることもできる。さらに2つの翼を独立に動かすこともできる。翼の骨格には途中に関節があり、休むときには折り畳めるし、大きく広げて飛び立つだけではなく、部分的に畳むことで飛ぶスピードの調節もできる。鳥の翼は形を変えられる可変翼なのである。可変翼という高性能の翼をもつ飛行機は戦闘機以外にないが、それでも鳥の翼ほどの自由度はもっていない。

前肢の骨は翼の前縁（前の縁の部分）を構成しており、その後ろ側の広い部分（翼面）を構成しているのは骨に付いている羽根である（図8－3）。翼が揚力を発生するには、前縁にぶつかってくる空気を上下に分けて翼の上面と下面とに流す必要がある。前縁に最大の圧力（動圧）が加わるわけで、それでもたわまぬよう硬い骨でできているのは理にかなっている。それに対して翼面は硬い骨である必要はなく、より軽い膜で済むことはコウモリの翼や昔の布張り

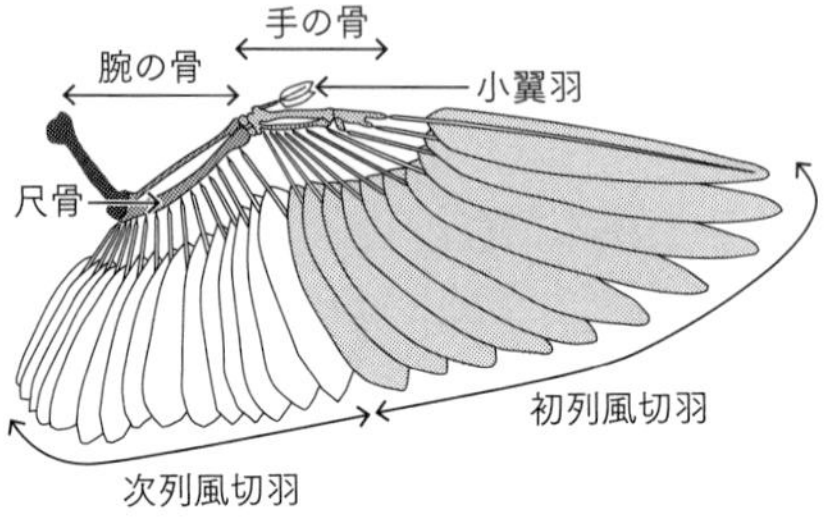

図8-3　風切羽とそれがついている前肢の骨
左の翼を下から見たもの。翼端に近い羽根ほどより下に来る（図は下から見ているのでより上に重なって見えている）

の飛行機を見ればわかる。鳥の場合はさらに手が込んでいて、1枚の広い膜ではなく、小さな要素である羽根が並んでできている。羽根はしなかやに変形でき、打ち下ろすときには羽根同士が重なって1枚の大きな翼を形成して大きな揚力を生み、打ち上げるときには羽根はばらけて羽根と羽根との間に隙間をつくって空気を逃がし、楽に打ち上げられるようにしている。これは1枚のアルミ板や皮膚製の膜では決してできない芸当である。

翼の骨

翼（前肢）の骨は胴側から上腕に1本、前腕に平行した2本までは陸上脊椎動物すべてと同じだが、手首から先は骨の癒合と退化が起きて骨と関節の数が大幅に減った。ヒトの場合、手首から先に27個の骨がある。鳥ではたった7個。鳥には第4指（薬指）と第5指（小指）がない。

その癒合と退化の起きた手首から先に揚力発生の主役である初列風切羽《しょれつかざきりばね》が付いている。この部分は最も風の力が加わりかつ翼の根元にかかる回転モーメントに最も寄与する部分であり、そこを軽量にしながら頑丈にしたのである。

翼の羽根

飛ぶことに直接関わっているのが風切羽である。羽根ペンが大形の鳥の風切羽でできているので、これを思い浮かべればいい（そもそもペンという語はラテン語の羽根に由来する）。風切羽は細長い楕円の平板状で、楕円の長軸より少し偏ったところに羽軸が走っている（図8－4）。羽軸の左右の平らな部分が羽弁。羽軸の根元が羽柄《うへい》でこの先が骨の可動ソケットにはまり込む。羽軸をもつ羽根が正羽《せいう》。他に綿羽《めんう》がある。

【コラム】羽根のデザイン

羽根には正羽と綿羽（ダウン）がある。硬い羽軸をもつ板状のものが正羽、羽軸がなくて綿毛のようにふわふわしているのが綿羽である。正羽は風切羽として翼を構成し、また体表を覆って体を保護する。綿羽は正羽の下に生えており保温の役目をはたす（鳥はダウンジャケットを着ているのである）。

羽根は哺乳類の毛と同様にケラチンでできており、ケラチン製の構造物は強靭である（79頁）。だからこそ羽根も翼というものすごく力のかかるものの主要構成要素になれるわけだ。

正羽は板状だが、単なる1枚板でできているのではない。羽軸から分かれ出ている細い枝

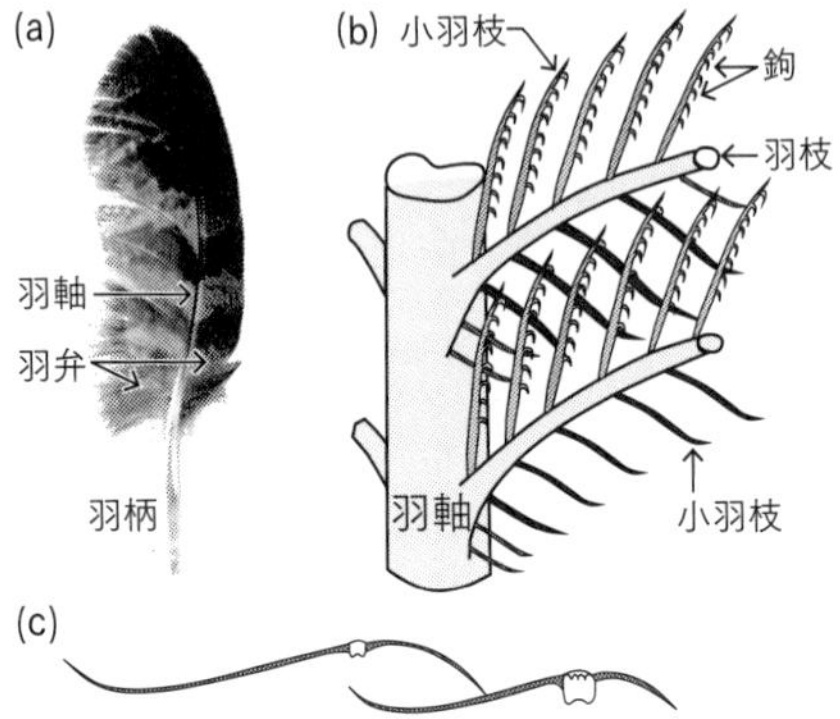

図8－4　(a)正羽、(b)その拡大した模式図、(c)2枚の風切羽の重なっている断面（右が翼端側）
(a)はシマフクロウのもの

（羽枝）がずらっと並んで板状になっている。顕微鏡で見ると、細い枝からもっと細い枝（小羽枝）が枝分かれし、隣の羽枝からの小羽枝とからんで、全体として細かい網目をつくっている（図8－4(b)）。小羽枝にはフック（鉤）があり、隣の羽枝からの小羽枝をその鉤で引っかけ、風の力が加わっても全体の平板構造を保つようになっている。つまり小羽枝同士は面ファスナーのようなやり方でくっついているのである。面ファスナーだから、非常に大きな力が加わった際にはフックがはずれて小羽枝はバラバラになる。そうやって強い風をいなして羽根は破壊を免れている。いったんバラバラになっても、またくちばしでひとなですればフックが引っかかって元の平板に戻る。平板というものは大きな曲げの力が加わると亀裂が伝わって破壊しやすい欠点をもつが、それが起きないのが羽根のデザインの優れたところ。小さい要素を並べて平らな構造を作って破壊に強くするデザインは、羽根を並べて翼を作るところでも採用されている。

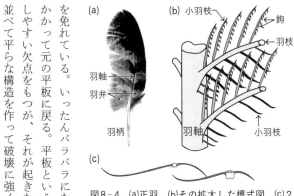

羽軸もまた力学的に優れたデザインをもつ。羽軸を輪切りにして観察すると蜂の巣状（ハニカム構造）で巣の中は中空、つまり軽くて強い構造になっている。支えの入った中空構造は骨においても鳥が使っている力学デザインだとはすでに述べた。

風切羽には初列風切羽と次列風切羽がある（図8－3）。初列風切羽は第2指（人差し指）と手首に付く。羽根の数は約10枚。羽ばたいて揚力を発生する際の主役がこの初列風切羽である。次列風切羽はより胴側の前腕の骨（尺骨）に付く。枚数は鳥の種類によりかなり変わり、小鳥で6枚ほど、大形で滑翔する鳥では枚数が多く37枚ものもいる。滑翔においてはこの羽根も揚力を発生するからである。次列風切羽と胴との間を埋めている3枚程度の羽根を三列風切羽と呼ぶことがある。風切羽の根元は一群の雨覆羽《あまおおいばね》で覆われ、翼に隙間が生じないようになっている。ヒトの親指に当たるところに小さな羽根が3枚ほど付いており、これが小翼羽。飛行機のスラット（隙間翼）の役目をすると考えられている。小翼羽を持ち上げると（スラットをせり出すと）主翼の間に隙間があき、低速時に翼から気流が大きく剝がれないようになると言われている（ボルテックスジェネレーター〔260頁〕として働くという説もあるが）。いずれにせよ着地時などごく低速での失速を防ぐ機能がある。

初列風切羽は翼の翼端側（胴から遠い側）にある。つまりより大きく速く動く。翼の生み出す揚力は速度の2乗に比例するから（240頁）、初列風切羽が他の風切羽よりずっと多くの揚力を発生する。実際、初列風切羽を抜き取ったり短く刈り込むと、いくら羽ばたいても飛び上がれなくなる。次列風切羽を抜いても鳥は飛べる。

風切羽1枚を見ると、羽根は羽軸に対して羽弁の幅が左右非対称で、一方の幅が広い。硬さに関しても非対称であり、幅の狭い方の羽弁はより厚くて硬い。風切羽は平行に並んで翼面を構成しているが、2枚並んだ風切羽を見ると、より外側（翼端側）の羽根の幅広で軟らかい羽弁の上に、より内側（胴側）の狭くて硬い羽弁が重なる配置になっている（図8－4(c)）。この配置は絶妙で、打ち下ろしのときには、翼の下からの風を受けて、より下でより外側にある羽根の軟らかい羽弁が大きく上側にしなり、上に重なっているより硬くてしなり方が少ないものにぴったりと押しつけられる。だから一連の風切羽はしっかりとした一枚の板になって大きな翼を構成する。逆に打ち上げのときは、下になっている方がより軟らかくて風で大きく押し下げられ、上に重なっている方は硬くてしなりが少ないから、羽根と羽根との間に隙間ができる。こうして翼はばらけてスカスカになって空気が通り抜け、より少ない力で翼を振り上げられるようになる。また羽根の1枚1枚も翼として働くことができ、ばらけた羽根が羽軸を上方湾曲の頂点とする小さな翼となって少々揚力を生むらしい。結局、羽根の形・力学的性質・その配置の3つが機能に適するようになっているのである。

こんなふうに翼が分かれた要素（羽根）からできていることには、さらなる利点もある。翼の広げ方を変えれば羽と羽の重なり方が変えられるから、重なりを小さくすれば翼の面積を大きくでき、風を受けて上昇しやすくなる。逆に翼をすぼめて重なりを増せば急降下でき、獲物を捕らえやすくなる。ハヤブサが急降下するときには翼をほとんど畳んで体を伸ばして流線形になり落下する。時速389kmの落下速度が記録されており、これは動物の飛翔速度の世界記録である。

風切羽の羽柄（羽根の根元の部分）は骨の可動ソケットにはまっており、羽根は骨と直角に立った姿勢も、骨に平行に寝た姿勢もとれる。立った姿勢のときには翼の前縁と直角になって広い翼をつくる。寝た姿勢とは翼を折り畳んだ姿勢で、このときには風切羽同士は他のものの上に、積んだトランプのように積み重なる。

この翼を広げたときと折り畳んだときの羽の姿勢変化は、1本の紐で引っ張られることにより起こる。指の先端と肘の間に張られている紐があり、すべての風切羽の根元はこれに結びついている。この紐はバネのような性質をもった弾性靭帯で、翼が広がるときは、この紐がバネの力で羽根を引っ張る。するとすべての風切羽が一斉に立って広い翼を形成する。肘の関節が曲がって翼が畳まれるときには、この紐はゆるんで羽根は一斉に倒れて互いに積み重なる。

別の弾性靭帯は、翼を広げるときに、折り畳まれていた指先（翼の先端）をピンと伸ばすのに働いている。手首の骨は前腕の橈骨にこの紐でつながっており、肘関節が伸びると橈骨が自動的に胴側にスライドし、手首についている紐を引っ張る。その結果、手首が伸び、こうして翼全体が伸び広がることになる。逆に翼を畳むときには、肘関節が曲がると紐がゆるんで手首の関節も同時に曲がる。

手首の部分は初列風切羽が付いていて最も力のかかる場所であり、風圧により関節を曲げようとする力がいつもかかってくるが、それに負けないようにと筋肉で関節を伸ばし続けるなら相当なエネルギーが必要だろう。風切羽についても同様で、われわれの毛のように根元の筋肉を収縮させて風切羽を立てておくのだったなら、やはり相当なエネルギーを消費するはずである。そこを筋肉ではなく弾性靭帯を使っているところが鳥の省エネの工夫である。

【コラム】羽根の役割

鳥は体の表面を正羽で覆っている。正羽の数はハチドリ（最小の鳥）で1000枚。多くの小鳥は数千枚。ハクチョウで2万5000枚。数は季節によっても変わり、たとえばノドジロシトド（北アメリカのホホジロ）は2月下旬に捕獲したもの（つまり冬仕様）では2556枚、10月初めに捕獲したもの（夏仕様）では1545枚。冬には羽根が多い。

羽根にはいろいろな役割がある。

①揚力発生。これは飛ぶ上で最重要だが、関わっている羽根は数千枚の正羽のうち数十枚のみ。

②皮膚の保護。
③保温。これについては後述。
④防水。体の表面を覆う正羽は小羽枝が互いに嚙み合って細かいメッシュを構成しており、表面張力によりこのメッシュを水滴は通れない。さらに尾羽の付け根にある尾脂腺から分泌される脂を鳥はくちばしにつけて、毛づくろいしながら羽根にこの脂を塗り広げて防水性を高めている。
⑤防御。胴の表面を覆っている正羽や尾羽は、風切羽のようには骨に止められておらず、単に皮膚に刺さっているだけ。抜けやすいので捕食者につかまれても羽根を敵に残して逃げることができる（トカゲの尻尾切りのように）。
⑥体を流線形に保つ。
⑦目立つ色による性的アピール。

(4) 鳥の呼吸系

飛翔筋は莫大《ばくだい》なエネルギーを消費し、それをまかなえるだけの効率の良い呼吸系を鳥はもっている。鳥の肺はわれわれ哺乳類のものと比べ、格段に優れたものなのである。そもそもの設計思想が違う。哺乳類の肺は微小な袋の集合体だが、鳥の肺は細い管の集合体である（図8－

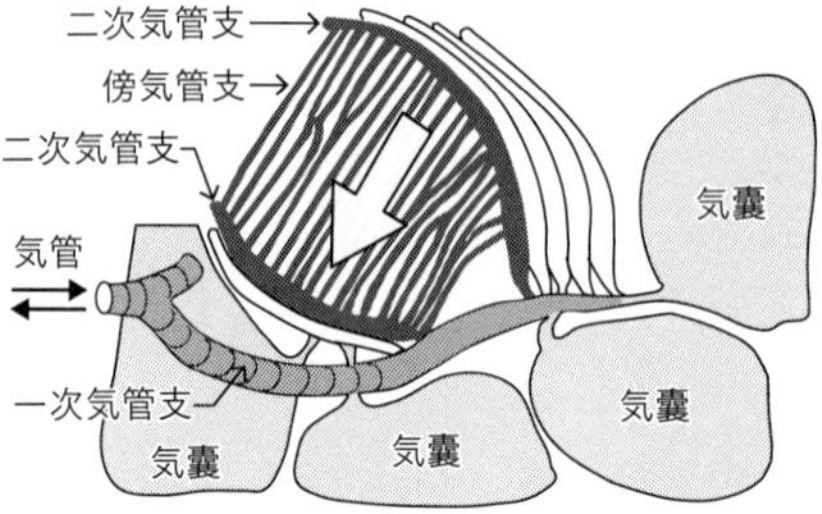

図8−5　鳥の肺　気管は一次気管支へと二股に分かれ、一次気管支はさらに多数の二次気管支に分かれる。傍気管支は背側後方の二次気管支から腹側前方の二次気管支へと（ちょうどハープの弦のように）平行に走っている。傍気管支中の空気の流れは矢印の方向にいつも一定で、傍気管支においてガス交換が起きる。肺はハープが何台も平行に並んでできている。肺には多数の気嚢が付属している（図では前方の気嚢は省略してある）

[5]。

われわれの肺ではこの小袋（肺胞）に口から吸った吸気が入っていき、その袋にまとわりついている血管中の血液に酸素を渡し、逆に二酸化炭素を受け取り、その空気を、呼気として袋の中から口へと押し出す。これで1呼吸。つまり空気は小さな袋に流れ込み、次に方向を変えて袋から出ていかねばならない。ところがわれわれは肺をペチャンコにできないため、1呼吸で肺胞中の空気を全部入れ替えることはできない。ヒトの肺は2つで4・5リットルの容量をもつが、安静時の呼吸ではそのうちの約1割しか換気しない。激しい運動時でも、ほぼ半分の空気は換気されずに残る。われわれの肺はえらく効率の悪いものなのだ。これは肺胞という行き止まりの袋に空気を入れたり出したりする肺のデザインのもつ根本的な欠陥である。

鳥の肺は傍気管支と呼ばれる細管の束であり、呼気のときも吸気のときも、空気は管の後ろ側から入って前側から出ていくから、傍気管支内の空気は完全に換気される。この一方向に流れる傍気管支とほぼ平行に並んで血管が走り、中の血流は気流の方向とは逆向きに流れている。つまり鳥の肺では傍気管支と毛細血管とが対向流ガス交換器を形成している。完全な換気と対向流により、鳥の肺はきわめて効率の良いガス交換性能をもつ（対向流交換器については次項を参照。傍気管支の血流は、じつは単純な対向流ではないが詳細は省く）。

吸ったり吐いたりと、口では気流が交互に方向を変えるのに、傍気管支中の気流は吸気・呼気にかかわらずいつも一定方向に流れる。それはどんな仕組みによるのだろうか？　鳥の肺には多数の気嚢《きのう》（空気の入る袋、つまり風船のようなもの）が肺の前方と後方についている（ふつう9個で総体積は肺の5倍）。気嚢は膨れて空気を吸い込み、縮めば空気を送り出す、つまり空気を送るポンプとして働く。気嚢は前部（頭側）のものと後部（尾側）のものにまとめて考えることができ、これら前後の二重ポンプが膨れたり縮んだりを絶妙なタイミングで行うことにより、傍気管支の中の空気が、後ろから前へと常に一定方向に流れるようになっている。2回の呼吸で、1回目に吸い込んだ空気が外へと出される。

鳥の肺がいかに効率が良いかは、アネハヅルの渡りでわかるだろう。このツルはインド北西部からヒマラヤを越え、繁殖地のモンゴルへと渡る。標高7000〜8000mの山の酸素濃度は低地の約1／3。だから登山隊は酸素ボンベを背負うのだが、そんな人々のはるか上空をツルはボンベなしで飛ぶ。

ここで紹介した鳥の肺の研究を行ったのはデューク大学のシュミット＝ニールセンで、彼とは時々一緒に弁当を食べた。彼も私も愛妻弁当をいつも持って来ており、まわりの人たちからうらやましがられたものである。第5章で触れたカジキの解剖でもそうだが、デュークでは機能をはたす上で、形がいかに大切かを学ばせてもらった。本書で肢や翼の形態にかなり詳しく触れているのは、その思いがあるからである。

鳥の体温調節

保温

綿羽（ダウン）が保温性に優れているのはわれわれも実感しているところ。空気は断熱性が高いが、綿羽はまさにわたげのようにふわふわのもので、中にたくさんの空気を保つ。綿羽には長い小羽枝があり、膨らみを増して空気を閉じ込める能力を高めている。綿羽は防水性の正羽によって覆われた「天井」と皮膚の間に存在している。綿羽のおかげで乾いて暖かい空気が大量に閉じ込められた空間が皮膚近くに形成され、これが優秀な断熱材として働く。空気は断熱効果が高い上にタダで手に入り、そして軽い。

「ふくら雀《すずめ》」という冬の季語がある。全身の羽毛を膨らませたスズメのことであり、小鳥は寒いとき、羽根の間に空気をより多く入れふっくらと膨れ上がる。

アネハヅルがヒマラヤを越えるときには1万m近くの高度を飛ぶ。風速を考えれば体感温度はマイナス60℃を下回ることもあると思われ、ツルのヒマラヤ越えは高機能な肺のみならず、羽根のもつ高機能な保温能力のおかげで可能になっている。

対向流交換器

では羽根で覆われていない裸の肢への対策はどうなっているだろうか？　ここでは対向流熱交換器が使われている。鳥の肺では対向流ガス交換器が登場した。対向流交換器は熱や酸素などを、２つの流れの間で効率よく交換するやり方で、エアコンやボイラーなど工業製品でもよく使われる技術である。技術とは言ってもしごく単純で、熱を交換したいのなら、温度の違っている２つの流れを長い距離にわたって密着させ、流れを逆平行に（向き合って流れるように、つまり対向流になるように）流してやるだけ。

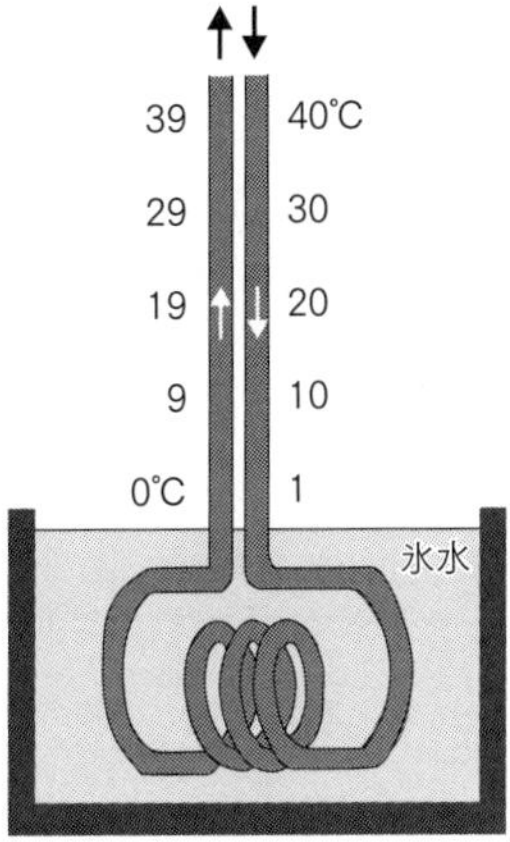

図８－６　対向流熱交換器

図８－６はサギのような水鳥の長い肢のモデルである。鳥は薄氷の張った水中に肢先を浸して立っているとする。鳥の体温は40℃、水温は０℃。羽毛の生えていない肢の部分を流れ下っていった動脈血は、肢先で冷やされて０℃になる。もしこれがそのまま胴に戻って来たらたちまち体は冷え切ってしまうだろう。

そうならないように鳥は肢に対向流熱交換器を置く。そこでは肢先に下りていく動脈と、肢先から胴へ登って来る静脈とが密着して平行に走って熱を交換している。だから、冷え切った血が登っていくに従い、隣を流れ下って来た温かい血に温められていく。その結果、登り切って胴に入る頃には40℃近くにまで血は温まり、これが胴に入る。こうして体から熱が奪われるのを極力小さくしているのである。実際、カモメの肢先を氷水に2時間浸《つ》けておいたとき、エネルギー消費量がどれだけ増えるかを測ってみると、増加はたったの1・5%。ヒトだったら凍《い》てついた地面の上にいるだけで、ガタガタふるえて（つまり筋肉を収縮させて発熱し）、エネルギー消費量が相当上がるところである。

鳥の肢の対向流熱交換器は、下行する動脈を多数のより細い静脈がまわりを取り巻いて併走する構造になっており、こうして動脈と静脈の接する面積を増やしている。血管がからみついて奇妙な網の目の構造をとっているため、この構造は奇網（ワンダーネット）と呼ばれる。

対向流熱交換器は、冷たい水に突き出ている体の部分、たとえばペンギンの翼、クジラやイルカのヒレにも存在する。また氷の海で大量の海水を口の中に取り入れてオキアミを濾し取って食べるヒゲクジラでは、舌にも対向流熱交換器がある。マグロについてはすでに述べた（178頁）。

鳥は夏でもダウンジャケットを着ているのだから、暑さ対策もぬかりなく講じなければ夏の日中など活動できないだろう。鳥は脊椎動物の中で最も代謝が高く発生する熱も多い。とくに飛翔筋はエネルギーを大量に使って膨大な熱を出す。鳥が飛び立つと、静止時の10〜20倍の熱を発生する。

われわれは暑くなったら汗をかいて体を冷やすが、鳥には汗腺がない。鳥は2つのやり方で体を冷やす。①裸区を使う、②あえぐ。

①裸区

鳥の羽根はくちばしや肢を除き体じゅうに生えているように見えるが、じつは生えていない部位があり裸区（裸域）と呼ばれる（羽根の生えている部位が羽区）。くちばしや肢も裸区だが、他の裸区は隣接する部位の羽根でふだんは覆われ隠れている。裸区は8カ所ほどあり、たとえば頭頂、翼の屈曲部や腹の中央部。腹の中央部に羽根がないのは冷却の他に意味がある。母親は裸の腹を卵や雛に当て、体熱をじかに伝えて卵や雛を温める。

鳥は裸区をさまざまに使って体を冷やす。

ⓐ体温が高くなると、羽根を立てて裸区の皮膚を露出する。

ⓑ裸区から水分を放出して気化させて体を冷やす（汗腺から出すのではない）。

ⓒ裸区の血流量を上げる。カモメやサギでは、羽根で覆われていない肢に送る血流量が20倍になる。

ⓓルリノドハチクイのような熱帯の鳥は、とくに日中の暑い時間に飛ぶとき、飛行中に足を垂らして放熱するし、オオハシは大きなくちばしからも放熱する。

②あえぎ

鳥はあえぐ。イヌのあえぎはおなじみだろう。暑いと舌を出してあえぐ、つまり忙しく息を出し入れする。イヌは鳥同様、冷却用の汗腺がない。そこで非常に速く浅い呼吸をして、息が気道上部・舌・鼻の上を流れる量を増やし、その濡れた表面から蒸発をさかんにして気化熱により体を冷やす。鳥の場合にはイヌなどと比べて息が通っていく面積が非常に広い。鳥は独特の呼吸器系をもち、肺や気管以外に多数の気嚢を備え、また骨の内部にも空気の入っているスペースがあり、それらをあえぎで冷やす気化の表面として使える。気嚢には大量の熱を出している胸筋のすぐそばに位置するものもあり、効率的に冷やすことができる。鳥は1分に数百回のあえぎ呼吸ができ、空中停止中のハチドリは発生する熱の1／4を気化熱だけで放出できる。飛んでいるインコの場合は約1／2を放出可能。カラス・サギ・ペリカン・フクロウ・キジ・ヨタカなどは、のどの上部にある骨と膜を震動させて放熱効果を高めている。ただしあえぎには体から水が奪われるという欠点がある。ノンストップで長距離を飛ぶ渡りの際は途中で水分補給ができないから、節水のため鳥は気温の低い高空を飛ぶ。

第9章 飛ぶ力

飛行も游泳と同じ流体力学の原理に基づく。つまり動物は流体に運動量の変化を与え、それと同じだけの運動量の変化を自分自身にこうむって前に進む。ただし空気の密度は水の1／830。だから空中では浮力は1／830しかなく、空では体重を支えることの方がより問題になる。

空中での推進装置は翼で、櫂を使うものはいない。櫂と翼を比較したところで述べたが（183頁）、翼の方がスピードが出せる。空気の密度は水の1／830だから、同じ運動量を与えるには830倍のスピードで空気を動かさねばならず、それは翼の得意とするところ。そして揚力はスピードの2乗に比例するから、空気というずっと粘性抵抗が少なくスピードの出せる環境では、翼の方が圧倒的に櫂より効率が良くなる。さらに揚力は進む方向と直角に発生するから、前に進めば自動的に体が持ち上げられることになり、これも体を支えるために大きな力を出さねばならない空中では有利である。櫂なら体を持ち上げるには櫂を下に動かさねばならず、それでは前に進まない。

飛行の用語

揚力と抗力

物体が流体中を動くとき、それが適切な形と向きとをもっていれば、流れの場は揚力を生み出す。その適切な形をした揚力生産装置が翼であり、翼には互いに直交する2つの力が働く。

揚力……翼の動く方向に直角な力。

抗力……翼の動く方向と平行で逆向きの力

翼は、上手に設計すると揚力を抗力よりずっと大きくできる。「揚力÷抗力」を揚抗比と呼ぶが、翼の揚抗比は通常10、つまり揚力は抗力の10倍大きい。揚抗比は翼がどれだけ効率よく揚力を生むかの指標になる。

翼の用語

ここで翼に関する用語の説明をしておこう（図9－1）。翼の前の縁が**前縁**、後ろの縁が**後縁**、翼の横に長く伸びた端が**翼端**。両翼端間の長さが**翼長**（翼幅。動物では翼開長）。

翼型（エーロフォイル）は翼を前後方向に切った断面のこと。翼型の前縁と後縁を結んだ直線が**翼弦**（コード）。翼弦の長さが**弦長**（翼弦長）。

矢《や》高《だか》反《そ》り（キャンバー、反り）は翼型の上向き凸の反り。翼の正しい面が上になっている限り、矢高反りがあると揚力が増える。

迎え角（迎角）。翼はふつう、運動の方向よりも前縁を少し上に傾けて働く、つまり翼弦を向かって来る風に（つまり翼の動いていく方向に）角度をつけて持ち上げる。この、動きの方向と翼弦とがなす角度が迎え角である。迎え角はある角度までは大きい方が揚抗比が良くなる。しかしある角度以上になると突然、揚力が発生しなくなって抗力がものすごく増える。これが失速である。

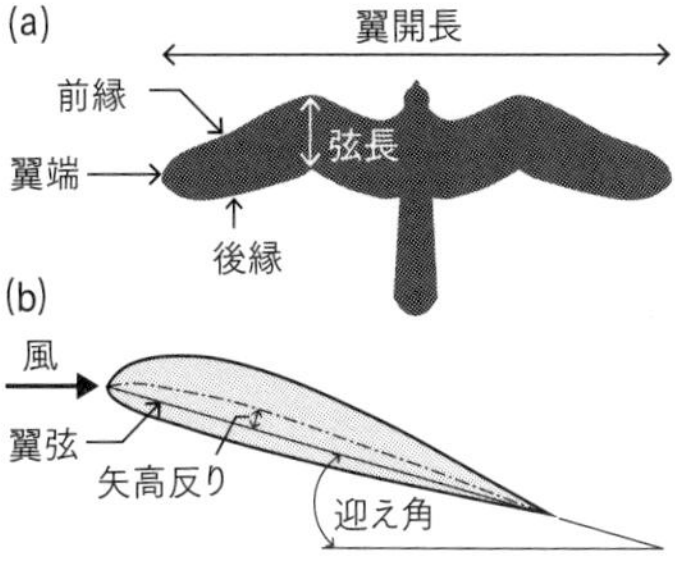

図9－1　翼の用語　(a)翼を上から見たもの。(b)翼型

アスペクト比

アスペクト比（縦横比）$A\!R$。これは弦長 c に対する翼開長 b の比で（図9－2）、矩形《くけい》の翼なら$A\!R = b/c$。ただし動物翼で完全に矩形のものはなく、動物では$A\!R = b^2/S$ を使う（S は翼面積）が、これは平均翼弦長に対する翼開長の比である。

アスペクト比はテレビの画面でも用いられ、この場合は「横縦比」と訳す。ロケットでは胴の直径に対する胴の長さの比がアスペクト比で、スレンダネス・レイショ（訳せばほっそり比）という呼び方もある。アスペクト比はラテン語の

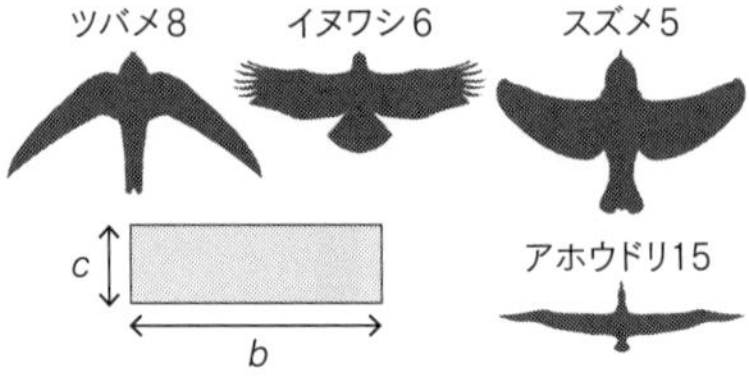

図9-2　さまざまなアスペクト比の翼　数字はアスペクト比。翼開長 b を揃えてあるため、アスペクト比の大きな翼ほどすんなりしているのがわかる。矩形の「翼」（AR＝3.5）も挙げてある

外観（アスペクッス）から来た言葉で、翼が短くて広いか、長くて狭いかという外観の違いを定量化したものであり、アスペクト比が高いほど翼はほっそり・すらりとしている。

高アスペクト比の翼は高い揚抗比を実現しやすく、翼として効率が良い。図には低ARの代表としてスズメ（AR＝5）と高ARの代表としてアホウドリ（AR＝15）を挙げてある。スズメは木や藪《やぶ》のようなごちゃごちゃした環境中を、操縦性よく、そして翼が物にぶつかるリスクが下がるよう進化したものであり、こういう場所では高ARの細長い翼は、たとえ翼としての効率は良くてもじゃまになるばかりで使いものにならない。アホウドリは広々とした海の上を長い翼を広げ、ほとんど羽ばたくことなく風の速度勾配を使って滑翔する（261頁）。それができるほど効率の良い翼をもっているのである。

小形の鳥は概して低ARで加速度を重視する翼。スズメ（AR＝5）、ハト、カラスなどがこれである。細長く先が尖っている翼は高速型で、ツバメ（AR＝8）、ハヤブサなど。トビやイヌワシ（AR＝6）のように大形の陸鳥は翼長の割に弦長が広い矩形で比較的低アスペクト比の翼をもっているが、これは彼らが陸上の熱気泡を使って滑翔することと関係している（258

頁）。このようにアスペクト比は鳥の暮らし方によりおおよその傾向が見られる。

滑空

飛行の最も単純な形である滑空について、まず見ておこう。翼の上下を空気が流れれば、揚力が発生する。だから流れさえあれば羽ばたかなくても空中に浮いていることができ、その一例が滑空である。

滑空とは重力に駆動された飛行である。滑空中は、重力が滑空者（グライダー）を下へと引っ張っていく。引っ張られて空気中を動けば翼に揚力が発生するから急激な落下は避けられ、ゆっくりと降下しながら飛行でき、そのため長いあいだ空中にとどまれるし、遠くまで行くこともできる。滑空は下へと向かう飛行だから、高い位置から滑空を始めねばならず、滑空する動物のほとんどは、高い木の上から滑空を開始する。

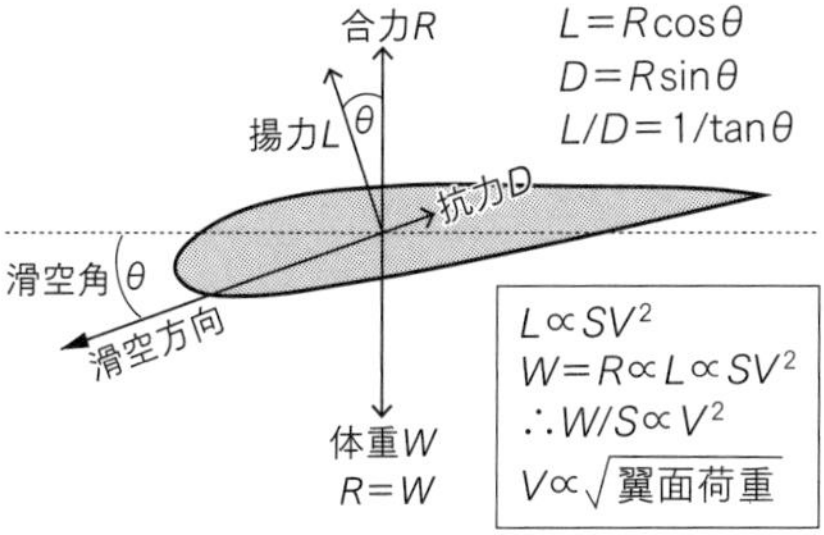

図9－3　滑空における力のつりあい　囲み内に滑空速度 V と翼面荷重（238頁）の関係も示してある。S は翼面積

滑空中に翼に働いている力を図9－3に示した。滑空者は空気に対して上向きには行けない、つまり空気を通しての経

路は常に下向きでなければならず、水平とその下向き経路のなす角度が滑空角θである。滑空中、空気はθの角度をもって斜め少し下から翼に当たり、揚力Lはその空気の方向に直角に発生するから、揚力は垂直上向きの成分と水平前向きの成分をもつ。垂直成分をRとすると、これが下向きの体重Wとちょうど釣り合っていれば、そのままのコースをずっと滑空していける。図9-3に示したように揚抗比はθのタンジェントに反比例する。だから揚抗比の高い翼ほど小さい角度で滑空でき、着地するまでにより遠くへと到達できることになる。

脊椎動物のすべての仲間に滑空するものがおり、滑空に使う「翼」もさまざまである。哺乳類では3つの仲間が滑空する。①ムササビやモモンガ（これらはリスの仲間）、②ヒヨケザル、③フクロモモンガ（有袋類）。いずれも前肢と後肢の間に張られた皮膚の膜（飛膜）をもっており、これを広げて滑空する。

爬虫類のトビトカゲは、肋骨が伸び出してその間に飛膜が張られており、これを扇子のように広げて滑空する。トビヘビには特別な滑空する装置がないが、体を背腹方向に扁平にし、体を進行方向と直角に保って体全体を翼として使って滑空する。両生類ではトビガエルが大きな水かきをもっており、これを広げる。

ここに挙げたヒヨケザル、トビトカゲ、トビヘビ、トビガエルは東南アジアの熱帯雨林にだけ棲んでおり、ここの森にはムササビもフクロモモンガもいる。この森に滑空者が多いのにはフタバガキ科という樹高の高い樹木の多いことが関係しているようだ。フタバガキは東南アジアの熱帯雨林に特有の樹種で、ラワン材として日本にもさかんに輸入されている（多量のラワン材の伐採がボルネオなどの熱帯雨林の減少につながっているのは由々《ゆゆ》しき事態である）。

熱帯雨林は光が強く水も多量にあるので樹木がよく育ち、背丈の高い木が繁って枝を広げ、林のてっぺんに天蓋をかけたような樹冠を形成する。とくにフタバガキは樹高が高く、これが高い樹冠をつくっている。

さて、滑空はできるだけ高いところからはじめた方が遠くまで行けるのだから、樹冠の高い場所でこそ利用価値が出る。滑空して木から木へと飛び移れば地上の捕食者は避けられ、またフタバガキの密な樹冠があるから上空で見張っている猛禽類《もうきんるい》の目がさえぎられ、滑空中に襲われにくくもなる。だからこそ滑空するさまざまな動物が東南アジアの熱帯雨林に棲んでいるのだと思われる。ちなみにフタバガキ自身の種子も2枚の羽根をもった正月の羽根つきの羽根のような形をしており、くるくる回りながら滑空する（フタバガキの「双葉／双羽」はこの種子の形による）。

魚類の滑空者はトビウオ。滑空するトビウオには2つのグループがあり、1つは大きくなった胸ビレだけを翼として使い、他のものは胸ビレと腹ビレを使う。尾ビレの下葉を水中で激しく打ちながら水上を滑走して空中に浮き、そして滑空する。滑走してまず揚力を得てある程度の高さに達してから滑空するところはグライダーと同じである。

鳥類ももちろん滑空する。大形の鳥は、上空でしばしば羽ばたかずに滑空する。カラスやカ

図9－4　ハトは速く飛ぶときほど翼を折り畳む　数字は時速（km/h）。ハトのアスペクト比は翼を伸ばしたときは7

モメのような中形の鳥は、数回羽ばたいたら羽根を伸ばしたまま動かさずに滑空し、また羽ばたき、それから滑空しと、羽ばたきと滑空を繰り返しながら飛ぶことがある。このような飛行を間歇《かんけつ》飛行と呼び、羽ばたき続けていくより省エネになるとされている。スズメや他の多くの小鳥も間歇飛行をするが、羽ばたかない間は羽根を畳む。小鳥の翼は滑空では大きな揚力を得られず、羽根を伸ばすとかえって抵抗が増えてしまうから、羽根を折り畳んで間歇飛行を行うのである。羽ばたく間は上昇し、羽ばたかない間は下降しと、上昇下降を繰り返すため、間歇飛行の軌跡は波状になる。小鳥の間歇飛行は波の山と谷の差が大きく、ボールが弾むようにポンポンと飛んでいくように見える。

翼面荷重

翼にかかる単位面積当たりの重量が翼面荷重であり、「翼面荷重＝体重÷翼面積」。

翼面荷重を使って、図9－3の翼をもつグライダーがどのくらいの速度で滑空するかを考えてみよう。揚力は速度の2乗と翼面積とに比例し、その揚力の垂直成分が体重と釣り合って滑空しているのだから、図中に示したように、滑空速度は翼面荷重の平方根に比例することになる。翼面荷重が低いほど、より低速での滑空が可能になり、上空をゆっくりと舞いながら獲物を探す鳥にとって低翼面荷重の翼が適していることになる。だからこそトビやコンドルは弦長を大きくして（アスペクト比をわざわざ下げて）翼の面積を増やすことにより翼面荷重を減らしているのだろう。餌を見つけたらその翼を畳んで翼面荷重を上げてスピードを増し、一気に急降下すればいい。もちろん翼長を長くしても翼面積を増やせるが、それでは羽ばたく際に飛翔筋にも骨にも大きな負荷がかかってしまう（１６０頁）ため、弦長の方を増やして幅広の翼にしていると思われる。

飛行速度と翼面荷重の関係は飛行一般で成り立つものである。効率の良い翼の場合、飛行を続けられる最小速度は、翼面荷重の平方根にほぼ一致し、それより遅いと墜落してしまう。鳥は高速で飛ぶときほど翼を折り畳んで翼面荷重を増やす（図９－４）。そして着地するときには翼をめいっぱい広げて翼面荷重を減らす。これは飛行機でもそうで、着地時にはフラップを張り出して翼面積を広げる。

揚力

揚力を生む原理

矢高反りがあって後縁が尖った翼では、その上側を越す空気はより速くなり、下側を過ぎる

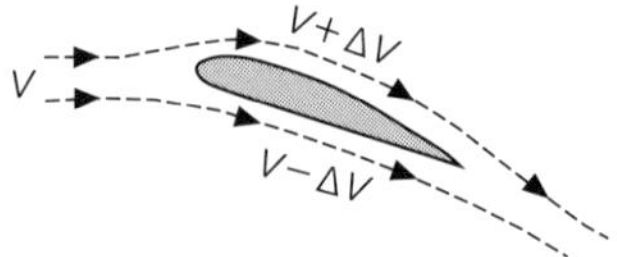

ベルヌーイの式から翼の上下の圧力差ΔPは
$\Delta P=\frac{1}{2}\rho\{(V+\Delta V)^2-(V-\Delta V)^2\}=2\rho V\Delta V$
（ρは流体の密度）
「圧力×面積＝力」だから、ΔPに翼の面積Sを掛けると揚力Lになる
$L=2\rho SV\Delta V$
ΔVはVにほぼ比例するだろうから
$L\propto SV^2$

図9－5　翼の上下の流れと、流速の差からベルヌーイの原理により揚力を算出する方法

空気はより遅くなる（図9－5）。上側の空気が矢高反りのカーブに沿って曲がって流れ、尖った後縁から逆側に回り込まずにそのまま下向きに流れていく。そして遅れて来た下からの流れがそれに合流する。そのように流れると一番スムーズに流れは後ろへと去っていく。スムーズになるように流れは自動的に調節するものなのである。

①上面の流れがより速くなることと、②翼の後ろの流れがやや下向きになることが重要なポイント。①上面がより速くなればベルヌーイの原理により上面の圧力が下がって翼は上に吸い上げられる。これが揚力の生じる1つの説明の仕方。②翼の後ろの下向きの流れを吹き下ろし（ダウンウォッシュ）と呼ぶが、下向きに動かすとは空気に下向きの運動量を与えることであり、翼は反作用によってそれと同じだが方向が逆（つまり上向き）の運動量をもらうことになる。これが揚力の生じるもう1つの説明の仕方である。

流速の違いがどれだけの揚力を生むかはベルヌーイの原理から求められ（図9－5）、揚力は速度の2乗にほぼ比例し、翼面積に正比例する。

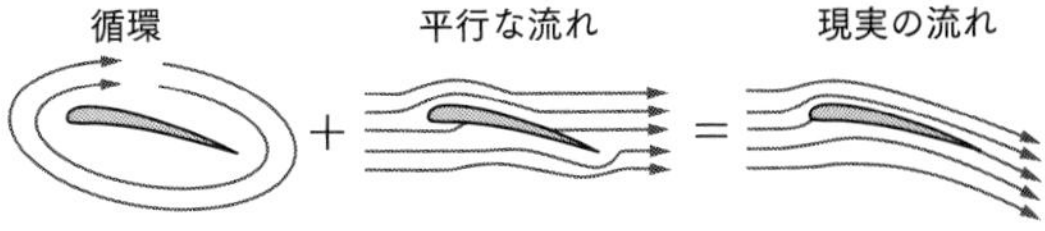

図9－6　翼の上の流れは循環と平行流に分解できる

循環をもとに揚力を考える

翼の上の流れのパターンは、数学上、①循環と②平行流の2つの合成物と考えることができる（図9－6）。

①循環。これは空気の流れが翼をぐるっと包み込んで循環している渦である（恵方巻きの海苔《のり》のイメージ、翼は胴の付け根から翼端までぐるっと渦で包まれている）。この渦は翼から離れられずに翼に束縛されているので束縛渦《そくばくうず》と呼ばれる。

②平行流。これは自由流（翼から離れた場所の流れ）に平行に移動する流れで、翼の上と下とで対称的（点対称）になる。

ローター船

平行な流れに循環が加わると、流れとは垂直の方向に揚力が発生する。これはローター船を見るとわかりやすい。この船は風力を利用して進むが帆をもっておらず、かわりに垂直に立つ巨大な円柱があり、これを動力で回転させる（図9－7）。動力は円柱を回転させるだけであり、船が進む推力は、円柱が風を受けて翼として働いて生み出した揚力による。

左舷から風を受けるときには、ローターを上から見て時計回りに回転させる

（図9－8）。図は船首側（前側）を上に描いてあるが、左から来て円柱の上（前側）を通過する風はローターの回転の速度が加わって速くなり、円柱の下を通過する風は逆に遅くなる。よって前向きに揚力が発生して船は前進する。これは野球のボールに回転を与えれば投げた方向とは直角の方向にカーブするのと同じ原理である。逆に右舷からの風なら反時計回りに回転させれば、やはり前進できる。無風ならいくらローターを回転させても進まない。「流れ＋循環」があると揚力が発生する。

ローター船は動力に助けられた「帆船」である。帆という扱いにくいものを使わずに風の力を使えるという利点があるのだが、巨大な円柱を高速で回転させねばならず普及しなかった。

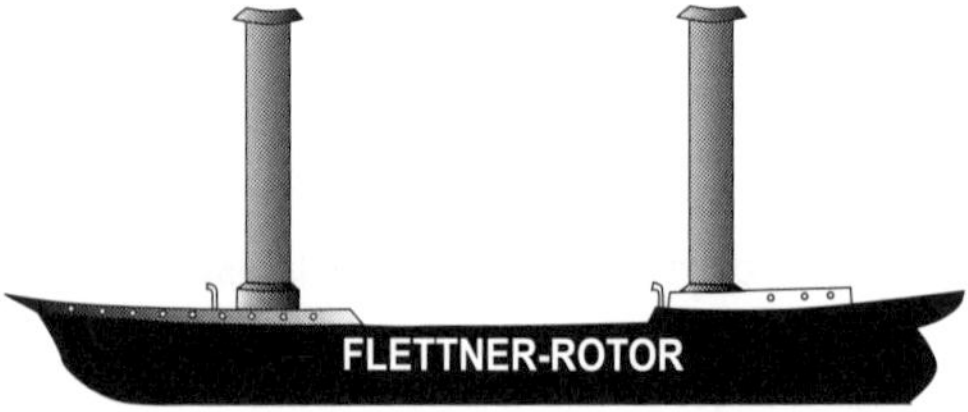

図9－7　ローター船ブッカウ号　ローター船はフレットナー（独）による発明で、これはその第１号。総トン数600t。直径約３m・高さ約15m のローターを２本備えていた

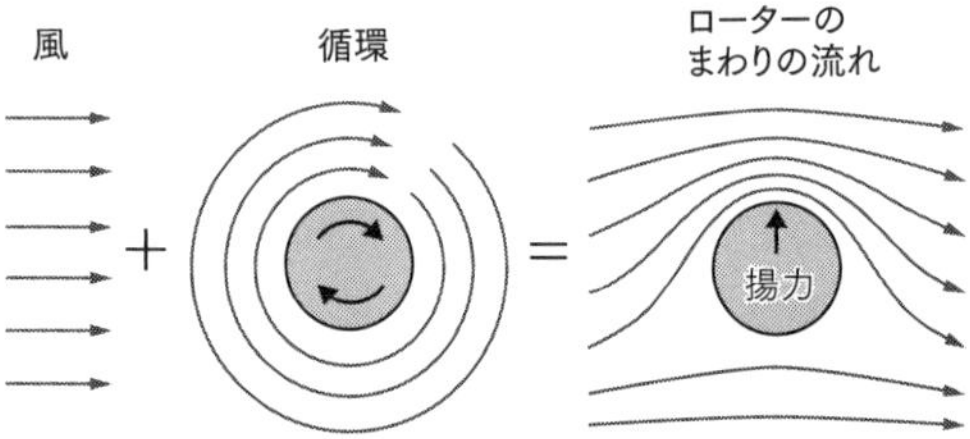

図9－8　ローターと揚力　上が船の進行方向で、左舷から風を受けている。ローターを時計回りに回転させて循環を起こすと、流れは右端の図のようになって上の流れが下側よりも速くなり、揚力が上方に生じるから船は前に引っ張られて進んでいく

束縛渦は現実に存在する現象である。ただし束縛渦単独では決して翼の上に存在できない。翼上の空気の小塊のどれであれ、実際に翼を一周することはなく、小塊はすべて後ろに流れ去っていく。束縛渦は平行移動する流れの成分と一緒のときにのみ、流れの一成分として存在するものである。

ただし翼端においては、束縛渦は実際に空気の小塊が回転する翼端渦となる。翼の上面は下面より圧力が低くなっているので、下面の空気が翼端を上面へと回り込み、実際の渦ができるのである（図9－9）。この翼端渦は翼の先端から後方へと放出され曳航渦《えいこううず》（後流渦）となる（図9－10）。これは飛行機雲として見えることがある（渦の中心部では気圧が下がり、空気が膨張して温度が下がって結露するから。飛行機雲にはエンジンの排気中の水蒸気が結露して見えるものもある）。

曳航渦は右の翼端なら後ろから見て反時計回り、左の翼端なら時計回りになる。だから翼の後ろに翼の幅の水平な四角を考えると、四角の内側では空気は上から下へ動いている。また翼上の束縛渦

図9－9　翼端渦

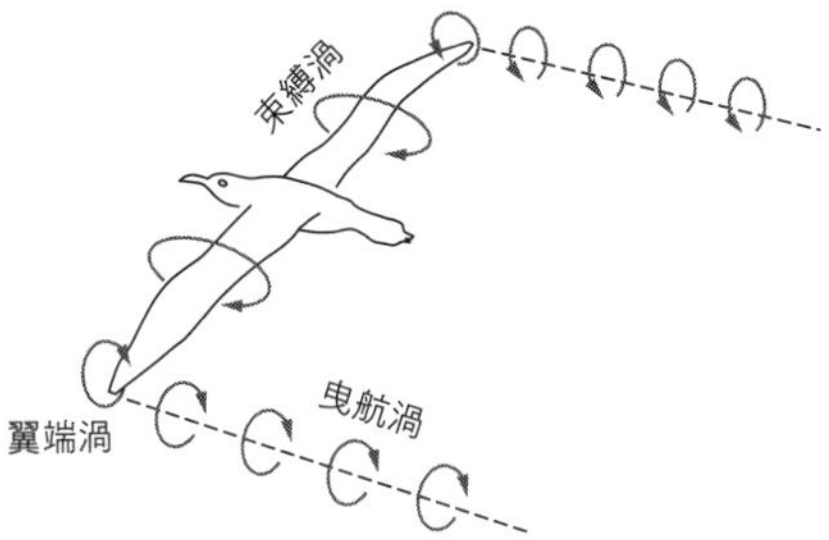

図9－10　翼がつくりだす渦系

によっても四角の内側の空気は下に動いている。だから翼の後ろの空気は少々下向きに押し下げられており、これが吹き下ろしである。この空気を下方に反らす作用力があれば、ニュートンの第三法則から、反作用力として翼に上向きの揚力が働くことになる。

抗力

誘導抗力

第7章で抵抗力として粘性抵抗（粘性抗力）と圧力抵抗（形状抗力）を取り上げた。それらに加えて、翼には誘導抗力が働く。

翼の揚力は少々下向きに曲がった流れに対して直角に発生するので、進行方向（水平とする）と直角ではなく、少々後ろに傾いた揚力が発生する。だから揚力には鉛直方向の成分（これが重力に釣り合う）の他に、水平後ろ向きの成分があり、これが抵抗力となってしまう。これは翼が揚力をつくる過程で吹き下ろしが必要であり、揚力を得ようとするとどうしてもこの抗力を誘導してしまうので誘導抗力の名がある。これは揚力を生み出すコストと見ることができる。

以上で鳥の飛行に際して生じる3種の抗力を見たことになるが、この3つを翼に働くものと胴に働くものとに分けた方が、実際の鳥にかかる抗力を考えるときには便利になる。

翼で働くものが①誘導抗力と②形状抗力。②は翼の上を空気が流れるときに働く誘導抗力以外の抵抗で、形状抗力の他に粘性抗力やその他の抵抗を含むが、鳥の飛行のように高レイノルズ数では形状抗力が他のものよりもはるかに大きく、ふつう形状抗力と呼んでしまっている。

胴体で働くものを一まとめにして③有害抗力（寄生抗力）とする。これは胴の上を空気が流れるときに働く抵抗だから、働く場所が違うだけで内容は②と同じ。胴は流線形をしており、また翼よりゆっくりとしか動かないから②より値は小さくなる。

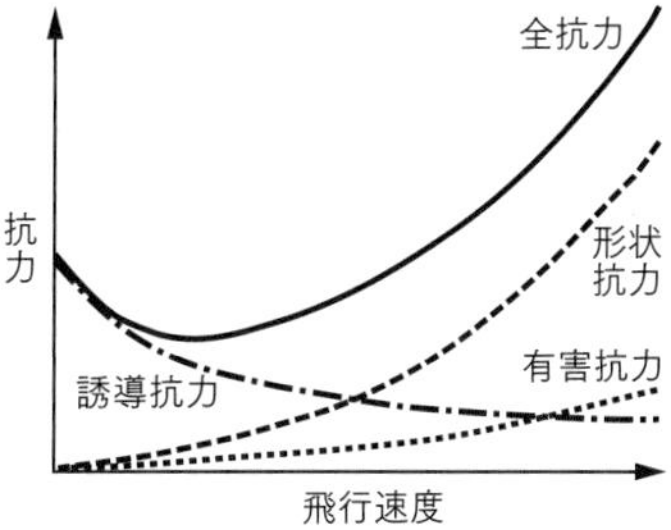

図9－11　3つの抗力と飛行速度の関係

これら3つは飛行速度によって変わる（図9－11）。形状抗力も有害抗力も速度とともに増える。これは粘性抵抗などを含まぬ「純粋な」形状抗力が速度の2乗に比例するので当然の結果である。

誘導抗力はこれらとは逆で、速度の2乗にほぼ反比例する。速度が増えると減ってしまうのである。こうなる理由は、重力をキャンセルするのに必要な揚力は速度によらず一定だが、より速いほど翼はより多くの空気に触れる。そのため翼を流れる空気の中で吹き下ろしに当てる割合がより少なくて済み、結局、速度が上がると誘導抗力が減ってしまうのである。

以上の3つの抗力を足し合わせた全抗力のグラフはU字形になる。だから抗力が最少になる速度が存在する。その速度以上でも以下でも抗力は増える。

飛行のパワー

「パワー＝抗力×速度」なので、抗力に打ち勝って前進飛行するのに必要な全空気力学的パワーが図9－11から算出可能であり、それを示したのが図9－12。全パワーもU字形の曲線になる。U字の底の速度が最少のパワーで飛行可能な速度となる。また、グラフの原点からU字曲線に引いた接線の接点の速度が、一定距離を進むのに必要なパワー（輸送コスト）が最少になる速度。

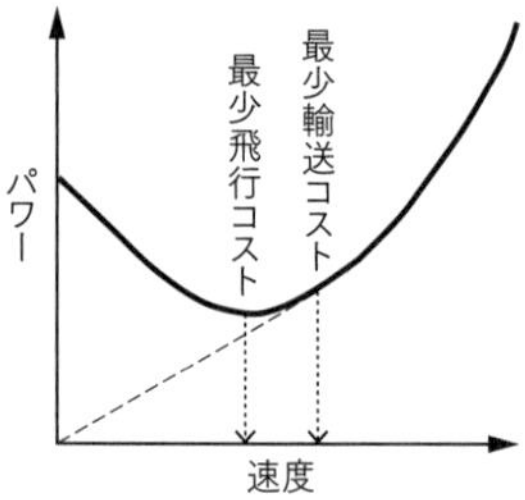

図9－12　飛行に必要なパワーと速度の関係

これら抗力とパワーのU字形グラフは、飛行機の理論を元に計算して出したものである。では実際の鳥では理論通りになるのだろうか。セキセイインコに酸素マスクをつけさせ、風洞中でさまざまな風速で飛ばして酸素消費量（つまりエネルギー消費量）を測るというものすごく難しい実験を初めてやったのがデューク大学のヴァンス・タッカーで、その結果は理論通りU字形の曲線になった。

私がデュークにお世話になったことはすでに記した。タッカー教授の姿は時々目にはしたのだが話しかけたことはない。なにせ長期間、一切論文を書かずに困難な実験に没頭し、突如、目の覚めるような結果を発表して、また長期間沈黙しながら今度は難しい計算に没頭するという尋常ならざる人物だったから。しかし実験装置は彼の学生に頼んで拝ませてもらった。建物1つが風洞になっており、風洞の真ん中に鳥を飛ばす部屋がある。その部屋に巨大な扇風機を回してさまざまな速度の風を送り込み、それに負けないように鳥が部屋の真ん中の位置を保って飛び続けるように訓練する。見学させてもらったときはタカを飛ばしていたが、扇風機を回すとごうごうたる音が鳴り響き、よくまあこんな中でも飛ぶように訓練したなあと、人にも鳥にも感心した記憶がある。

第10章 さまざまな飛行

羽ばたき飛行

鳥やコウモリは羽ばたいて飛ぶ。胴から左右に伸ばした翼が唯一の動力発生器であり、これの生む揚力により体を浮かせ、かつ体を前に進ませる。それに対して飛行機の翼は固定されており、別にプロペラという動力発生器がある。プロペラで体を前に進めることによって翼に風を送り、その風を受けて翼は揚力を発生して体を宙に浮かせる。プロペラの羽根（ブレード）もじつは翼であり、横断面を見るとまさに翼型をしている。プロペラはその発生する揚力が前を向くように配置されていて、これが機体の推進力を提供する。つまり飛行機は垂直面を動く翼（プロペラ）と水平面に固定された翼の2種類の翼をもち、体重を支えるのは固定翼、前に進むのはプロペラと分業を行っている。

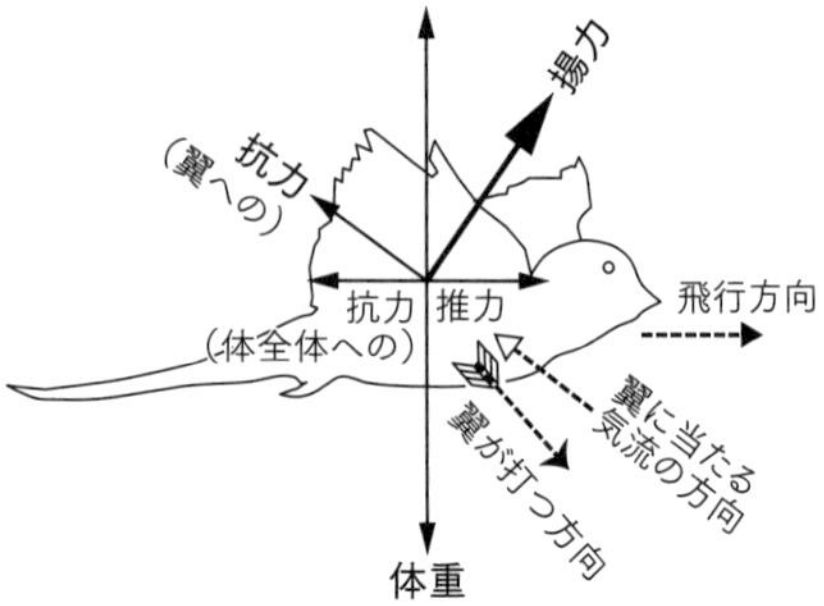

図10－1　鳥の羽ばたき水平飛行における力のつりあい

ところが鳥の翼は1種類のみ。その1つで推力と体を浮かせる力の両方をまかなわねばならない。だからその力は、体重に釣り合う垂直上向き成分と、体全体への抗力に釣り合う水平前向き成分とをもつ必要がある。それを満たすには翼は胴に垂直に上下に動くのではなく、羽ばたく面を後ろに傾けて、斜め後方上から、斜め前方下へと打ち下ろすことになる（図10－1）。

こんなふうに打ち下ろされたら、空気が前に押されてブレーキがかかりそうなものだが、そんなことはない。鳥はかなりのスピードで前に進んでいるので、風は前方ちょっと下から翼に当たる。だから発生する揚力は上向きかつ大きく前に傾いており、前向きの推力が生じる。

もう少し詳しく見ると、揚力は翼に当たる気流の方向に直角に発生する。揚力の水平成分が推力になり、これが体全体にかかる抗力と釣り合う。揚力の垂直成分と翼への抗力の垂直成分の和が体重と釣り合って体を支える。

速い飛行・遅い飛行

同じ飛ぶと言っても、飛び立ちはじめのようにスピードが遅いときと、速く飛んでいるときとでは飛び方が違う。

飛び立つときには必ずと言っていいほど風上に向かって飛ぶ。対気速度が上がってより大きな揚力が得られやすいからである。木や崖の上にいる場合には、飛び降りて滑空すればいい。サギやツルのように脚の長い鳥は、脚のバネを使って飛び立つ（ちょうどカタパルトから打ち出されて発進する飛行機のように）。カモやフラミンゴなどの大形の水鳥は水かきのある足で水面を蹴りながら助走する。助走しながら羽ばたくが、羽ばたいて空気を下に押せば、その空気は水面で跳ね返って吹き上げて来るので体を持ち上げる助けになる。

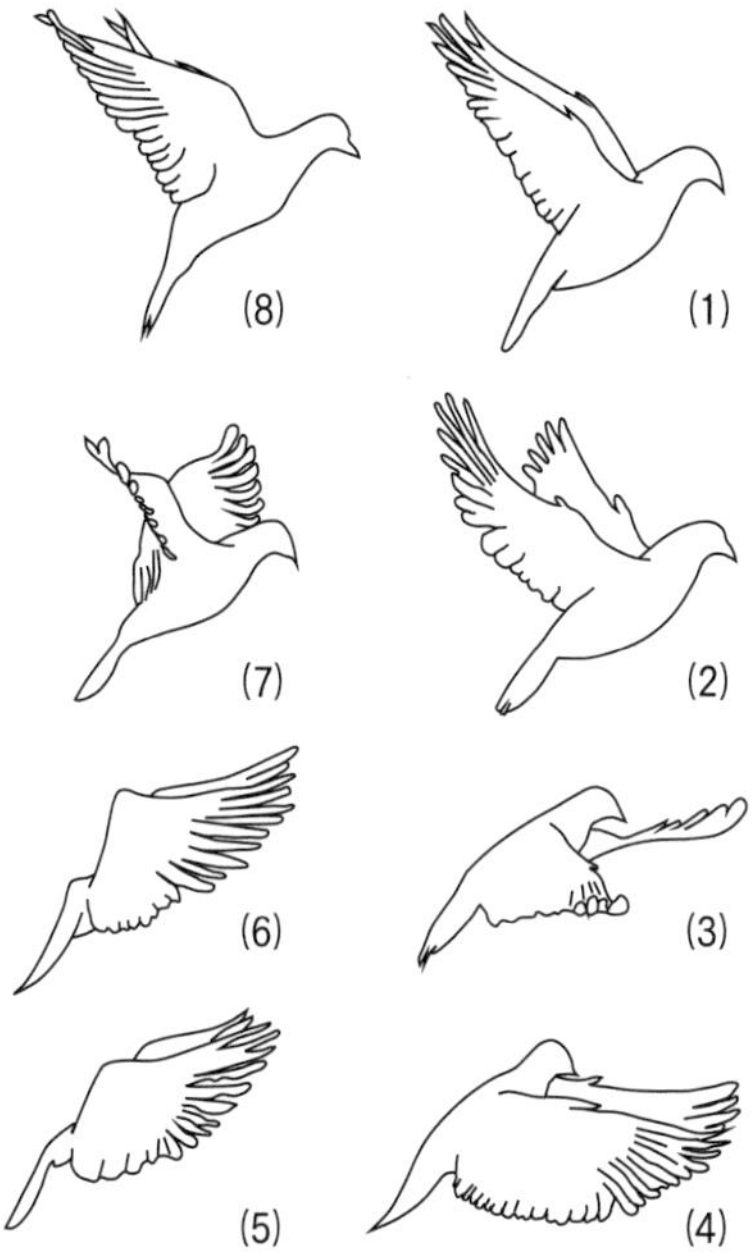

図10－2　ハトの遅い水平飛行　1/100秒間隔で撮影した連続写真からトレースしたもの。１～４が下向打、５～８が上向打

図10－2はハトが飛び立ったばかりの遅いときの羽の動きを横から連続撮影した写真のトレース。下向打は翼が充分に上へと伸び、

両方の翼がほぼ合わさったところから始まる(1)。大胸筋による下方への強力な引っ張りにより、翼は急速に下向きに加速される(2)。水平を過ぎたあと、翼は下向きに動き続けるが、肩関節のまわりに前にも振れる(3)。ここでは肘関節の曲げと手首の回転が起きている。両方の翼が頭より前に出てほぼ翼同士が打ち合うようになったところで下向打が終わる(4)。翼を合わせて拝むような姿で手首を曲げて翼を持ち上げ頭を包むようにし(5)・(6)、そこから翼を急速に開きながら上へと振る(7)。上向打の最後の段階では翼が後ろへさっと鞭打《むちう》つような動きをし、この動きは揚力を生むとされている(8)。

以上、遅い飛行の羽ばたきについて少々詳しく述べたのだが、それは遅いときほど羽ばたいて揚力を発生するのが大変な作業になるから。速ければ翼に当たってくる気流を使って滑空できるから、懸命に羽ばたく必要がなくなる。

ここからはハトとは限らず小形の鳥一般での遅い飛行と速い飛行を比べながら見ていこう。

翼の動かし方はスピードの遅いときと速いときとでは大きく異なる。遅いときは羽ばたき面(胴に対して翼が動いていく面)が垂直から後ろ寄りに大きく傾き(図10-3中)、胴も頭が上になるようにやや垂直に立つ(図10-2)。だから打ち下ろしの際の翼の迎え角がより大きくなり、速度が遅くても大きな揚力が得られる。

それに対して速い飛行では、胴がほぼ水平に保たれ、翼も胴に対してほんの少ししか後ろに傾かずほぼ垂直に羽ばたく(図10-3右)。こうすると迎え角が小さくなってしまうが、速く飛んでいるので翼の対気速度は大きく、大きな揚力が得られるので問題はない。そして胴が水平になると胴の空気抵抗が減るという良い点もある。以上が翼を打ち下ろすときの話。

翼を打ち上げる際には、翼の前縁を持ち上げるようにひねって翼がより垂直になるようにするが、遅く飛ぶときの方がひねりが大きい。これにより逆向きの揚力（「負の揚力」）がなるべく発生しないようにしている。また遅いときの打ち上げでは初列風切羽がばらけるし、多くの鳥は手首の関節を曲げて翼を一部畳む（図10－2(5)～(7)）。これらは負の揚力発生を抑え、かつ翼にかかる抵抗を減らして打ち上げを容易にする。

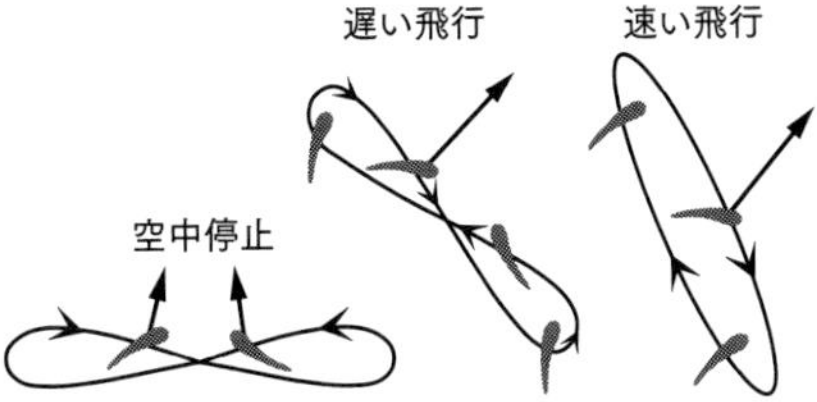

図10－3　鳥が羽ばたく際の胴から見た翼の先端の軌跡　飛行の方向は右。灰色の影は翼の断面で、それに付いている矢印は揚力

翼の描く軌跡も遅い飛行と速いものとでは違っている。遅いときは胴から見た翼の軌跡は後ろに大きく傾いた8の字を描く。こうすると、打ち上げ時に翼をより強く後方に傾けて動かすことになり、体の進行とは逆方向に動くので翼に当たる気流の速度が下がって負の揚力発生が小さくなる。

速いときの翼の軌跡はやや後ろに傾いた楕円になる。打ち下ろしのときには楕円の前側を描き、打ち上げのときには後ろ側を描く。打ち下ろしが前になるのは、打ち下ろしの際に揚力の前向きの成分が働くから翼が少々前に出るためだろう。

速い飛行の地面に対する翼の先端の軌跡を図10－4に示す。打ち下ろしでも打ち上げでも揚力は上向きの成分をもって体を持ち上げることに寄与するが、水平成分に関しては、打ち下ろしで大きな前向きの成分、打ち上げで小さな後ろ向きの成分（つまり抵抗になる成分）をもつ。

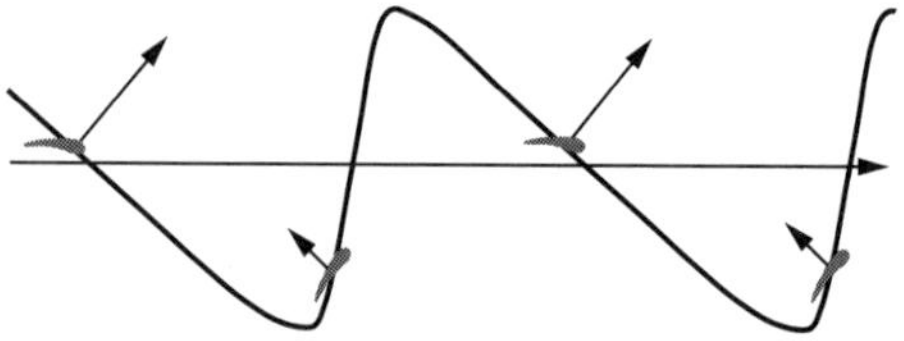

図10－4　右へと高速で飛んでいる鳥の、地面から見た翼の先端の軌跡　胴から見た翼の軌跡（図10－3右）に胴の進む速度を足すとこの図になる。灰色の影は翼の断面で、それに付いている矢印は揚力

歩行・走行の場合は速く進むほど肢を振る頻度が上がったが（27頁）、飛行の羽ばたき頻度はほぼ変わらない。だから翼の1往復の時間は飛行速度で変わらない。しかし、打ち下ろしにかける時間と打ち上げにかける時間の割合が変わる。遅い飛行では打ち下ろしの時間の方がずっと長い。たとえばオカメインコの場合、下向打を上向打の2倍の時間をかけて行っており、1周期中で下向打が2／3を占める。筋肉はゆっくり動くほど大きな力が出せるからより力の必要な遅い飛行のときの下向打がゆっくりなのは納得がいく。ここのところは歩く際に接地位相の肢の動きがゆっくりなのとも通じるだろう（22頁）。そして打ち上げでは後ろ方向にすばやく打てば、翼の気流に対する前向きの速度はずっと小さくでき、ここでもじゃまな揚力が出にくくしている。打ち上げは大胸筋よりずっと貧弱な小胸筋で行っているのであり、それでもより速く翼を動かせるのは、羽根をばらけさせた

り翼を畳んだりして翼をより抵抗なく動かせるようにしているからである。

結局、遅い飛行では、打ち下ろしでなんとか体を持ち上げる分の揚力を発生し、打ち上げはあの手この手でなるべくじゃまな揚力が発生しないようにする。それに対して速い飛行では、翼に当たって来る気流だけで充分な揚力が得られるので、打ち方に特別な工夫はしない。速いと大きな揚力が得られるが、これには羽ばたきではあまり動いていない翼の付け根にも速い気流が当たって揚力が発生することも寄与している。遅いときには大きく動いている翼の先端部だけでしか揚力を発生できないからこそ、いろいろな工夫が必要になってくるのである。

飛様？

以上のように速度の違いで翼の動かし方も違っているのだが、これを聞いて歩行と走行の区別を思い出さないだろうか。歩行と走行は違う歩様である。それぞれがある特定の肢の動かし方をもち、ある特定の速度範囲で進む。飛ぶ場合にも、翼の動かし方と速度がセットになった2つの飛び方があるのだから、これらは別の「歩様」と呼べるかもしれない。歩様ならぬ「飛様」があると言ってもいいような気がするが、世の中にそんな言葉はない。

第3の「飛様」もある。速度0の飛び方、つまり羽ばたきながら空中の同じ場所にとどまる飛び方で、これを空中停止（ホバリング）と呼ぶ。空中停止では前に進んだらダメだから、揚力は真っ直ぐ上に向く必要がある。鳥で唯一日常的に空中停止するのが最小の鳥であるハチドりで、1時間近く空中停止し続けることも可能。このとき、羽ばたく面をほぼ水平にして8の字を描くように翼を動かす（図10−3左）。ハチドリは打ち上げのとき（というより水平に打ち戻すとき）には翼を完全に裏返す。すると打ち戻しでもほぼ上向きの揚力を発生させることができる。ハチドリは特殊な肩と手首の関節をもち、関節を大きく回転させて翼を裏返すことができるのである。飛行速度がごく小さくなるほど誘導抗力が大きくなることは前章の最後で見た。そのため空中停止するには誘導抗力に打ち勝つ大きな揚力が必要になり、翼の往復どちらでも揚力が生じる仕組みをもたないと持続的な空中停止はできないのだろう（もちろん体が小さくて軽いことも条件になる）。昆虫も翼を反転でき、彼らもハチドリ同様、空中に止まりながら花の蜜を吸う。

図10−3のように3つの「飛様」を並べてみると、遅い飛行が空中停止と速い飛行の中間だということがよくわかる。

【コラム】非定常状態

前章で見た翼の揚力発生機構は、止まっている翼に空気が一定の方向から当たり続けている状況、つまり定常状態でのものを考えた。しかし動物の翼は止まっているわけではない。スズメは1秒間に15回羽ばたく（羽ばたき周波数15Hz）。チョウは20Hz、カは100Hzになるものもいる。小さなものほど周波数が高い。発生する揚力は翼の面積に比例するから、翼が小さければ羽ばたき周波数を上げる必要があるからだ。

羽ばたき飛行では、羽ばたく方向が変わるたびにさまざまな渦が生じ、渦によって生じる力が揚力の発生に関わってくる（とくにサイズが小さくて羽ばたき周波数の高い昆虫では）。渦の力を考えるには非定常状態の流体力学を使う必要があり、昆虫をモデルとして研究が進行中である。その結果が本書で扱っている、より大きい鳥の飛行とどう関係するかはまだよくわかっていない。

滑翔

トビはほとんど羽ばたかずに上空で輪を描き、下界の獲物を狙っている。上空にとどまっていられるのは上昇気流を使って滑翔しているから。

滑空は重力に引っ張られて下向きに飛ぶが、もしもまわりの空気そのものが上昇しており、その上昇速度が鳥の降下速度以上なら、鳥は同じ高さにとどまったり上昇したりが可能になる。自然界に存在する空気の運動を使って羽ばたかずに持続的な飛行を行うのが滑翔（帆翔《はんしょう》、ソアリング）である。

鳥が滑翔に使う空気の運動には2種類ある。(a)上昇気流と(b)速度勾配をもつ気流。上昇気流を使うものにはさらに2種類ある。（a－1）山や崖の斜面を吹き登ってくる風を使い、崖の縁の上空にとどまって餌を狙うもの（チョウゲンボウなど）。（a－2）直射日光で熱くなった地面に接している空気が温められ、軽くなって上昇する気流（熱気泡《ねっきほう》）を使うもの（トビやコンドルがこれ）。

ここでは熱気泡を使うハゲワシと、速度勾配を使うアホウドリの例を紹介する。

熱気泡滑翔

黒っぽい岩や太陽の方向に向いた斜面では、地面は太陽の放射熱により高温になる。すると岩に接している空気は暖められて密度が下がり、空気の柱になって上昇する。これが熱気泡（サーマル）である。

熱気泡はドーナツ状をしており、ドーナツを断面にすると、ドーナツの穴に面した側の空気は上に行き、ドーナツの外側の空気は下に行き、くるくると渦をつくりながら、全体として泡は上昇していく。そこでハゲワシはドーナツの穴の縁の上昇する気流を使い、穴の縁をぐるっと輪を描きながら上昇し、こうして高い位置から地上に横たわっている哺乳類の死体を探す（図10－5）。アフリカのセレンゲティ平原のような強く太陽の照る地域では、熱気泡は秒速2

～5ｍで上昇する。鳥が上昇気流のない状態で体を持ち上げるのに必要な最小限の揚力を生むには、少なくとも秒速約1ｍで降下する必要がある。熱気泡の上昇はこの速度より大きいので滑翔で体を持ち上げることが可能になる。

平原ではほぼ等間隔に並んだ熱気泡の列ができる。そこで鳥は熱気泡中で円を描いて上昇し、そしてその熱気泡から離れて滑空して降下しながら次の熱気泡へと移動していく。熱気泡は上昇すると冷えて雲になる。だから雲を見れば熱気泡がどこにあるか簡単に見つけられ、ハゲワシは熱気泡から熱気泡へと上昇・降下を繰り返して長距離の餌探しを省エネで行っている。マダラハゲワシは巣のある崖と、餌を見つけられる哺乳類の群れのいる場所（最大140km も離れている）の間を、熱気泡滑翔しながら毎日通う。パタゴニア（南米）のコンドルに記録計を取り付けた調査によると、羽ばたくのは飛行時間のたった1％で、残りは羽ばたかず、ある1羽はまったく羽ばたかずに5時間以上170km も滑翔し続けた。

熱気泡滑翔するのは大形の陸鳥で、翼の形に特徴がある。①翼長もアスペクト比もほどほどの翼面荷重の

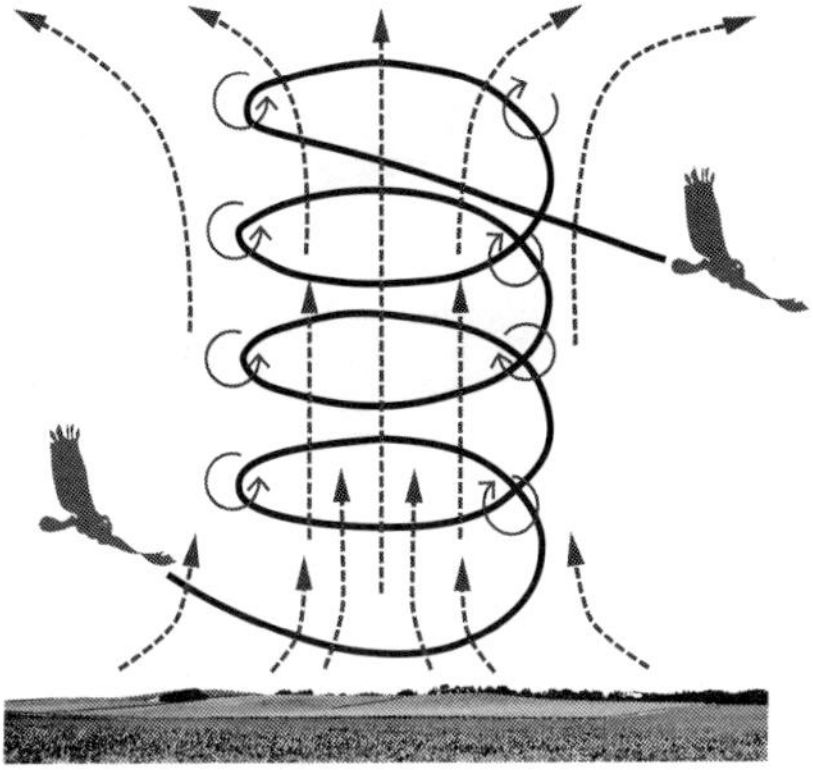

図10－5　熱気泡滑翔

図10－6　熱気泡滑翔中のコンドル（上）とインドハゲワシの翼の投影図（下）
ハゲワシ類のアスペクト比はほぼ７

小さい矩形の翼で、②翼端では初列風切羽の間に隙間があり、③初列風切羽は上に反り上がっている（図10－6）

①翼面荷重が小さいことは、熱気泡中を旋回することが関係する。熱気泡の直径は20～30ｍのものが多く、そんなドーナッの内側の縁を旋回するのだから、ハゲワシはかなりの小回りで旋回しなければならない。旋回するには旋回の中心に向かっての力（向心力）が働かねばならず、鳥は体を傾けて（バンキングして）、揚力に回転の中心に向く成分が生じるようにしてそれを向心力とする。より小さな回転半径をもつにはより大きな向心力が必要で、揚力と向心力の大きさとの関係から、最小の回転半径は翼面荷重に比例するという関係が導き出せる。だから翼面荷重が小さいほど小回りが効くことになり、熱気泡滑翔者は翼面荷重の小さい、つまり翼開長の割には弦長のある（あまりアスペクト比の高くない）矩形の翼をもつことになる。

②翼端では初列風切羽の間に隙間がある。これは陸上の上昇気流は乱流が生じやすいことへの対応である。羽に隙間があると大きな迎え角での失速が起きにくくなる（飛行機にも隙間フラップという同様な働きをする機構がある）。また分かれた個々の初列風切羽は渦を発生して乱流を抑えるボルテックスジェネレーターとしても働く（これはマグロの小離鰭と同じ役割。176

頁）。

③初列風切羽は上に反り上がっている。こうなっていると初列風切羽の翼端が反らない真っ直ぐな翼よりも翼にかかる曲げモーメントを減らし、それでも大きな揚抗比を得ることができる。これは飛行機の翼端にあるウィングレット（翼の先に付いている上向きの構造）と同じ効果をもつ。

動的滑翔

滑翔に使える別のタイプの空気の運動もある。海の上を強い風が吹けば、上空と海面の空気の間に強い速度勾配が生じる。「滑りなし条件」（195頁）があるから海面での風速はゼロ。海面から上方の自由に風が吹いている速度に至るまで、速度勾配をもつ空気の境界層ができ、それを使って滑翔するのが動的滑翔（風速勾配滑翔、ダイナミックソアリング）である。一定の強い風の吹いている開けた場所（ふつう海の上）がこれに適した場所で、アホウドリやミズナギドリは動的滑翔により長距離移動や海面での長時間にわたる採餌を少ないエネルギーで行っている（アホウドリもミズナギドリも同じミズナギドリ目の海鳥）。

ワタリアホウドリは南極大陸のまわりの南緯50度あたりの海上で暮らしている。ここは「狂う50度」と形容されるほど、いつも強風が吹く暴風圏で、海面から20m上空では台風なみの風速がある。だから風速の大きな勾配が海面近くに常に生じているのがこの海域であり、アホウ

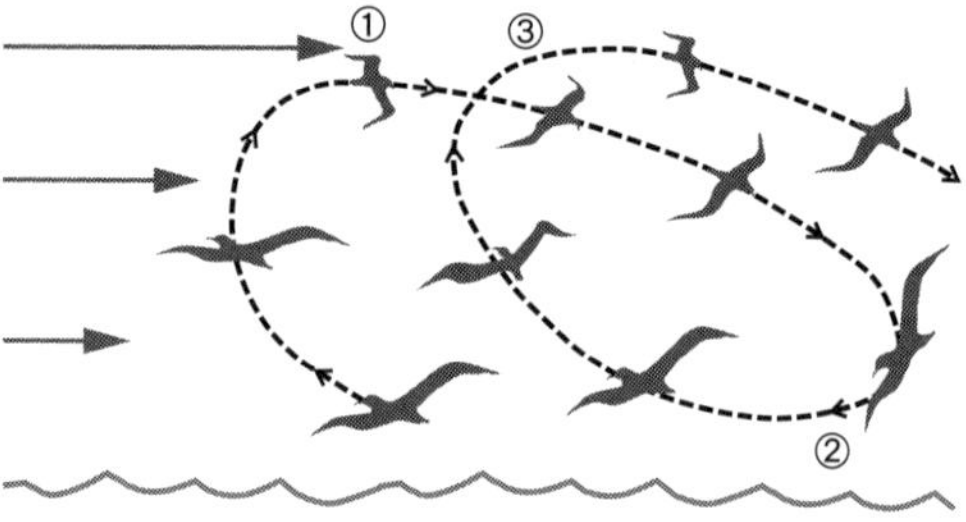

図10－7　アホウドリの動的滑翔　左端の水平な矢印は風速を表す

ドリはこれを利用する。海面すれすれと高度10〜20ｍの間を数十秒かけて上下しながら滑翔し、なんと安静時とほぼ同じエネルギー消費量で空中を移動し続けられるという、とんでもなく効率の良い飛行をする。

アホウドリの動的滑翔は次のように行われる（図10－7）。

①まず高さ10〜20ｍのところで風下に頭を向ける。すると翼の対気速度はほとんどなくなり揚力が低下して鳥は斜めに落ちていきながら追い風を受けて加速する。海面に近づくと風速はどんどん弱くなるが、一方、体は重力エネルギーを運動エネルギーに転換して加速するから海面近くでは時速１００kmにも達する。鳥は海面に浮いている餌を探す。

②１８０度旋回して風上へ向かう。体の速度が１００kmもあるので大きな揚力が得られ上昇する。鳥が風に向かって上昇しはじめると、鳥はもっている運動エネルギーを位置エネルギーに換えるから対地速度は下がるが、上に行くほど向かい風が強くなるから対気速度は上がっていくため揚力が大きく働き、鳥はますます上昇して速度勾配を登り切る。

③高度10〜20ｍに達すると再度旋回し、①からを繰り返す。

ワタリアホウドリの主な餌はイカである（魚も食べるが）。死んだか弱ったかして海面近くに浮いているイカをついばんで食べる。南極海にはイカが大量にいる。歯クジラがあの大きな体をイカで養えるほどたくさんのイカがいるのである。

渡り

鳥には毎年、長距離の渡りをするものが多数いる。鳥に渡りができるのは飛べるから。飛べば①速く（つまり時間効率よく）、しかも②エネルギーコストが安くて移動できるし、③海や高山が障害にならず、最短距離を移動可能。

渡るのは餌のためである。北国は冬になると餌が少なくなる。それに対して赤道に近い暖かい国にはいつも餌がある。そこで渡り鳥は秋になると南の国を目指す。ではなぜ南国にとどまり続けないのだろうか。理由は南国には競争者・捕食者・寄生虫・病気が多いから。

北国の良いところは、冬が明けて春になると、虫やカエルなど、鳥の餌になる動物が一気に大量に発生するところ。それを狙って鳥は渡っていく。豊富な餌を使って子育てもする。捕食者も寄生虫も少ないから、北国は安全に子育てできる環境なのである。

長距離の渡りの例を見ておこう。

オオソリハシシギ

体長40㎝ほどの大形のシギ。アラスカで繁殖し、そこから一気に赤道を越えて太平洋を南下して越冬地のオーストラリア東部やニュージーランドまで渡る。1万7000㎞を8日ほどで行くが、そのうち、1万1000㎞は無着陸。時速90㎞ほどで飛び続ける。その間、ほとんど餌をとらず、渡り終わると体重が半減する。

キョクアジサシ

ハトぐらいの大きさで、北極圏で春と夏を過ごし、そこで繁殖し、秋になったら赤道を越え、これから夏を迎えようとする南極圏に渡る。渡る距離は片道3万5000㎞で、一部の鳥では往復の総移動距離が8万㎞にも達する。地球の両極の間を行き来するのだが、これだけの距離を旅しても割が合うのは、渡りで使うエネルギー以上のエネルギーが、渡った先の餌から得られるから。南極まで行く理由は2つ。

①南極の夏の海には、ナンキョクオキアミが大発生し、これを餌にできるから。このオキアミは体長6㎝ほど。シロナガスクジラもこれを食べるが、あの巨体を養えるほどナンキョクオキアミは大量におり、南極海全体でおよそ5億t。量からすると地球で最も成功している動物だなどと言われている。

②南極の夏は日が沈まないから、夜も餌を捕まえられる。もし冬も北極にとどまっていたら

一日中まっくらで餌もとれない。

渡りは過酷だが、飛べば速いから過酷な期間は短くて済む。キョクアジサシは距離が距離だけに、片道の渡りに約2カ月もかかる。1年の1／3が渡りに充てられるわけで、30年ほどの寿命の中で10年間は渡り続けることになる。それほどの時間をかけてでも渡る利点が大きいということだろう。キョクアジサシは極端な例であり、他の鳥では渡りにかかる時間はせいぜい数週間である（たとえばツバメは1～2週間）。

ハシボソミズナギドリ

やはりナンキョクオキアミを利用するものにハシボソミズナギドリがいる。水面を薙《な》ぐように飛ぶのでこの名がある。動的滑翔を行うから薙いで飛ぶように見える。彼らは10月～3月に南極海でオキアミを食べて栄養をつけ、タスマニアで子育てし、それから北へと渡って4月～9月はオホーツク海やベーリング海で別種のオキアミやイカを食べて過ごす。

ミズナギドリは動的滑翔を使って渡る。渡る距離は1万6000km。時速50kmで2週間、昼夜休みなく滑翔する。

渡りの燃料

渡り鳥は砂漠や海を越える例も多く、そこでは餌がとれない場合がしばしばある。たとえばニワムシクイはサハラ砂漠の東部を横断するが、その2200㎞の間、たぶん餌をとらない。旅を始めるに当たり非常に太った状態（体重約24g）だった鳥は、2〜3日後に砂漠を渡り切ったときには体重が2／3ほどになる。失った体重は平均7・3gで、その内訳は脂肪5・1g、タンパク質2・2g。つまり主に脂肪を燃やして飛ぶ。脂肪は分解すると1g当たり炭水化物やタンパク質の倍以上のエネルギーを発生するから、軽くて良い燃料なのである。ただし渡りの後ではタンパク質も減少している。これは渡っていくに従い脂肪が使われて体が軽くなり、飛翔筋をより小さくしても飛べるから、余分な筋肉も燃料に使って体をさらに軽くしているのだと思われる。

水中で羽ばたく鳥

ペンギンは羽ばたいて水中を泳ぐ。そのかわり彼らは空を飛べなくなった。しかし中には空も水中も同じ翼を使って飛ぶウトウのような鳥も存在する。

揚力や推進力を得るには羽ばたいて流体を押し、流体に運動量を与えねばならない。同じ運動量を得るには、流体の密度が小さいほどたくさんの量を動かす必要がある。空気の密度は水の1／830だから同じ反作用力を得るには、空気の場合、水よりもずっと多くの量を押すか、ずっと速く空気を動かす必要がある。鳥の翼が魚のヒレより格段に大きいのは多量の空気を押すためである。

鳥の大きな翼がそのままヒレ（水中翼）として使えるかと言えば、それは難しい。流体から受ける抵抗は粘度にも密度にも物の面積にも比例し、物の動く速度の2乗に比例する（167頁）。水は空気より粘度も密度もずっと大きいから、翼のように大きな面積で速く動くものは水からきわめて大きな抵抗を受けてしまう。となると水中では翼を小さくしてゆっくり動かすことになるだろう。

このあたりのことは、同じ翼を使って空も水中も飛ぶ鳥を見るとよくわかる。ウトウは体長38㎝ほど。ウとついているがウの仲間ではなくウミスズメ科の鳥で、天売島《てうりとう》が繁殖地として有名である。ウトウが海中を飛ぶときには、翼を縮め、ゆっくりと羽ばたきゆっくりと進む（図10－8）。それに対して空中では翼をめいっぱい伸ばしてすばやく振り動かし、大きなスピードで飛んでいく。具体的に述べると、海中では1秒間に2・6回羽ばたいて1・3ｍ進む。それに対して空中では1秒に8・9回羽ばたき15・3ｍ進む。つまり空中では3・4倍も多く羽ばたき12倍も速く進む。

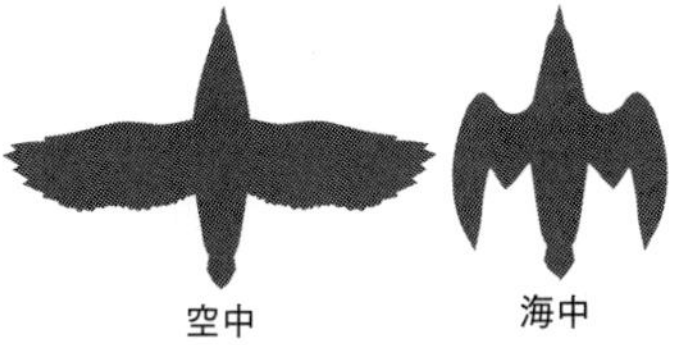

図10－8　ウトウの海中（右）と空中の飛行

空を飛ぶときの羽ばたき頻度は、同体重のハシブトガラスより倍も高い。これはウトウの翼が空を飛ぶ専用の翼に比べて小さいことによる。ペンギンのように空を飛ぶのをやめて水中羽ばたき専用の翼にしたものは、ウトウの翼よりさらに小さい。ウトウの翼は水中専用の小さな翼と空中専用の大きな翼の中間サイズなのである。兼用にすれば、専用のものに比べて効率が下がるのはいたしかたないところだろう。

第11章

ウニの歩行

ウニの体はまったくユニーク

私自身が研究したことにも若干触れて本書を閉じたい。私がもっぱら研究してきたのは棘《きょく》皮《ひ》動物、つまりナマコ、ウニ、ヒトデの仲間で、どれもきわめてゆっくりと海底を這う。こんな逃げ足の遅い動物はたいてい隠れているものだが、棘皮動物は海底に露出して暮らし、それでも食われてはいない。そのことは沖縄の海でナマコの多さに驚き、磯焼《いそや》けの海のウニの多さにうんざりすればわかる。のそのそしていても食われないのはなぜかが、そもそもの私の疑問だった。

その答えは3つの手段で身を守っているから。①毒（ナマコやヒトデ）、②硬い殻と棘（ウニ）、③硬さの変わる結合組織（これは棘皮動物すべてにある）。

③については説明が要るだろう。ナマコやヒトデの皮（結合組織）は緊急時に非常に硬くなって動物を守る。このような硬さのすばやく変わる結合組織を私は「キャッチ結合組織」と呼んでおり、棘皮動物独特のものである。

ウニにもキャッチ結合組織があり、やはり身を守ることに関係している。ウニの殻はちょうど栗《くり》の毬《いが》のように見えるが、栗とは違い棘を動かすことができる。棘は殻の上の小さな丸い膨らみ（疣《いぼ》と呼ぶ。図11－5）の上に乗っており、棘と疣の間はボールジョイントそっくりの関節になっている。関節には筋肉があり、これで棘を振り動かす。関節には筋肉の他に靭帯があり関節の脱臼を防いでいるのは哺乳類の関節と同様だが、この靭帯がキャッチ結合組織なのである。これは緊急時には硬くなり、棘をガチッと立てて不動にし、槍《やり》ぶすまをつくって身を守る。このキャッチ結合組織が私のライフワークだった。だからいかにして動かなくて済むかの研究をずっとやってきたことになる。そんな人間が本書を書いてしまったのだが、移動運動の研究をまったくやらなかったわけではない。

ウニの棘の根元のキャッチ結合組織は硬くなって身を守るだけでなく、ふだんは棘の動きのじゃまをしないように軟らかい状態になっている。だから棘を大きく倒して狭い隙間を通り抜けることもできるし、棘を振って歩くウニもいる。大学を定年退職する前の数年間、ウニの歩行の研究をしたのでここに紹介したい。

歩帯

まずウニの体について説明しておこう。ウニの殻はちょっと上下につぶれたボール状であり、これを地球儀に見立てる。殻の頂上が北極（背中側の真ん中）で、ここに肛門がある。口は南極、つまり地面に向いている面の真ん中が口。北極と南極の中間が赤道で、ここが殻の一番太った部分。赤道より下の南半球を口側、北半球を反口側と呼びならわしている。

棘皮動物は体が5放射相称形をしている。そのことはヒトデでよくわかる。ヒトデは南極と北極を結ぶ軸のまわりに腕が5本、放射状に突き出した星形をしている。ヒトデを軸のまわりに72度（360÷5＝72）回転させるとまったく同じ形になるが、それが5放射相称形。ヒトデの腕の下面には、口から腕の先端へと管足がずらっと並んだ帯が走っており、これを歩帯と呼ぶ。

ウニの体は球形だがやはり5放射相称で、歩帯が5本、放射状に配列している。各歩帯は南極と北極をつなぐ経線に沿って走っており、そこに管足が並んでいる。歩帯と歩帯の間が間歩帯で、ここに歩くための棘がある（図11－5）。ウニの棘には主棘と副棘があり、副棘はごく細くて移動運動には使われない。主棘は管足同様、経線に沿って並ぶ。

管足

管足については第1章のコラムでほんの少し触れた（17頁）。管足は管《くだ》状の細長い透明な管で、ウニでは太さは1㎜以下。棘皮動物はみな管足をもっており、ヒトデの管足はもうちょっと太いから見やすく、これで歩く。また、管足の先端にある吸盤を貝の殻に吸い付けて管足を収縮させることにより、殻をこじ開けて食べるのにも使われる（ヒトデの管足が太いのは貝に強い力をかけるため）。管足で海底に固着して体が流されないようにもしている。ヒトデが水槽のガラス面に管足で貼り付いているところは水族館でご覧になった方も多いだろう。管足の管の中には水が詰まっていて、管足は水圧で伸び縮みする。管の根元は体の中に入っており、この部分が膨れた袋になっている。袋がギュッと縮むと、中の水が押し出されて管足の中に入っていき、管足は折り畳んだ提灯《ちょうちん》を伸ばすように体から数センチメートルほど伸び出す。管足の壁にも長手方向に筋肉があり、これが縮むと管足が縮んで水は袋の中へと戻る。この伸び縮みする管足を前方に伸ばして岩盤にくっつけてから縮めれば、体は引っ張られて前に進む。ヒトデもウニもナマコもこうやって前進するし、壁を登るときもこのやり方で体を引っ張り上げる。ただし平らな海底を歩く際には、管足を水でぱんぱんに膨らませて硬い棒状にし、これをレバーとして使うものもいる。またウニの場合、管足ではなく棘をレバーとして使って歩くものもいる。棘皮動物の歩き方は多様なのである。

管足も棘も何百本とあり、足の候補をウニはものすごくたくさんもっているのだが、じつはないものだらけなのがウニ。肺や心臓がない、脳がない、腎臓もない、そして眼や鼻や耳、つまりまとまった感覚器官がない。

そのないもののかわりをしているのが管足である。管足は万能の器官で、足としての用途以外に、手として使って餌を捕らえたり、感覚器官、呼吸器官、排泄器官としても働いている。管足が機能に対応して形が変化している場合もあり、たとえばガンガゼ（ウニ）の反口面（開けた海水に向いている面）の管足は壁が非常に薄くて吸盤がなく、これらは呼吸や排泄に働いている。

ウニの驚きの走り方

私が主に使っていたのはこのガンガゼ（図11－1）である（「ガゼ」とはウニを指す古語）。大形で食用に向かない。沖縄のサンゴ礁にたくさんいるが、関東以南の黒潮の洗う海にも見られる。体は真っ黒で反口側の棘は長く尖っており、これで体を守る。刺さるとものすごく痛い。口側の棘はずっと短くて先は丸く、これで歩く。殻の直径が７㎝のガンガゼには約６００本の主棘と９００本の管足が生えている。

ガンガゼが自発的に歩いているところと、棒でつついて逃げるところを比べると、逃げるときは2・5倍速い。速いと言っても1分間に40㎝ほどで、われわれの歩く速度の１／１５０なのだが、これはウニにしてはかなりの速さである。一般に管足を使って歩くものはずっとゆっくりで、たとえば食用になるバフンウニは1分間に10㎝も進まない。この違いは棘がテコとして働くため。棘の筋肉は棘を根元で振り動かすから、棘の先端は筋肉の収縮速度よりずっと速

図11－1　走るガンガゼ　コケる寸前（左）と、その1秒後のコケた状態（右）。この1秒間でウニは8㎜右に進んだ。コケる寸前には殻の前端が上がり、重心の位置も高くなっている。このウニは走行に関係しない反口側の棘を半分以下の長さに刈り込んである

く動く。それに対して管足で歩くウニでは、管足を縮める筋肉の速さがすなわち歩く速さになるので、ずっと遅くしか進めない。

ガンガゼは、逃げるときとふだんの移動とで速度が違うのだが、それは棘の動かし方が違うから。となると速い歩様と遅い歩様があると言っていいだろう。ここでは速い歩様を「走る」と言っておくが、走ってもウニの体が完全に宙に浮くことはない。

その走り方が予想外のものだった。前に進みながら殻の前の方が持ち上がりつつ体全体も持ち上がり、ある程度持ち上がると突然バタンと前につんのめるようにしてコケ、殻は低い水平の姿勢に戻る（図11－1、11－2）。それからまたギギギギッーッと前が上がっていってバタン。これを繰り返しながら走っていく。1回のギッコンバッタンに5秒ほどかかり、その間に3㎝ほど進む。

一方、歩くときにはギッコンバッタンはせず、殻は水平の低い位置を保ったまましずしずと進む。

どのようにギッコンバッタンが起きるかを説明するには、棘の配置をもう少し詳しく述べておく必要がある。ガンガゼは口側面にある主棘を使って進むが、1本の間歩帯にある棘に口側から赤道へ向かって経線に沿ってⅠ番から番号を振ると、最も外側（赤道側）がⅧ番となる。棘は外側のものほど長い。もう一つ、殻の進行方向最先端を殻における位置0、最後端を1として、棘の疣の位置（棘が殻から生えている位置）を数値化する。この2つの数字の組み合わせで、すべての棘が特定できることになる。

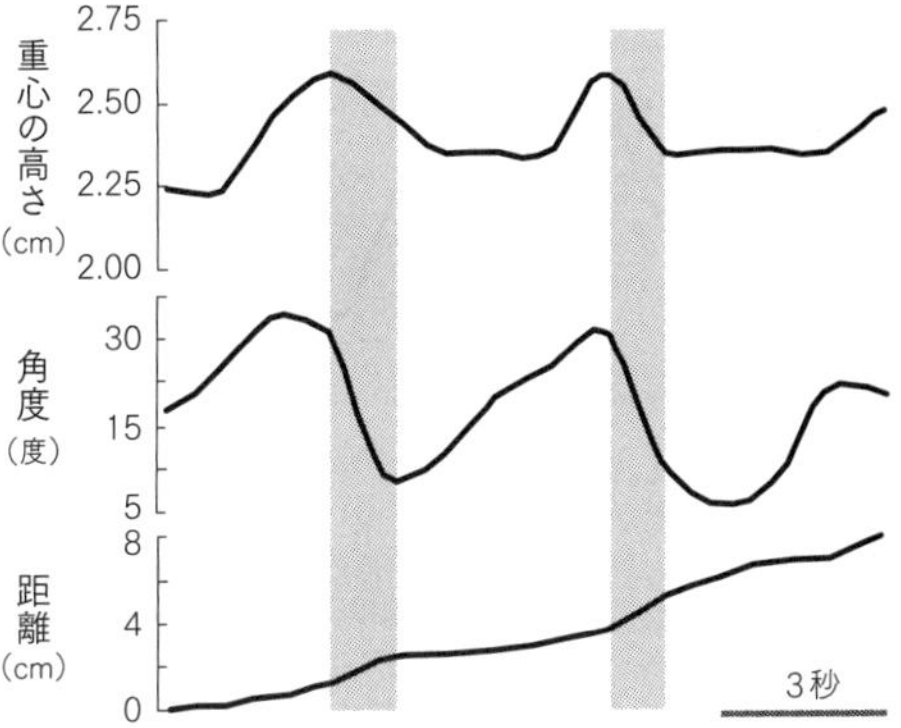

図11−2　ガンガゼが走るに伴い（下段が進んだ距離）、**重心の位置**（上段）**と殻の傾き**（中段）**が変化する**　灰色にマークした部分で重心が大きく落ちている。移動速度は角度よりは重心の高さと高い相関がある

さて1回のギッコンバッタンで使われる棘は多くても10本しかない。使われる棘はほぼ0・4〜0・8の位置にあるⅣ〜Ⅷ番のものだった。つまり殻の前端や後端の棘は使わず、また口に近いものも使わない。ちなみにⅧ番の棘はⅣ番の2倍の長さがある。

ではギッコンバッタンの説明に入ろう。ウニが休んでいるときには、口側の棘は口から放射状に広がるように皆、倒れており、棘の

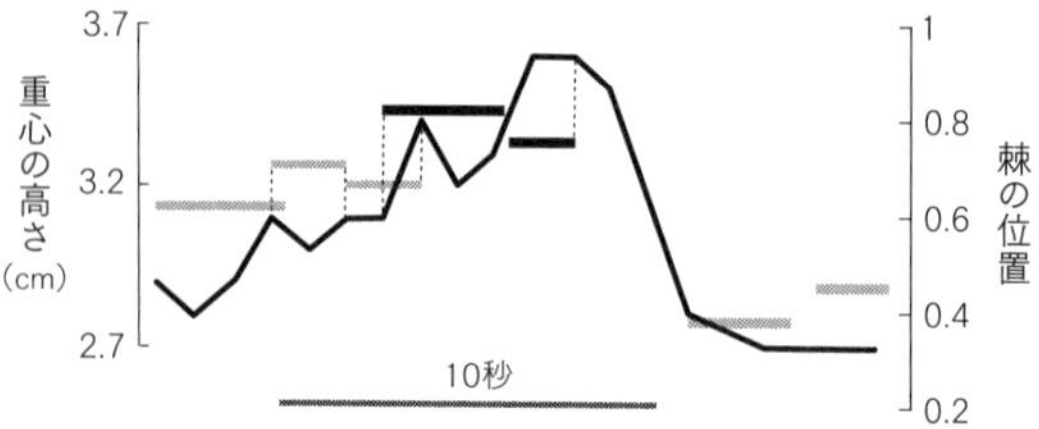

図11－3　棘の受け渡しと重心の上下　実線は重心の高さ。横棒は力を出して殻を動かしている棘が働いている期間で、横棒の高さは、殻の乗っている疣の先端からの距離（先端が0、殻の後端を1とした相対値）。灰色の横棒はⅣ番の棘（短い棘）、黒塗りの横棒はⅦ番の棘（長い棘でⅣ番の1.7倍の長さ）。各棘は番号が同じであっても前後の位置が異なっており、すべて別々の棘。殻を後端から見て右半分にある棘のみを図には描いてある。棘の着地や離陸が重心の上下と一致しているところが破線で示してあり、一致していないところは殻の左側の棘の動きにより変化が起きた

先端は地面に着いている。走りはじめると殻の後端部の棘を支点として殻の先端が持ち上がり、殻が傾きながら殻の重心の位置も次第にせり上がっていく（図11－2）。上がっていくのは倒れていた棘が、地面に着いている点を支点にして回転しながら立ち上がることによる。これはわれわれの歩行で、肢を真っ直ぐに伸ばして地面を押すのと同様の動きだから、その動きにより殻は持ち上げられるだけでなく、前へと押されて進む。各棘は2秒ほどかけて前から後ろへと振れて地面を押してから、地面を離れて前へと振れ戻る。

　このように後ろに振れながら棘は立ち上がるのだが、振れる棘は殻の前方から後方へと次々にバトンタッチされていく（図11－3）。図を見てわかることは、棘は①前のものから後ろのものへ、②そして短い棘から長い棘へと順にバトンタッチされること。殻の後半部を支点として殻が傾いていくのだから、より支点に近い（つまり後ろ側の）棘が

立った方が大きな角度で前端が持ち上がることになる。「①前から後ろの順番で棘が動く」のだから、まさにどんどん殻の傾く角度は大きくなっていくわけだ。そして「②短い棘から長い棘にバトンタッチされる」とすれば、体全体が（そして重心の位置が）持ち上がることになるし、長い棘を使うとは肢が長くなるわけで、結局、体が持ち上がりながら走行速度が速くなっていく（図11－4）。ここまでがギーッと体が持ち上がっていく前半の位相の話。

ここから先がバタンと殻が前にコケて落っこちる後半の位相の話になる。殻が20〜45度傾き、重心の位置が2・5〜3・5cm高くなったときに、その姿勢を支えていた棘が一斉に後ろに地面を蹴り、殻は前下方へと転がるようにコケる。殻が落ち切ったところで、前方の短い棘が殻を支える（図11－3）。そしてまた新たなギッコンバッタンの周期を繰り返す。まとめると、殻が持ち上がっていくときに使われる棘は前から後ろへと徐々にバトンタッチされて行き、コケるときには後ろから前へとすみやかにバトンタッチされる。

コケるときには、体は速いスピードで前へと進む（図11－2、11－4）。急速に落ちるときに前に進む平均スピードは、殻が持ち上がっていくときの2倍近く速い。速くなるのは、殻が持ち上がって

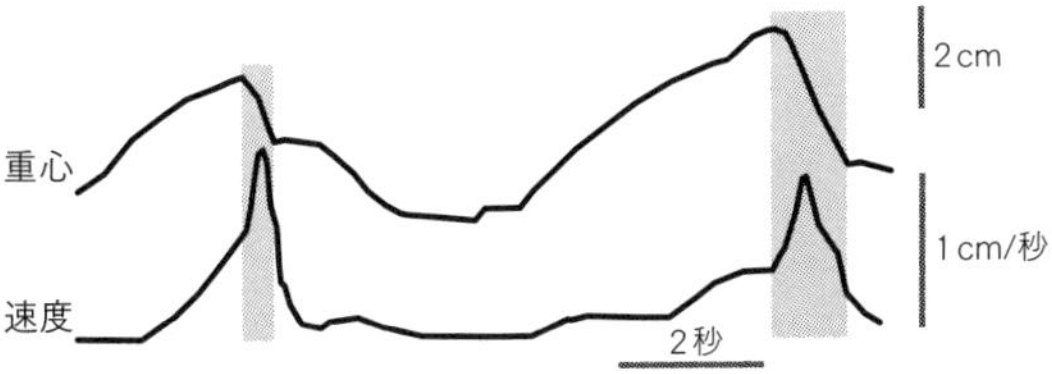

図11－4　重心の高さの増減（上）と走行速度の増減　灰色にマークした部分で重心が急速に落ち、同時に速度が大きく増加している

いくところまでは棘の筋肉の働きで殻が動いているのだが、殻が前にコケるところは重力の働きで殻が一気に落下しているのであり、これは筋肉で動く速さよりもずっと速いからである。

ここまでの話を聞いてヒトの歩き方を思い出さないだろうか。われわれの2足歩行は倒立振り子だった（54頁）。振り子が垂直の位置まで肢の力で持ち上がり、それから先は、錘に働く重力の力で、円弧を描きながら前へとコケる。こうすることの良い点は、コケて前へ進む仕事は重力がしてくれるのでタダ。そして落ちる速度は筋肉の収縮速度より速いので、速度がかせげる。だからコケつつ歩くのは省エネで速く進めるいいことだらけのやり方なのである。ただしこれは、2足直立という非常に不安定な姿勢をヒトが進化の過程でとるようになったからこそできるのであって、また本当にコケてしまわないように、常にバランスをとっている必要があり、こんな芸当は脳や感覚器官の非常に発達しているわれわれヒトだからこそ可能なのだと今まで考えられてきた。

ところがそれと同様な歩き方を、脳も感覚器官もない、そして足が何百本もあって絶対にコケそうもないウニがやっている。わざわざ体を不安定にしてまでコケつつ歩いているのである。これを見つけたときはビックリしましたね。

ウニには脳がない。もちろん神経系はあるのだが、発達しているようにはまったく見えない。そんな神経系を使ってどうやってこのギッコンバッタンができるのだろうか。そこを知りたかったのだが、残念ながら定年を迎えてしまった。

大学生活の最後の数年間、歩き方だけではなく、ウニがどちらの方向に歩いていくかも調べてみた。

ウニはどちらに歩くのか

ふつう、動物は細長い体で、その一端に頭があり、頭を前にして進んでいく（40頁コラム参照）。ところがウニは細長くもなく頭もない。そもそも多くの動物で頭が前にある理由は、頭には口があり、動いていって餌に食いつくのには口が先頭にあると良いから。ところがウニの口は海底の基盤に向いており、口の方向には進めない。となると進むのは球形のウニをぐるっと360度取り巻いている赤道のどの方向かになる。ウニの外見は北極と南極を結ぶ軸のまわりにほぼ完全な回転対称であり、外見だけでは体のどこか特定の一部を前にして進むと都合が良いことを示唆するものは何もない。ただし完全な回転対称というわけではなく、多孔板という目立たない小さな構造が肛門の側にあり（図11‐5）、この位置を基準にすると、一見完全な回転対称のウニでも、殻のどの部位を前にして進んでいるかを決めることはできる。

私が研究するまで、ウニの歩く方向はバラバラで、体の特定の部位を前にして歩くとは思われていなかった。確かにふだんのウニの行動はその通りで、それは彼らの食生活にかなっている。ウニはコンブやワカメなどの大形の海藻を食べる。海藻はあたり一面にワサワサ生えてい

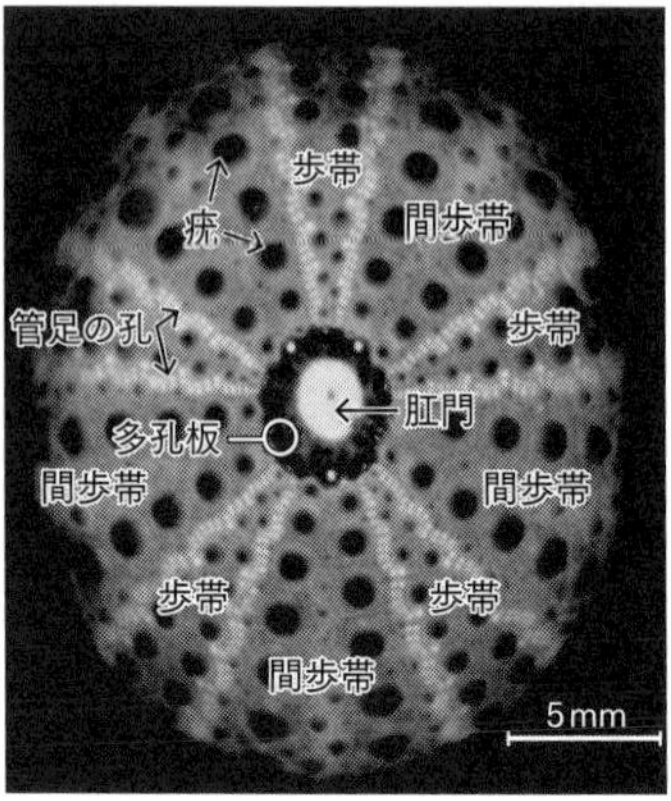

図11−5　楕円形のウニ　ツマジロナガウニの殻を反口面から見たもの。殻の内側から光を当てているので、盛り上がっていて光の通りにくい疣（この上に棘が乗っている）は●に見え、管足が殻を通って外に出る穴は明るい点の列として、2列が1つの歩帯に放射状に並んでいるのが見える

て逃げない。だから眼や鼻を駆使して見つけ、見つけしだい走っていって捕まえるなどという必要はない。たとえ動きはゆっくりでも、眼も鼻もなくても、ウニは大丈夫。そもそも体が他の動物に食われにくくなっているのだから、あわてずあせらず、海藻を食べながらゆっくりと移動していけば済むのである。ウニが立ち去ったあとには、きれいに裸になった岩だけが残る。

ウニは海底の掃除機だと思えば良い。海藻を刈り取って海底をきれいに掃除していく。今はやりのロボット掃除機は丸い形をしているが、ウニもまさにそんな感じである。従来の掃除機は細長くて左右対称だが、これは人間が引っ張るから、引っ張りやすいよう細長い形になっている。細長ければ抵抗が少なくなり、障害物の多い狭い部屋でも隙間を縫うように引っ張っていける。

それに対してロボット掃除機は、あらかじめ進む方向が決まっていない。部屋がどんな形でどんな家具が置かれているかは、掃除機にはわからない。そういう状況で床をまんべんなく掃除するには、進む方向をあらかじめ決めておかない方がいい。行き当たりばったりに動く。そのため方向転換する必要がしょっちゅう出るが、丸ければ体を回転させずに方向を変えられる。ウニには眼がないから、ロボット掃除機とまさに同じ状況なのである。

この丸い形は別の良い面もある。丸い球は体積当たりの表面積が一番小さく、敵に襲われにくくて安全な形である。さらに球は押しつぶされて殻を割られそうになったときにも一番強い。海藻は陽当《ひあ》たりの良い場所、すなわちよく目立って隠れるところなどない場所に生えている。そういうところでゆっくりと食事ができるようにと、ウニは硬い殻と尖った棘で身を守り、そして外敵にさらす面積をできるだけ小さくする。

この外敵にさらす面積をできるだけ小さくすることは、ウニの歩く方向にも関係していることが私の研究でわかってきた。

そのとっかかりは、丸くないウニの研究だった。ふつうのウニは真ん丸だが、ウニの中には、赤道部分が東西に伸びてラグビーボールのように長くなったウニがいる（図11－5）。その名もナガウニ。沖縄のサンゴ礁にはナガウニの仲間が何種かおり、その中のツマジロナガウニは数もきわめて多い。こんなウニはどちらに歩くのかと気になって調べてみた。

このウニ、ラグビーボールの長く尖った方を先頭にして歩くのかと思ったのだが、必ずしもそうではなかった。多くの動物は細長い体をもっており、その長軸方向に動くが、その理由の

1つは抵抗が少なくなるから。しかしウニのようにごくゆっくりと動くものでは水の抵抗は問題にならず（抵抗は速度の2乗に比例する）、またウニは開けた場所で活動するから狭い場所をすり抜ける必要もなく、障害物からの抵抗も問題にならない。だからだろう、ナガウニを水槽の真ん中に置くと歩き出すのだが、どちらへ向かって進むかはまったく予測がつかない。体の特定の部位を好んで前にして進むことはない。

ところがそういうナガウニでも、好んで進む方向を示す場合がある。ナガウニは、ふだんは岩壁に体を着けて休んでおり、そのときには体の長い面を岩に密着させている。こうすると岩で守られる面積が増してより安全になる。そしてナガウニは岩壁に沿って動くことが多い。水槽で飼っていても、いつも水槽の壁に体の長い面を着けて休んでおり、移動するときはそのままの姿勢で壁に沿って歩く。ということは尖った方を前にして進むわけだ。

そこでこんな実験をしてみた。

水槽の壁で休んでいるウニを持ち上げ、水槽の真ん中にもってきて離す。すると、ウニは元の休んでいた場所に戻っていった。元いた場所がわかるのである。でも眼がないのにどうやって？

そこでこういう実験をした。

さっきと同じようにウニを水槽の真ん中で離すのだが、今度はウニの体をある角度だけ口のまわりに回転させてから離す。すると元の場所には戻らず、回した角度の分だけずれた方向に行った。

こんな実験もやってみた。水槽の真ん中に移したウニのところに新しい壁を立て、今まで接していたのとは別の位置で殻が接するようにしてしばらく放置し、その壁を取り外す。するとウニは新たに壁に接していた部位を前にして歩く。以上の結果は、ウニは今まで壁に接していた部位を覚えていて、そこを前にして進むと解釈できる。

これは体の細長いナガウニでの結果だが、では殻が真ん丸のふつうのウニ（バフンウニやムラサキウニ）ではどうだろう。結果は同じで、接していた部位を前にして歩いた。

この行動にはこんな意味が考えられる。ウニが休んでいるときには、壁に身を寄せていたり、お互いにくっついて群れをつくっていたりする。こうすると魚などの捕食者から身を守りやすくなる。あるウニが群れの端にいたとしよう。群れが動きはじめて取り残されそうになったときには、今まで仲間に接していた部分を前にして、急いで歩いていけば仲間に追いつけるだろう。また、壁からちょっと離れて餌を食べに出かけても、壁に接していた体の部分を覚えていて、そこを前にして帰れば元の岩壁に戻れる。

ウニは接していた部位を覚えていることができ、その「記憶」は30分近く保たれている。ウニには脳と呼べるような神経細胞の塊はない。にもかかわらず記憶できる。この記憶がどのような形で保たれるかを知りたかったのだが、これまた定年で時間切れになってしまった。

おわりに

本書では、われわれ自身が毎日やっている歩く・走るや、雀が飛ぶ、金魚が泳ぐなど、これも毎日目にしている動物たちの移動運動がテーマである。また、そのような運動を上手に行える体のつくりについてもかなり詳しく説明した。

われわれ脊椎動物は他の動物たちよりもずっと速く動く。「速い移動の追求を通して地球上に君臨してきたのがわれわれであり、その速さの実現を最重要課題として体ができていると考えると、われわれ自身のことがすっきりと理解できる」というのが筆者の理解。そして車やコンピュータにより実現されたスピード重視の現代社会も、この延長にあると思えば、人間社会の理解にもつながる。

本書は動きであれ体の構造であれ、目に見えるものを扱っている。こんな「目に見える生物学」を書きたくなったのは教科書の編集に長年、関わってきたから。

高校の生物は難しい。細胞から始まり、タンパク質や遺伝子のことがかなり詳しく述べられている。皆、顕微鏡や電子顕微鏡がないと見えない。そんなものばかりでは、どうにも実感が湧かない。もちろん生態系や進化も取り扱ってはいるが、こちらは逆に大きすぎたり時間が長すぎたりで、やはり実感が湧いてこない。結局、目にも見えず手でも触《ふ》れられない話ばかりで、とっつきにくいことときわまりない。

子供は生きものが大好きだし、小学校や中学で目に見える生物のことを学んでいる間は理科生物分野という教科も好き。だが、中学三年でメンデルの遺伝の法則という目に見えないものが出てきたとたんに生物嫌いが増える。

重力や弾性力も見えないものだが、コケれば痛いしゴム製のパチンコの弾が当たればやはり痛い。これらの力は実感できるものなのである。だからそれらを使って説明すれば、自身の歩行や他の動物の動きも、そして動きの基礎になっている体の構造も、中学生なら実感を伴って理解できると筆者は思う。しかし重力や弾性力を中学物理分野できちんと学習した後でなければ、生物の授業でそれらを使った説明を行ってはいけないことになっている。そのため、動物の運動や、脊椎や肢の働きについて中学ではきちんとした説明がなされることはなく、その状態のまま高校で分子生物学を学ぶことになる。

日々の生活に密着した運動と「それを可能にするために体がこんなふうにできているんだなあ」という実感を伴った理解。これらは良い社会人になり、健康な毎日を過ごすためには必須の生物学上の知識・理解だと筆者は強く感じているのだが、それを得る機会が、初等中等教育のどこにもない。だからこそ本書を書いた。

動物は動く物だから、運動という切り口で脊椎動物を眺めると、体のデザインがあざやかに浮かび上がってくる。そのため、本書は手頃な脊椎動物学入門の役割をはたせると思う。

無脊椎動物（背骨をもたない動物たち）についても同様で、動くか動かないかで動物のデザインがまったく違ってくる。良く動くのは昆虫。ほとんど動かないものもけっこういて、サンゴ、貝、ウニ、ホヤ（ちなみにこれらは筆者が研究材料としてきたものたち）。無脊椎動物の体のデザインも「動くか動かないか」という切り口を通すとはっきりと見えてくる……こんな視点から書いたのが拙著『ウニはすごい　バッタもすごい』（中公新書）だった。まったく違った動物たちとの比較を通すと、われわれ脊椎動物への理解が深まるため、『ウニは……』の方にも目を通していただけるとありがたい。

本書の出版にあたり中公新書編集部の酒井孝博氏には大変お世話になった。深く感謝する。例によって最後にまとめの歌を付けておく。「春の小川」のメロディーで歌えるようになってはいるが、オリジナルの楽譜も載せたので御笑唱下されば幸いである。

本川　達雄

令和五年師走

水や空気はさらさら行くよ

作詞作曲　本川達雄

み　ず　や　く　う　き　は　さ　ら　さ　ら　い　く　よ
あ　し　は　だ　い　ち　を　ふ　み　し　め　い　く　よ
か　ー　い　や　つ　ば　さ　の　お　お　き　な　め　ん　で
だ　い　ち　は　か　ら　だ　を　さ　さ　え　て　く　れ　て
お　さ　れ　て　な　が　れ　た　う　ん　ど　う　りょ　う　を
ふ　ー　ん　だ　ち　か　ら　を　そ　の　ま　ま　か　え　し
からだにあたえて　からだをお　す　よ
からだをまえへと　すすめてく　れ　る

水や空気はさらさら行くよ

本川達雄

水や空気は　さらさら行くよ
櫂や翼の　大きな面で
押されて流れた　運動量を
体にあたえて　体を押すよ

足は大地を　踏みしめ行くよ
大地は体を　支えてくれて
踏んだ力を　そのまま返し
体を前へと　進めてくれる

図版制作・著者
DTP・市川真樹子

本川達雄（もとかわ・たつお）

1948年宮城県生まれ．東京大学理学部卒業．同大学助手，琉球大学助教授，デューク大学客員助教授を経て，1991年より東京工業大学教授．2013年定年退職．東京工業大学名誉教授．専攻・動物生理学．
著書『ゾウの時間 ネズミの時間』（中公新書，1992年）
『ウニはすごい バッタもすごい』（中公新書，2017年）
『生物学的文明論』（新潮新書，2011年）
『生きものとは何か』（ちくまプリマー新書，2019年）
『ラジオ深夜便 うたう生物学』（集英社インターナショナル，2022年）ほか多数．

ウマは走《はし》る ヒトはコケる
中公新書 2790

2024年２月25日発行

著　者　本川達雄
発行者　安部順一

本文印刷　三晃印刷
カバー印刷　大熊整美堂
製　　本　小泉製本

発行所　中央公論新社
〒100-8152
東京都千代田区大手町 1-7-1
電話　販売 03-5299-1730
　　　編集 03-5299-1830
URL https://www.chuko.co.jp/

Published by CHUOKORON-SHINSHA, INC.
Printed in Japan　ISBN978-4-12-102790-0 C1245

中公新書刊行のことば

いまからちょうど五世紀まえ、グーテンベルクが近代印刷術を発明したとき、書物の大量生産は潜在的可能性を獲得し、いまからちょうど一世紀まえ、世界のおもな文明国で義務教育制度が採用されたとき、書物の大量需要の潜在性が形成された。この二つの潜在性がはげしく現実化したのが現代である。

いまや、書物によって視野を拡大し、変りゆく世界に豊かに対応しようとする強い要求を私たちは抑えることができない。この要求にこたえる義務を、今日の書物は背負っている。だが、その義務は、たんに専門的知識の通俗化をはかることによって果たされるものでもなく、通俗的好奇心にうったえて、いたずらに発行部数の巨大さを誇ることによって果たされるものでもない。現代を真摯に生きようとする読者に、真に知るに価いする知識だけを選びだして提供すること、これが中公新書の最大の目標である。

私たちは、知識として錯覚しているものによってしばしば動かされ、裏切られる。私たちは、作為によってあたえられた知識のうえに生きることがあまりに多く、ゆるぎない事実を通して思索することがあまりにすくない。中公新書が、その一貫した特色として自らに課すものは、この事実のみの持つ無条件の説得力を発揮させることである。現代にあらたな意味を投げかけるべく待機している過去の歴史的事実もまた、中公新書によって数多く発掘されるであろう。

中公新書は、現代を自らの眼で見つめようとする、逞しい知的な読者の活力となることを欲している。

一九六二年一一月

中公新書

科学・技術

p1

医学・医療

q1

中公新書

自然・生物

s1

2305 生物多様性　本川達雄
2414 入門！進化生物学　小原嘉明
2433 すごい進化　鈴木紀之
2763 「利他」の生物学　鈴木正彦・末光隆志
1647 言語の脳科学　酒井邦嘉
2731 物語 遺伝学の歴史　平野博之
2736 ウイルスとは何か　長谷川政美
2656 本能―遺伝子に刻まれた驚異の知恵　小原嘉明
1709 親指はなぜ太いのか　島　泰三
1087 ゾウの時間 ネズミの時間　本川達雄
2419 ウニはすごい バッタもすごい　本川達雄
2677 エビはすごい カニもすごい　矢野　勲
877 カラスはどれほど賢いか　唐沢孝一
2759 都会の鳥の生態学　唐沢孝一
2485 カラー版 目からウロコの自然観察　唐沢孝一

2788 生き物の「居場所」はどう決まるか　大崎直太
1860 昆虫―驚異の微小脳　水波　誠
2693 カラー版 クモの世界―糸をあやつる8本脚の狩人　浅間　茂
2539 カラー版 虫や鳥が見ている世界―紫外線写真が明かす生存戦略　浅間　茂
2259 カラー版 スキマの植物図鑑　塚谷裕一
1706 ふしぎの植物学　田中　修
1890 雑草のはなし　田中　修
2174 植物はすごい　田中　修
2328 植物はすごい 七不思議篇　田中　修
2491 植物のひみつ　田中　修
2644 植物のいのち　田中　修
2732 森林に何が起きているのか　吉川　賢
2589 新種の発見　岡西政典
2572 日本の品種はすごい　竹下大学
2735 沖縄のいきもの　盛口　満
1769 苔の話　秋山弘之
939 発酵　小泉武夫

2408 醤油・味噌・酢はすごい　小泉武夫
348 水と緑と土（改版）　富山和子
2672 南極の氷に何が起きているか　杉山　慎
1922 地震の日本史（増補版）　寒川　旭
2790 ウマは走る ヒトはコケる　本川達雄
2793 化石に眠るDNA　更科　功

中公新書

地域・文化・紀行

t 2

- 560 文化人類学入門（増補改訂版） 祖父江孝男
- 2315 南方熊楠《みなかたくまぐす》 唐澤太輔
- 2367 食の人類史 佐藤洋一郎
- 92 肉食の思想 鯖田豊之
- 2129 カラー版 地図と愉しむ東京歴史散歩 竹内正浩
- 2170 カラー版 地図と愉しむ東京歴史散歩 都心の謎篇 竹内正浩
- 2227 カラー版 地図と愉しむ東京歴史散歩 地形篇 竹内正浩
- 2327 カラー版 イースター島を行く 野村哲也
- 1869 カラー版 将棋駒の世界 増山雅人
- 2117 物語 食の文化 北岡正三郎
- 596 茶の世界史（改版） 角山 栄
- 1930 ジャガイモの世界史 伊藤章治
- 2088 チョコレートの世界史 武田尚子
- 2361 トウガラシの世界史 山本紀夫
- 2229 真珠の世界史 山田篤美
- 1095 コーヒーが廻り世界史が廻る 臼井隆一郎
- 1974 毒と薬の世界史 船山信次
- 2391 競馬の世界史 本村凌二
- 2755 モンスーンの世界 安成哲三
- 650 風景学入門 中村良夫
- 2344 水中考古学 井上たかひこ